INNOVATIONS ET TRANSFERTS DE TECHNOLOGIE EN EUROPE DU NORD-OUEST AUX XIXE ET XXE SIÈCLES

P.I.E. Peter Lang
Bruxelles · Bern · Berlin · Frankfurt am Main · New York · Oxford · Wien

EUROCLIO est un projet scientifique et éditorial, un réseau d'institutions de recherche et de chercheurs, un forum d'idées. EUROCLIO, en tant que projet éditorial, comprend deux versants : le premier versant concerne les études et documents, le second versant les instruments de travail. L'un et l'autre visent à rendre accessibles les résultats de la recherche, mais également à ouvrir des pistes en matière d'histoire de la construction/intégration/unification européenne.

La collection EUROCLIO répond à un double objectif : offrir des instruments de travail, de référence, à la recherche ; offrir une tribune à celle-ci en termes de publication des résultats. La collection comprend donc deux séries répondant à ces exigences : la série ÉTUDES ET DOCUMENTS et la série RÉFÉRENCES. Ces deux séries s'adressent aux bibliothèques générales et/ou des départements d'histoire des universités, aux enseignants et chercheurs, et dans certains cas, à des milieux professionnels bien spécifiques.

La série ÉTUDES ET DOCUMENTS comprend des monographies, des recueils d'articles, des actes de colloque et des recueils de textes commentés à destination de l'enseignement.

La série RÉFÉRENCES comprend des bibliographies, guides et autres instruments de travail, participant ainsi à la création d'une base de données constituant un « Répertoire permanent des sources et de la bibliographie relatives à la construction européenne ».

Sous la direction de

Éric BUSSIÈRE, Université de Paris-Sorbonne (France),
Michel DUMOULIN, Louvain-la-Neuve (Belgique),
& Antonio VARSORI, Universitá degli Studi di Padova (Italia)

INNOVATIONS ET TRANSFERTS DE TECHNOLOGIE EN EUROPE DU NORD-OUEST AUX XIXE ET XXE SIÈCLES

Jean-François ECK et Pierre TILLY (dir.)

Euroclio n° 60

Cette publication a bénéficié du soutien des institutions suivantes :
Agence nationale de la Recherche,
Groupe de recherches « Ces chers voisins »,
IDHE (Université Paris Ouest Nanterre La Défense),
IRHIS (Université de Lille-Nord de France),
CEHEC (Université catholique de Louvain).

Éditions scientifiques internationales
Bruxelles, 2011
1 avenue Maurice, B-1050 Bruxelles, Belgique
pie@peterlang.com ; www.peterlang.com

ISSN 0944-2294
ISBN 978-90-5201-764-8
D/2011/5678/66

Imprimé en Allemagne

« Die Deutsche National bibliothek » répertorie cette publication dans la « Deutsche Nationalbibliografie » ; les données bibliographiques détaillées sont disponibles sur le site http://dnb.de.

Table des matières

TROISIÈME PARTIE
HOMMES, ENTREPRISES ET RÉSEAUX DE L'INNOVATION ET DES TRANSFERTS DE TECHNOLOGIE

QUATRIÈME PARTIE
POLITIQUES DES INNOVATIONS ET DES TRANSFERTS DE TECHNOLOGIE

Introduction

Jean-François ECK

Université de Lille – Nord de France

Ce volume rassemble les actes d'un colloque qui s'est tenu à l'Université de Lille Nord de France, dans les locaux du laboratoire IRHiS (Institut de recherches historiques du Septentrion), les 11 et 12 octobre 2010, sous un triple patronage :

– celui de l'ANR, dans le cadre du groupe de recherche EMERENO (Efficacité entrepreneuriale et mutations économiques régionales en Europe du Nord-Ouest, du milieu du XVIIIe à la fin du XXe siècle), rattaché à l'Université de Lille 3, qui, depuis trois ans, examine, dans un cadre comparatif et sur une longue période, les rapports entre les entreprises et le cadre régional auquel elles appartiennent ;

– celui du groupe de recherche sur les relations trilatérales entre la France, l'Allemagne et les pays du Benelux aux XIXe et XXe siècles qui s'est constitué depuis plusieurs années pour explorer dans leurs différentes dimensions ces relations sous les angles tant politiques et diplomatiques qu'économiques, sociaux et culturels ;

– celui du laboratoire IDHE (Institutions et dynamiques historiques de l'économie) qui fédère plusieurs pôles universitaires de recherche en histoire et en sciences sociales, généralement situés dans la région parisienne, parmi lesquels les Universités de Paris I Panthéon-Sorbonne, Paris VIII Vincennes et Paris Ouest Nanterre La Défense, ainsi que l'École normale supérieure de Cachan.

Les démarches convergentes de ces trois groupes auxquels appartiennent plusieurs organisateurs du colloque lillois justifiaient de proposer une rencontre sur un même thème. Celui des innovations et des transferts de technologie en Europe du Nord-Ouest aux XIXe et XXe siècles a été retenu. Il a donné lieu au lancement d'un appel à communications qui, après un tri sévère, a permis au comité scientifique[1] de retenir quinze propositions. Entendues et discutées lors du colloque, puis enrichies et retravaillées par leurs auteurs qui ont souvent intégré l'apport des discussions, elles ont donné lieu, à une exception près, aux articles du livre que voici.

Le choix d'un tel thème appelle quelques explications. Qu'entendons-nous par innovation et transferts de technologie ? Quels cadres géographiques et quelles bornes chronologiques ont-ils été retenus pour cette étude ?

La conception de l'innovation qui a été adoptée est délibérément large, de manière à inclure les activités de services et les transformations organisationnelles. Nous suivons en ce domaine l'OCDE qui, après avoir restreint la définition de l'innovation aux innovations de produits et de procédés, a décidé en 2005 d'étendre le champ de ses études aux innovations de commercialisation et d'organisation, de manière à « élargi[r] l'éventail d'innovations couvert par le présent Manuel par rapport à l'ancien »[2]. On ne s'étonnera donc pas de trouver dans cet ouvrage des contributions concernant, par exemple, les transformations successives des relations commerciales entre acheteurs et vendeurs d'articles de mode et de confection au début du XIXe siècle ou l'apparition de structures multinationales dans le domaine des activités pétrolières à la fin du XIXe siècle. Elles résultent à nos yeux d'un véritable processus d'innovation, même si celui-ci ne concerne pas les activités de fabrication. Rentrent donc dans le champ couvert par ce volume toutes les mises au point et adoptions d'un produit ou d'un procédé nouveau, ainsi que les méthodes inédites de commercialisation et d'organisation, pourvu qu'elles témoignent d'une « capacité de créer de la valeur en apportant quelque chose de nouveau dans le domaine considéré, tout en s'assurant que l'appropriation de cette nouveauté se fasse de manière optimale »[3].

Quant au transfert de technologie, nous avons préféré ne pas le limiter à « la vente, par contrat, à un acquéreur, des droits d'utilisation d'une technique, d'un procédé, d'un produit dont on est propriétaire, ainsi que du savoir-faire nécessaire à sa production industrielle »[4]. Nous avons choisi également de dépasser la conception qui consiste à en écarter toute activité d'enseignement ou d'apprentissage, pour les rattacher au domaine de la formation professionnelle. Il nous aurait paru étrange de

---

1 Composé de Michel Dumoulin, Jean-François Eck, Jürgen Elvert, Michel Lescure, Sylvain Schirmann, Jakob Vogel et Denis Woronoff.

2 *Manuel d'Oslo, Principes directeurs pour le recueil et l'interprétation des données sur l'innovation*, Paris, OCDE, 3e édition, 2005, p. 56.

3 Groff, A., *Manager l'innovation*, La Plaine Saint-Denis, AFNOR, coll. « 100 questions pour comprendre et agir », 2009.

4 Encyclopédie Wikipédia, site « Transfert de technologie », consultable sur http://fr.wikipedia.org/wiki/Transfert_de_technologie.

ne pas étudier par exemple la mise à disposition d'informations assurées par les revues et ouvrages scientifiques ou techniques, l'organisation d'expositions, la discussion entre les membres de telle ou telle société savante, au prétexte que le transfert de technologie qu'elles facilitent ne se fait pas dans un cadre marchand, ou encore que la formation professionnelle ne puisse y contribuer, car elle ne met pas nécessairement en jeu des entreprises. On le constatera : nous n'avons pas hésité à susciter des communications et à accueillir des articles portant sur ces divers aspects.

Le cadre géographique retenu dépasse les limites dans lesquelles se situent habituellement les rencontres organisées par le groupe de recherche EMERENO. Celui-ci étudie l'Europe continentale du Nord-Ouest, entendue comme l'espace qui s'étend des rives de la mer du Nord à la Ruhr. Dans celui-ci, se trouvent des bassins et foyers industriels qui, après avoir joué un rôle moteur dans la première industrialisation, ont été peu à peu distancés, puis ont fait l'objet d'une longue et difficile reconversion : Nord-Pas-de-Calais, Wallonie, bassins d'Aix-la-Chapelle et de la Ruhr, enfin ensemble « Sarre-Lor-Lux » associant à la Lorraine sidérurgique le bassin ferrifère luxembourgeois et le bassin houiller de la Sarre. Certes, la place occupée par les innovations et les transferts de technologie dans ces régions pose problème. Mais il n'est pas toujours aisé de l'étudier de manière distincte. En matière de protection de la propriété industrielle par exemple, les statistiques de dépôts de brevets sont élaborées dans un cadre national, et non local, même s'il est possible, dans tel ou tel cas, de repérer les sites sur lesquels ils sont exploités. De même, les expositions qui ont tenu une si grande place dans la diffusion des innovations au XIXe siècle sont généralement organisées au niveau national, voire international, même si certaines d'entre elles se tiennent en région. Enfin, certains des acteurs qui jouent un rôle déterminant dans les transferts de technologie, les techniciens supérieurs et les ingénieurs par exemple, font carrière au sein de groupes dont les sites de production dépassent leur région d'origine. Chercher à toute force à limiter notre thème aux bornes d'un espace compris entre mer du Nord et Ruhr aurait représenté une gageure impossible à tenir et fourni une vision tronquée et déformée des réalités. Nous avons donc élargi notre champ d'observation à l'ensemble des économies d'Europe du continentale Nord-Ouest, ce qui nous a permis d'entendre des communications et de rassembler des articles traitant d'activités et abordant des problèmes qui impliquent, non seulement les « vieilles régions industrielles » énumérées ci-dessus, mais aussi de tout autres espaces, jusqu'aux États-Unis et à la Russie.

Enfin, en ce qui concerne la période retenue, l'accent a été mis sur les innovations et les transferts de technologie du XIXe siècle, non seulement parce que celui-ci est trop souvent négligé au profit du siècle suivant, mais aussi parce que, dans la problématique qui nous intéresse, c'est durant cette période de première, puis de seconde industrialisation que le dynamisme innovateur a été, en Europe du Nord-Ouest, l'un des principaux moteurs de la croissance, léguant ainsi aux régions concernées un héritage qu'il revenait au siècle suivant de renouveler. Dans cet ouvrage, six articles seulement, moins de la moitié du total, traitent, en tout ou en partie, du XXe siècle. Il ne s'agit pas là d'une lacune involontaire, mais d'une démarche délibérée, traduisant un souci de rééquilibrage dans un domaine où, comme d'autres, nous estimons urgent de porter davantage attention aux premiers temps de l'industrialisation[5].

Dans l'Europe des XIXe et XXe siècles, les innovations et transferts de technologies font intervenir de multiples catégories d'acteurs, individuels et collectifs. Ils obéissent à des processus complexes, aux phases théoriquement distinctes, en réalité souvent enchevêtrées. Ils comportent de nombreux enjeux, tant pour les entreprises que pour les régions ou les États concernés. Tentons, sur chacun de ces points, de montrer l'apport des articles ici rassemblés.

La pluralité des acteurs

À travers les recherches récentes, les innovations et transferts de technologie font intervenir des acteurs tant individuels que collectifs. Les premiers cèdent souvent le pas aux seconds. François Caron y a longuement et fréquemment insisté : la majorité des innovations sont moins le résultat d'initiatives individuelles que le produit d'un cadre collectif qui joue un rôle déterminant aux différents stades du processus, qu'il s'agisse de leur apparition, de leur adoption ou de leur généralisation. Ce fut le cas des technologies du charbon en Angleterre du XVe au XVIIIe siècle comme de l'industrie chimique en France et en Belgique au début du XIXe siècle ou encore de la construction automobile de la proche banlieue parisienne à la Belle Époque[6]. À chaque fois, on assiste à des phénomènes d'interdépendance où l'individu renvoie au groupe. Le problème de l'articulation entre collectif et individuel est, depuis Schumpeter, l'un de ceux auxquels réfléchissent les historiens et les

---

5 Nous songeons par exemple au programme de recherche animé par Liliane Hilaire-Pérez au Centre d'histoire des techniques du CNAM, intitulé « Histoire de l'innovation et des savoirs techniques », dont l'un des objectifs consiste à mettre en ligne et enrichir régulièrement le *Dictionnaire prosopographique des inventeurs en France*.

6 Caron, F., « L'innovation collective en histoire des techniques », in *Ouvriers, villes et sociétés. Autour d'Yves Lequin et de l'histoire sociale*, Paris, Nouveau monde éditions, 2005, p. 239-253 ; *id.*, *La dynamique de l'innovation. Changement technique et changement social (XVIe-XXe siècles)*, Paris, Gallimard, 2010.

sociologues de l'innovation[7]. Plusieurs des articles ici rassemblés en confirment le caractère nodal.

Analysant l'innovation commerciale qui, dans l'industrie de la mode, consiste à la fin du XVIIIe siècle et au début du XIXe siècle, à recourir à des échantillons circulant entre marchands de nouveautés parisiens et fabricants de tissus établis dans le Nord, en Suisse alémanique ou en Haute-Alsace, Thierry Maillet montre que cette circulation met en jeu des individus, les échantillonneurs, qui se déplacent entre les principaux protagonistes, mais aussi des collectivités comme la Société industrielle de Mulhouse, apparue en 1826, qui crée une société de dessin industriel et un musée des tissus et étoffes, destiné à rassembler des collections d'échantillons, consultables par ses propres membres et accessibles au grand public. L'innovation, non pas de produits ou de procédés, mais de méthodes de commercialisation, se situe ici à l'intersection de l'individuel et du collectif.

Il en est de même dans un tout autre cadre, celui des entreprises verrières françaises étudiées durant l'entre-deux-guerres par Stéphane Palaude. Le renchérissement de la main-d'œuvre, le renforcement de la concentration, la nécessité d'une compression massive des prix de revient les contraignent à renoncer aux vieilles méthodes semi-artisanales de soufflage des bouteilles et à se convertir aux techniques étrangères, en acquérant des licences d'exploitation de brevets mis au point aux États-Unis. Mais, dans ce transfert de technologie, la place des décisions individuelles compte moins que le phénomène collectif qui amène ces entreprises à rallier l'un des deux grands groupes verriers rivaux en cours de constitution, la Compagnie de Saint-Gobain et le groupe Souchon-Neuvesel, eux-mêmes soucieux de préserver leurs intérêts face à leurs partenaires étrangers. Ce phénomène est d'autant plus marqué qu'il se manifeste d'abord à propos d'une partie seulement de la technique nouvelle, celle qui consiste à amener le verre en fusion à la machine automatique de fabrication des bouteilles par l'intermédiaire d'un canal, dit *feeder*. On est ici dans le domaine de l'innovation de procédé, et non dans celui de l'innovation commerciale. Pourtant, le caractère collectif y est tout aussi apparent.

Enfin, lorsque les autorités françaises d'occupation mettent en place, après 1945, une grande politique tendant à mettre les ressources de la

---

[7] Citons, entre autres, Callon, M., « L'innovation technologique et ses mythes », in *Annales des Mines. Gérer et comprendre*, n° 34, 1994, p. 5-17 ; Mustar, Ph., « L'entrepreneur schumpétérien a-t-il jamais existé ? », *ibid.*, p. 31-37 ; Amable, B., « Les systèmes d'innovation », in Mustar, Ph. et Penan, H. (dir.), *Encyclopédie de l'innovation*, Paris, Economica, 2003 ; Hilaire-Pérez, L. et Garçon, A.-F. (dir.), *Les chemins de la nouveauté : innover, inventer au regard de l'histoire*, Paris, Éd. du CTHS, 2003.

science et de la technologie allemandes au service du redressement national, il est significatif d'observer, à lire Martial Libera qui en retrace les enjeux, que celle-ci s'appuie moins sur l'appel aux scientifiques ou chercheurs isolés que sur le débauchage collectif d'équipes entières qui travaillaient pour l'économie de guerre du Reich, dont on s'efforce de préserver la cohésion et qui sont désormais invitées à effectuer leurs travaux, soit en zone française d'occupation, soit en France même. À l'imitation des Anglo-Saxons dans leurs propres zones, les responsables français ont en effet compris que l'efficacité d'une recherche se trouve démultipliée dès qu'elle est menée dans un cadre collectif.

Dans d'autres cas, au contraire, l'action de quelques individus paraît déterminante. Tel semble être à première vue celui d'Adolphe Stoclet qui, doté de multiples compétences de juriste, de savant et de brasseur d'affaires, s'intéresse durant les années 1840-1850 à l'industrie du zinc en Belgique. Il parvient à convaincre les dirigeants des Mines et fonderies de zinc de la *Vieille-Montagne*, propriétaire des importants gisements de Moresnet, de le soutenir dans la création d'une entreprise nouvelle, la Société industrielle du blanc de zinc, qui développe un procédé mis au point par l'entrepreneur de peintures parisien Leclaire. Mais, selon Pierre-Olivier Laloux et Arnaud Peters qui relatent cette initiative, elle n'aurait pu réussir sans l'appui du réseau familial constitué autour de Stoclet, à partir de son mariage avec la fille d'un premier échevin de la ville de Bruxelles qui est en même temps directeur de la Société Générale de Belgique. On retrouve ici l'importance d'un milieu dont Ginette Kurgan-Van Hentenryk a brossé le portrait collectif, dans un ouvrage qui étudie le patronat belge en tant que groupe social et analyse son influence sur la structure et la stratégie des entreprises[8]. Le mythe du *self-made man* en sort fortement ébranlé, l'auteur s'inscrivant en faux contre l'idée largement répandue selon laquelle le succès ou l'échec de l'innovation est imputable aux qualités personnelles de celui qui en est à l'origine.

De même, le cas d'individus qui, tel Jules Aron à la Maison Rothschild de Paris, appartiennent au personnel d'un grand groupe, semble caractéristique. Pierre Jaloustre, qui étudie le rôle de cet ingénieur conseil au sein de la banque au début du XXe siècle, insiste sur les nombreuses innovations qu'il fait adopter dans la filière pétrolière, du forage au raffinage, en passant par l'exploitation des puits, le transport et la distribution, une filière où ses employeurs ont acquis une place de premier plan grâce au contrôle des pétroles de Bakou. Mais Jules Aron,

---

8 Kurgan-Van Hentenryk, G., *Gouverner la Générale de Belgique. Essai de biographie collective*, Paris/Bruxelles, De Boeck Université, 1996 ; *id.*, « Le patronat en Belgique (1880-1960) », in *Histoire, économie et société*, 1998, 17e année, n° 1, p. 189-211.

loin d'être un individu isolé dans son milieu professionnel, appartient à un monde spécifique, celui des ingénieurs des Mines, dont on sait, depuis les travaux d'André Thépot, l'influence dans la modernisation technique et dans la vie économique de la France au XIXe siècle[9]. Il renvoie, lui aussi, à un portrait de groupe hors duquel il perdrait toute signification. Là encore, le collectif l'emporte sur l'individuel.

La complexité du processus

Les phases du processus d'innovation ou de transfert de technologie se présentent souvent de manière enchevêtrée les unes avec les autres, si bien qu'il est difficile, voire impossible, de les étudier de manière distincte.

La première phase est celle de l'apprentissage et de la formation, un domaine que nous ne pouvions qu'effleurer ici, car il représente une branche en soi, celle des sciences de l'éducation et de la formation, représentées, entre autres, en France, par les travaux de Gérard Bodé, Guy Brucy et Philippe Marchand, en Belgique par ceux de Dominique Grootaers et de Francis Tilman, en Allemagne par ceux de Klaus Harney et des auteurs des trois volumes de la série *Handbuch der deutschen Bildungsgeschichte* portant sur la période contemporaine[10]. Klaus Harney, présent à notre colloque, propose dans ce volume une mise en perspective suggestive du système allemand de formation professionnelle. Prolongeant et renouvelant l'ouvrage de Marc Maurice, François Sellier et Jean-Jacques Silvestre publié au début des années 1980[11], il souligne, dans la longue durée, les profondes différences qui opposent ce système à celui de la France et en même temps la manière dont il contribue, pour les entreprises et les régions concernées, à promouvoir l'innovation. Une nouvelle fois, la confrontation avec une démarche d'un spécialiste d'une science sociale autre que l'histoire – ici les

---

9 Thépot, A., *Les ingénieurs des Mines du XIXe siècle : histoire d'un corps technique d'État*, Paris, ESKA, 1998.

10 Bodé, G. et Marchand, Ph. (dir.), *Formation professionnelle et apprentissage XVIIIe-XXe siècles*, Villeneuve d'Ascq, n° hors série de la *Revue du Nord*, n° 17, 2003 ; Brucy, G., *Histoire des diplômes de l'enseignement technique et professionnel, 1880-1965 : l'État, l'école, les entreprises et la certification des compétences*, Paris, Belin, 1998 ; Grootaers, D. avec la collaboration de Tilman, F., *Histoire de l'enseignement technique et professionnel en Belgique (1860-1960)*, Bruxelles, Vie ouvrière, 1994 ; Harney, K., *Die preussische Fortbildungsschule. Eine Studie zum Problem der Hierarchisierung beruflicher Schultypen im 19ten Jahrhundert*, Bâle, Weinheim-Betlz, 1980 ; Jeismann, K.E., Lundgreen, P. *et al.* (Hg.), *Handbuch der deutschen Bildungsgeschichte*, t. III (*1800-1870*) à VI (*1945 bis zur Gegenwart*), Munich, C.H. Beck, 1987-1998.

11 Maurice, M., Sellier, F. et Silvestre, J.-J., *Politique d'éducation et organisation industrielle en France et en Allemagne*, Paris, PUF, 1982.

sciences de l'éducation – se révèle précieuse pour l'enrichissement méthodologique et l'approfondissement des problématiques. Quant à l'apport des historiens à ce sujet, il permet de faire quelques constatations.

On connaît certes le rôle des grandes écoles d'ingénieurs et des universités dans la formation de haut niveau, dispensée, selon des modalités diverses d'un pays à l'autre, à une élite sévèrement sélectionnée. On ne saurait en dire autant, malgré quelques exceptions remarquables, des écoles techniques formant le personnel d'encadrement spécialisé nécessaire à tel ou tel secteur. S'agissant, par exemple, des écoles des mines, si l'on dispose, grâce à Anne-Françoise Garçon, d'un travail sur l'école de Saint-Étienne[12], rien ne semble disponible sur les autres établissements présents en France (Douai, Alès) ou dans les pays voisins. Telle est du moins la constatation faite par Peter Friedemann et Michael Farrenkopf à propos de l'École des mines de Bochum, fondée en 1816, comme celle de Saint-Étienne. Après une longue période qui en faisait le conservatoire des traditions du monde de la mine, cette école connaît, à partir du début des années 1960, une spectaculaire et tardive mutation. Le ralentissement du rythme de l'extraction du charbon dans les mines de la Ruhr incite à recomposer l'offre de formation, à multiplier les partenariats avec d'autres institutions, en Allemagne et à l'étranger, à en faire un institut de formation technique supérieure qui n'a plus aucun rapport avec sa vocation première. Le caractère inachevé de la comparaison esquissée par les auteurs avec le cas français montre l'ampleur des recherches restant à accomplir dans ce domaine, sans parler de la formation dans d'autres secteurs comme la chimie ou la métallurgie, tous pourtant essentiels pour comprendre les chemins – et les blocages – de l'innovation dans les « vieilles régions » industrielles d'Europe du Nord-Ouest.

Les écoles assurant une formation polyvalente seraient-elles davantage des foyers d'innovation ? Plusieurs sont bien connues comme, en France, les écoles d'arts et métiers qui ont donné lieu à un travail de synthèse déjà ancien[13]. Stéphane Lembré examine dans cette perspective le cas de l'Institut industriel du Nord, fondé à Lille après la défaite de 1870-1871 pour assurer un meilleur encadrement des entreprises dans les secteurs alors pilotes de l'économie nordiste (textile et métallurgie). Il insiste sur les difficultés, voire les contradictions auxquelles se heurtent les dirigeants de l'établissement. Incapables d'opter franchement

---

12 Garçon, A.-F., *Entre l'État et l'usine : l'École des mines de Saint-Étienne au XIXe siècle*, Rennes, Presses universitaires de Rennes, 2004.

13 Day, Ch.R., *Les Écoles d'arts et métiers : l'enseignement technique en France, XIX*^e*-XX*^e *siècles*, Paris, Belin, 1991.

entre deux options différentes – la formation de directeurs d'usines polyvalents ou bien celle d'un personnel d'encadrement spécialisé –, la confrontation dans laquelle ils s'engagent avec des établissements voisins plus anciens ou de meilleure renommée tels ceux de Liège (École industrielle fondée dès 1825, Institut électro technique établi depuis 1883) ne tourne pas à leur avantage, tout au moins pendant la période étudiée. Et cependant, l'Institut joue un rôle non négligeable dans la diffusion de l'innovation, grâce notamment à un corps enseignant composé majoritairement d'ingénieurs qui sont ou ont été en activité dans les entreprises de la région appartenant à des secteurs à la pointe du progrès technique comme les raffineries de sucre, les amidonneries, la construction ferroviaire, le matériel électrique. Mais c'est aborder un aspect qui, pour être lié à celui de la formation professionnelle, n'en est pas moins distinct : celui de la circulation de l'innovation.

Celle-ci se fait, tout d'abord, grâce à la transmission d'informations, la mise en commun d'expériences. Aux XIXe et XXe siècles, l'écrit, sous toutes ses formes, y tient une large part. Certes il ne faut pas négliger le rôle de l'observation directe, de l'imitation des gestes et des procédés qui continuent à être des facteurs de progrès très présents dans le monde des ouvriers qualifiés, surtout dans les métiers de la métallurgie, comme l'ont bien montré, notamment, les travaux de Robert Halleux sur la métallurgie liégeoise[14]. Mais, auprès des ingénieurs, des industriels, des techniciens supérieurs, ce sont les différentes formes de l'écrit qui triomphent, depuis les ouvrages encyclopédiques et les monographies jusqu'aux collections de revues savantes et aux articles de presse. Jean-Luc Malvache le montre à travers le cas du secteur minier dans les pays germaniques au début du XIXe siècle. Certains polygraphes se font traducteurs et adaptateurs d'ouvrages scientifiques et techniques écrits dans d'autres langues, le français notamment, assurant ainsi leur mise à la disposition du public éclairé. Le relais est pris, à la fin du XIXe siècle, par des revues techniques qui parfois débordent largement de leur domaine spécifique de compétences. Celles qui se consacrent aux mines s'intéressent aussi à toutes les branches qui utilisent, transportent ou valorisent les produits miniers, notamment le charbon, autant dire, en cette période, à l'ensemble de l'économie. Le dépouillement de leurs tables des matières et index montre le caractère

---

14 Halleux, R., *Le savoir de la main : savants et artisans dans l'Europe pré-industrielle*, Paris, A. Colin, 2009. Voir aussi Steffens, S., « Le métier volé. Transmission des savoir-faire et socialisation dans les métiers qualifiés au XIXe siècle (Belgique-Allemagne) », in Gayot, G. et Minard, Ph. (dir.), *Les ouvriers qualifiés de l'industrie (XVIe-XXe siècles). Formation, emploi, migrations*, Villeneuve d'Ascq, n° hors série de la *Revue du Nord*, n° 15, 2001, p. 121-135 ; enfin, dans le cas de métiers féminins, Verdier, Y., *Façons de dire, façons de faire. La laveuse, la couturière, la cuisinière*, Paris, Gallimard, 1979.

systématique de la collecte de l'information ainsi assurée et l'ampleur de la diffusion des innovations qui en résulte. D'utiles points de comparaison pourraient être développés avec ce que l'on sait des grandes revues techniques et scientifiques des autres pays, à commencer, pour la France, par le *Journal* (1794), puis les *Annales* (1816) *des mines* ou les *Annales de chimie*, fondées en 1789, avec, parmi ses premiers éditeurs, Lavoisier.

L'innovation se diffuse aussi grâce aux visites individuelles, telles celles, relatées par Pierre Jaloustre, qu'a coutume de faire Jules Aron lors de ses voyages dans toute l'Europe, pour participer aux conseils d'administration dans lesquels il représente les intérêts des Rothschild. Il observe ainsi lui-même le fonctionnement de procédés nouveaux intéressant la filière pétrolière, dans des raffineries ou des installations de stockage auquel il a un accès facile grâce à ses relations personnelles avec leurs dirigeants, même lorsqu'il s'agit de firmes n'appartenant pas aux Rothschild. D'autres visites sont collectives. Plusieurs représentants de groupes verriers français, menés par Saint-Gobain, font en 1919 un voyage aux États-Unis pour s'informer des procédés en cours dans la fabrication mécanique des bouteilles (Stéphane Palaude). Les élèves de l'Institut industriel du Nord de la France sont conduits par leurs professeurs dans les filatures et usines de construction mécanique de la conurbation lilloise où ils examinent les applications récentes de l'électricité aux techniques de fabrication (Stéphane Lembré). Dans l'Allemagne occupée d'après 1945, des chefs d'entreprises français participent à des missions d'étude à la recherche de procédés inédits de fabrication susceptibles d'être transférés dans leurs usines (Martial Libera).

Le rôle des salons et des expositions dans la propagation de l'innovation est bien connu. Il se manifeste dès 1798, lorsqu'à l'initiative de François de Neufchâteau, ministre de l'Intérieur du Directoire[15], est créée une « exposition publique annuelle des produits de l'industrie française », sur le Champ-de-Mars à Paris. Mais ce sont les grandes expositions universelles, à partir de celle de Crystal Palace en 1851, qui stimulent l'essor de ce moyen privilégié de diffusion des innovations, d'autant plus qu'existent aussi beaucoup d'expositions thématiques. On peut citer celles consacrées à « la fée électricité » à la fin du XIXe siècle et leur adjoindre d'autres manifestations à périodicité variable : Salons de l'automobile ; meetings d'aviation ; foires réservées aux professionnels ou ouvertes au grand public. Certaines entreprises construisent, à l'occasion des expositions universelles, des pavillons montrant leurs produits, soit nouveaux, soit anciens, mais renouvelés par un mode

15 Bien connu grâce à l'ouvrage récent de Margairaz, D., *François de Neufchâteau : biographie intellectuelle*, Paris, Publications de la Sorbonne, 2005.

d'utilisation inédit, comme l'emploi du verre en architecture. D'autres ouvrent des magasins permanents comme celui qu'inaugure à Paris, à proximité de ses bureaux, l'Aluminium français[16]. Il ne manque pas d'exemples de telles manifestations et expositions dans le cadre régional, malgré le qualificatif « international » qui leur est accolé, comme à Liège en 1905, à Charleroi en 1911, à Roubaix en 1912. Certaines tendent à se pérenniser comme l'Internationale Bauausstellung Emscher Park, ouverte en 1989 entre Duisburg et Dortmund qui est pendant dix ans un lieu d'expérimentation en matière d'urbanisme et de rénovation des espaces industriels.

Enfin le rôle des associations dans la diffusion des innovations paraît souvent essentiel. Il peut s'agir d'associations d'anciens élèves de tel ou tel établissement. Georges Ribeill a attiré l'attention sur celles qui rassemblent les anciens élèves d'écoles d'ingénieurs en France au XIXe siècle[17]. On pourrait y joindre leurs homologues de Belgique[18] et d'Allemagne[19]. L'article de Stéphane Lembré montre l'importance de l'association fondée à Lille dès 1878, à peine sortie la première promotion de l'Institut industriel du Nord de la France, qui mène vingt ans plus tard une bataille victorieuse auprès des pouvoirs publics pour l'obtention au bénéfice des anciens élèves du titre d'ingénieur. Mais, audelà de cet aspect « corporatiste », elle contribue à doter l'Institut de matériel d'enseignement technique performant, ainsi que, bien sûr, à placer les anciens élèves dans des emplois qui répondent à leurs aptitudes et aux besoins de l'économie régionale.

D'autres associations regroupent des experts, à la compétence reconnue dans tel ou tel domaine. Dans un article consacré à l'assainissement

---

16 Beltran, A. et Carré, P.A., *La fée et la servante. La société française face à l'électricité XIXe-XXe siècles*, Paris, Belin, 1991 ; Mathieu, C., « Un geste vers le futur : le pavillon de Saint-Gobain à l'Exposition internationale de 1937 », in Hamon, M. et Matthieu, C. (dir.), *Saint-Gobain 1665-1937. Une entreprise devant l'histoire*, Paris, Fayard/Musée d'Orsay, 2006, p. 166-173 ; Hachez-Leroy, F., *L'Aluminium français. L'invention d'un marché 1911-1983*, Paris, CNRS Éditions, 1999, p. 200-202.

17 Ribeill, G., « Les associations d'anciens élèves d'écoles d'ingénieurs, des origines à 1914. Approche comparative », in *Revue française de sociologie*, 1986, vol. 27, n° 2, p. 317-338.

18 Baudet, J.C., Ergo, A.-B. *et al.*, « Les ingénieurs belges, de la machine à vapeur à l'an 2000. Histoire des techniques et prospective industrielle », n° spécial de la *Revue de l'ingénieur industriel*, Bruxelles, Éd. APPS, 1986 ; *id.*, *Introduction à l'histoire des ingénieurs* (Collection belge d'histoire des sciences, des techniques et de l'industrie, n° 1), Bruxelles, Éd. APPS, 1987.

19 À travers la place des ingénieurs dans la société allemande dans la première moitié du XXe siècle, étudiée en comparaison avec d'autres groupes sociaux par Jarausch, K.H., *The Unfree Professions : German Lawyers, Teachers and Engineers 1900-1950*, New York/Oxford, Oxford University Press, 1990.

des eaux dans les villes françaises de la fin du XIXe siècle, Stéphane Frioux souligne le rôle joué par l'Association générale des ingénieurs, architectes et hygiénistes municipaux (AGIAHM), créée en 1905 par trois d'entre eux, l'un français, l'autre belge, le troisième suisse. Cette association tient des congrès annuels, édite une revue, *La Technique sanitaire et municipale*, contribue à faire de son domaine « un problème éminemment international », car ce sont souvent les techniques étrangères, britanniques ou allemandes, qui sont préconisées par ces experts aux municipalités françaises, elles-mêmes regroupées, pour celles qui s'inspirent du « socialisme municipal », dans l'Union internationale des villes et des pouvoirs locaux, fondée à Gand en 1913.

Enfin, on ne saurait négliger les associations, parfois très anciennes, qui promeuvent les progrès techniques et scientifiques comme la Société d'encouragement pour l'industrie nationale, fondée en 1801 sous l'impulsion de Benjamin Delessert, dont le premier président est le ministre de l'Intérieur Chaptal. Elle fait bientôt figure d'institution quasi officielle, joue un rôle important dans la stimulation de l'innovation[20]. Elle possède des émules en province, comme la Société industrielle du Nord de la France, longtemps présidée par le grand chimiste et manufacturier lillois Frédéric Kuhlmann[21], et dans les pays étrangers voisins, éventuellement sous forme de clubs réservés aux hommes d'affaires, leur proposant salles de conférences, bibliothèques, abonnements à des services de presse, comme le Club Casino à Aix-la-Chapelle, fondé dès 1805, ou l'Industrie Club de Düsseldorf, qui apparaît en 1912[22].

Une fois réalisée, l'innovation doit être reconnue juridiquement pour que son initiateur puisse l'exploiter ou en tirer des revenus, par le biais d'octroi de licences à des tiers qui acceptent de lui verser des redevances. Il s'agit là de l'un des principaux moyens de réalisation des transferts de technologie. Les dispositions législatives et réglementaires prises dans ce domaine peuvent susciter des comparaisons à l'échelle internationale. Deux articles le montrent dans ce volume. Le premier, celui de Gabriel Galvez-Behar qui a déjà beaucoup écrit sur ce sujet[23],

---

20 Voir les actes du colloque organisé à l'occasion de son bicentenaire : Benoit, S., Emptoz, G., Woronoff, D. (ed.), *Encourager l'innovation en France et en Europe : autour du bicentenaire de la Société d'encouragement pour l'industrie nationale*, Paris, Éd. du CTHS, 2006. Sur le rôle de Chaptal, voir la thèse inédite de Moullier, I., *Le ministère de l'Intérieur sous le Consulat et le Premier Empire (1799-1814). Gouverner la France après le 18 brumaire*, Université de Lille 3, dir. G. Gayot, 2004.

21 Thépot, A., « Frédéric Kuhlmann, industriel et notable du Nord (1803-1881) », in *Revue du Nord*, 1985, n° 265, p. 527-546.

22 Ackemann, V., *Treffpunkt der Eliten. Die Geschichte des Industrie-Clubs Düsseldorf*, Düsseldorf, Droste, 2006.

23 Galvez-Behar, G. (avec Beltran, A. et Chauveau, S.), *Des brevets et des marques : une histoire de la propriété industrielle*, Paris, Fayard, 2001 ; *id.*, « Des médiateurs

est centré autour des années 1850-1880 et décrit dans ses multiples dimensions « l'Europe des brevets ». Il insiste sur la diversité des règles adoptées par les États, sur les influences réciproques dont elles témoignent, sur le caractère tardif et incomplet des tentatives menées, à partir de la fondation de l'Union de Paris en 1883 qui rassemble onze membres, dont huit en Europe et trois en Amérique latine, pour faire respecter quelques principes de base permettant une meilleure protection et une circulation plus étendue des brevets entre les pays. Cette convention, parallèle à d'autres signées au même moment sur les postes, le télégraphe ou la lutte contre les épidémies, illustre la montée progressive d'un droit international, fruit de la prise de conscience des interdépendances dans les domaines techniques et scientifiques. « L'Europe des brevets » reste cependant encore une simple ébauche à la veille de la Première Guerre mondiale, laissant ainsi un lourd héritage aux institutions qui, comme la Chambre de commerce internationale, en reprendront par la suite l'organisation[24].

L'autre article, écrit par Arnaud Peters et Corentin de Favereau, porte sur le « système belge des brevets » au XIXe siècle. Il montre, à partir d'un chantier lancé sur ce thème voici quelques années par Michel Dorban[25], qu'il est possible d'utiliser les brevets pour en tirer de nombreux éléments, de nature macro-économique grâce à l'exploitation d'une banque de données recensant environ 3 500 brevets déposés en Belgique entre 1852 et 1914, mais aussi dans le domaine méso-économique à travers l'étude des secteurs et activités concernés, et enfin sur le plan micro-économique par la consultation des archives d'entreprises disponibles. Les brevets sont-ils, comme l'écrivent les auteurs, « un miroir déformant de l'innovation » ? Peut-être, mais, à travers eux, toute une partie du processus d'innovation devient intelligible. Il s'agit donc ici d'un apport important aux recherches déjà faites en Belgique à

au cœur du système d'innovation. Les agents de brevets en France entre 1870 et 1914 », in Corcy, M.-S., Douyere-Demeulenaere, C. et Hilaire-Pérez, L. (dir.), *Les archives de l'invention, Écrits, objets et images de l'activité inventive*, Toulouse, CNRS-Université Toulouse-Le Mirail, 2006, p. 437-447 ; *id.*, *La République des inventeurs. Propriété et organisation de l'innovation en France (1791-1922)*, Rennes, Presses universitaires de Rennes, 2008.

24 Rosengarten, M., *Die internationale Handelskammer : wirtschaftspolitische Empfehlungen in der Zeit der Weltwirtschaftskrise 1929-1939*, Berlin, Duncker & Humblot, 2001.

25 Dorban, M., « Circulation et diffusion du savoir et de l'information technique aux XIXe-XXe siècles. État de la question », in *Innovation, savoir-faire, performance. Vers une histoire industrielle de la Wallonie*, Charleroi, Institut Jules-Destrée – Pôle recherche, 2005, p. 97-131.

ce sujet[26]. Certes, il manque à notre ensemble un article portant sur le cas de l'Allemagne. Sans présumer de son contenu, on peut néanmoins penser qu'il s'insérerait aisément dans le prolongement des travaux existant dans ce pays et dans la problématique comparative esquissée ici[27].

Un triple enjeu pour les entreprises, les régions, les États

Les enjeux que comportent les innovations et transferts de technologie concernent d'abord les entreprises.

C'est, bien souvent, pour mettre en œuvre une innovation que les entreprises se fondent. L'article de Christoph Rass et de Florian Wöltering le montre, à travers l'histoire du bassin d'Aix-la-Chapelle depuis la fin du XVIIIe siècle. On y voit se succéder, en un processus constamment nourri d'apports étrangers, des générations d'entreprises qui renouvellent le tissu productif, lui permettant de passer de l'âge du textile et du charbon à celui de l'électronique de pointe. Il est significatif de relever que, dans cette dynamique, le relais a été pris, à partir des années 1970-1980, par un établissement d'enseignement technique supérieur, la Rheinisch-Westfälische Technische Hochschule (RWTH), qui, fondée en 1880 pour répondre aux besoins en personnel qualifié des entreprises de la région, a assumé un siècle plus tard, à la faveur de la « nouvelle économie » mise en place durant « la crise », un rôle entièrement nouveau : celui d'initiateur de projets qui, grâce à des fondations imitées du monde anglo-saxon comme les incubateurs d'entreprises, lui permettent de stimuler la création d'entreprises dans les domaines les plus divers.

Consacré à une innovation méconnue des débuts du XIXe siècle, les « fourneaux fumivores », l'article de Thomas Le Roux illustre un autre aspect des liens entre entreprises et innovations : la mise en œuvre de procédés techniques destinés à remédier aux inconvénients présentés par d'autres innovations. Il s'agit de fourneaux qui, par des dispositifs de combustion spécifiques, évitent l'émanation excessive de fumées liée à l'usage du charbon de terre. En Grande-Bretagne, puis en France, les

---

26 Servais, P., « Les brevets d'invention en Belgique de 1854 à 1914 », in LIe Congrès de la Fédération des Cercles d'Archéologie et d'Histoire de Belgique et 4e Congrès de l'Association des Cercles francophones d'histoire et d'archéologie de Belgique. Congrès de Liège 20-23 août 1992, actes, t. 2, Liège, 1994, p. 360-377 ; Oris, M., « Inventivité technique et naissance d'industries innovantes en Belgique, 1860-1910 », in *Proceedings of the XXth International Congress of History of Science*, Liège, 20-26 juillet 1997, t. VI : *Science, Technology and Industry*, Turnhout, Brepols, 2000, p. 139-162.

27 Citons, en dernier lieu, l'article de Gilgen, D., « Die Schaffung eines globalen Marktes für Innovationen – Chancen und Grenzen globaler Institutionen, 1880-1914 », in Gilgen, D., Kopper, C. et Leutzsch, A. (Hg.), *Deutschland als Modell ? Rheinischer Kapitalismus und Globalisierung seit dem 19. Jahrhundert*, Bonn, Dietz, 2010, p. 315-359 (recueil d'études en hommage à Werner Abelshauser).

pouvoirs publics en encouragent l'installation. C'est dans cette activité que se spécialise un inventeur et industriel parisien, Jean-Pierre Darcet, bien introduit auprès des autorités. Lui-même et d'autres entrepreneurs, dont certains d'origine anglaise, procèdent, entre 1810 et 1850, à de multiples essais dans des établissements industriels de Paris et de proche banlieue. Malgré un coût élevé et une efficacité toute relative, les entreprises, contraintes de satisfaire aux obligations réglementaires imposées par les pouvoirs publics, sont nombreuses à s'équiper de tels appareils. Dans ce domaine qui suggère que la prise de conscience de la nécessité de protéger l'environnement à la fin des Trente Glorieuses a été précédée, un siècle et demi auparavant, par des antécédents méconnus, on constate le rôle, toujours central, joué par les entreprises[28].

L'article de Stéphane Palaude déjà cité fournit un exemple supplémentaire de stratégies mises en œuvre par les entreprises, confrontées aux enjeux d'un transfert de technologie particulièrement complexe. Des procès à l'issue incertaine opposent à ce sujet durant les années 1930 les principaux protagonistes, français, américains, néerlandais, allemands. Leur arrière-plan économique et politique, bien que difficilement discernable à travers les sources disponibles, est révélateur du caractère multiforme de ces questions où s'affrontent des intérêts multiples, sur fond de tensions internationales et de montée du danger de guerre.

Mais, même s'ils n'en traitent pas directement, tous les autres articles ici rassemblés comportent une dimension entrepreneuriale. Pour les entreprises, l'innovation, lorsqu'elle est bien maîtrisée, est l'une des clés de l'efficience, un gage de réussite, un élément décisif dans la compétition internationale ou, au contraire, lorsqu'elle fait défaut, un risque de distanciation, un signe annonciateur de déclin et de disparition. Faut-il retrouver Schumpeter et réserver le titre d'entrepreneur à ceux seulement qui mettent en œuvre des innovations, qu'elles soient de nature technique, commerciale ou organisationnelle ? Leur comportement, tel qu'il apparaît ici, pourrait y inciter. Certaines entreprises font de l'innovation un élément prépondérant de leur activité, telles les firmes spécialisées dans le traitement des eaux usées que Stéphane Frioux montre à l'affût des informations contenues dans les bulletins municipaux, pressées de proposer leurs services aux villes françaises lançant des programmes d'assainissement. D'autres recherchent des scientifiques et des techniciens de haut niveau, jusqu'en ancien territoire ennemi, comme celles qui, selon Martial Libera, participent au « *brain drain* à la française » dans l'Allemagne occupée d'après 1945. D'autres encore, comme les mines et fonderies de la Vieille Montagne, rachètent

28 Boullet, D., *Entreprises et environnement en France de 1960 à 1990 : les chemins d'une prise de conscience*, Genève, Droz, 2006.

une firme innovante dont elles avaient patronné les débuts, comme la Société du blanc de zinc fondée par Adolphe Stoclet.

Il s'agit parfois de grandes entreprises industrielles, à l'image, dans le domaine de la sidérurgie, de Cockerill en Belgique[29], Krupp en Allemagne[30], de Wendel en France[31], ARBED au Luxembourg[32]. Mais il s'agit aussi de petites, voire de minuscules entreprises, telles les *start up* dont Christoph Rass et Florian Wöltering donnent plusieurs exemples à Aix-la-Chapelle, ou bien d'entreprises assurant des activités de services. Les sociétés d'échantillons textiles du début du XIXe siècle, évoquées par Thierry Maillet, font penser à celles qui, un siècle après, bouleverseront le monde de la publicité ou celui du conseil en organisation dans l'Europe du Nord-Ouest[33]. Très dynamiques, ces entreprises créent de nouvelles chaînes de transmission de l'innovation, souvent après avoir transformé celle-ci et l'avoir adaptée aux besoins car, en matière d'innovations et de transferts de technologie, le dialogue n'est jamais à sens unique. Il s'établit du concepteur à l'utilisateur, mais va aussi dans l'autre sens, de l'utilisateur au concepteur. On le sait à travers les travaux réalisés par les historiens spécialistes de ce domaine. François Caron, citant Robert Halleux à propos des innovations dans l'industrie chimique naissante de la future Belgique à la fin du XVIIIe siècle, le souligne : « C'est l'industrie qui alimente la réflexion des chimistes, et non l'inverse »[34]. Les articles ici rassemblés, à leur échelle et dans leurs domaines respectifs, en fournissent la confirmation.

Ils montrent aussi l'ampleur des enjeux géographiques suscités par l'innovation. Celle-ci opère de perpétuels reclassements entre les régions. Le cas de l'Europe continentale du Nord-Ouest est ici exemplaire. Certains foyers, fortement innovants de la fin du XVIIIe siècle aux années 1860, semblent s'assoupir ensuite, courant le risque d'un décro-

---

29 Halleux, R., *Cockerill, deux siècles de technologie*, Alleur-Liège, Éd. du Perron, 2002.

30 Beyer, B., *Vom Tiegelstahl zum Kruppstahl. Technik- und Unternehmensgeschichte der Gusstahlfabrik von Friedrich Krupp in der ersten Hälfte des 19. Jahrhunderts*, Essen, Klartext, 2007 ; Gall, L. (dir.), *Krupp im 20. Jahrhundert*, Berlin, Siedler, 2002.

31 Woronoff, D., *François de Wendel*, Paris, Presses de Sciences Po, 2001.

32 Barthel, Ch., *Bras de fer. Les maîtres de forges luxembourgeois, entre les débuts difficiles de l'UEBL et le Locarno sidérurgique des cartels internationaux 1918-1929*, Luxembourg, Saint-Paul, 2006.

33 Pouillard, V., *La publicité en Belgique (1850-1975). Des courtiers aux agences internationales*, Bruxelles, Académie Royale de Belgique, 2005 ; Moutet, A., *Les logiques de l'entreprise. La rationalisation dans l'industrie française de l'entre-deux-guerres*, Paris, Éditions de l'EHESS, 1997.

34 Caron, F., « L'innovation collective en histoire des techniques », in *Ouvriers, villes et sociétés. Autour d'Yves Lequin et de l'histoire sociale, op. cit.*

chage qui repousse ailleurs les activités nouvelles, puis d'un enfermement dans des spécialités dépassées. Pour comprendre la logique du phénomène, on recourt beaucoup aujourd'hui à la notion de systèmes régionaux d'innovation, initiée depuis les années 1970 par les économistes, puis reprise par les historiens[35]. Il existe en effet des interdépendances et complémentarités multiples entre les techniques employées à l'intérieur d'une même région. Les systèmes d'innovation qui en résultent permettent parfois à la région de se développer sur ses propres acquis. Plus souvent, ils doivent être renouvelés par des apports extérieurs. Les entreprises sont alors incitées à se tourner vers d'autres régions, par le biais de transferts de produits, de procédés, de méthodes de commercialisation et d'organisation, adoptant la forme classique de l'acquisition de brevets, parfois aussi d'autres formes comme l'imitation frauduleuse ou l'espionnage industriel. Dans ces processus, des notions tirées de l'économie institutionnelle comme la *path dependency* jouent un rôle important[36].

Le bassin d'Aix-la-Chapelle, étudié par Chistoph Rass et Florian Wöltering, en fournit un exemple très caractéristique. Son histoire souligne, outre le rôle spécifique joué par les entreprises, la manière dont se succèdent sur ce petit territoire des phases de développement, à un rythme tantôt rapide, tantôt ralenti, en un processus tantôt autonome, tantôt dépendant de modèles étrangers. Ce travail, parmi d'autres qui portent sur le même cas, se situe délibérément dans une approche institutionnaliste, en recourant au concept de système régional d'innovation ainsi qu'à d'autres qui se sont imposés en histoire économique comme les districts industriels. Il permet de souligner l'étroitesse des relations

---

35 Storper, M. et Walker, R., *The Capitalist Imperative. Territory, Technology and Industrial Growth*, New York, Blackwell, 1989 ; Lundvall, B.A. (ed.), *National Systems of Innovation. Towards a Theory of Innovation and Interactive Learning*, Londres, Prenter Publishers, 1992 ; Nelson R.R., *National Innovation Systems. A Comparative Analysis*, Oxford, Oxford University Press, 1993.

36 Littéralement « dépendance par rapport au sentier » ou encore trajectoire institutionnelle qui fait que le mode de développement suivi par un pays ou une région tend à se consolider et à se perpétuer de lui-même tout au long de l'évolution. Cf. North, D., *Institutions, Institutional Change and Economic Performance*, Cambridge, Cambridge University Press, 1990. Pour des exemples d'utilisation en histoire économique, voir Tissot, L. et Veyrassat, B. (ed.), *Technological Trajectories. Markets, Institutions, Industrialised Countries 19th-20th Centuries. From Context Dependency to Path Dependency*, Bruxelles, PIE Peter Lang, 2001 ; Gilomen, H.-J., Jaun, R., Müller, M., Veyrassat, B. (Hg.), *Innovationen, Voraussetzungen und Folgen. Antriebskräfte und Widerstände/Innovations, incitations et résistances. Des causes de l'innovation à ses effets*, Zürich, Chronos Verlag, 2001.

qui existent, dans un territoire déterminé, entre l'innovation, le tissu productif local et le mode d'industrialisation[37].

Tous les territoires, dans l'Europe du Nord-Ouest des XIXe et XXe siècles, peuvent-ils être analysés de cette manière ? Est-ce l'effet d'échelle ? Toujours est-il qu'ils n'ont pas la même homogénéité en ce qui concerne les effets spatiaux de l'innovation. Il serait par exemple hasardeux, dans l'état actuel des connaissances, d'attribuer le déclin relatif de la Wallonie au XXe siècle au manque d'innovations. D'une part en effet, il faut plutôt chercher dans d'autres directions les racines du phénomène, comme le suggèrent d'autres analyses[38]. Surtout la Wallonie n'est en rien uniforme en ce qui concerne l'innovation. Dans son industrie charbonnière par exemple, on relève des situations contrastées entre des bassins comme le Borinage, dominé par la toute puissante Société Générale qui cherche plus à faire fructifier son portefeuille d'actions qu'à encourager l'innovation, et la région liégeoise, fortement innovatrice durant la première moitié du XIXe siècle ou les autres bassins du Hainaut, davantage réceptifs au changement technique[39].

La situation n'est guère différente dans la Ruhr : que de contrastes entre le dynamisme, productif, maintenu jusqu'au début des années 1960, du nord du bassin, autour de Recklinghausen, Dinslaken,

---

37 Voir l'article récent de Reckendrees, A., « Industrieller Wandel und wirtschafliche Entwicklung. Das westliche Rheinland in der ersten Hälfte des 19. Jahrhunderts », in Gilgen, D., Kopper, C. et Leutzsch, A. (Hg.), *Deutschland als Modell ? (...), op. cit.*, p. 45-87, et le travail plus ancien de Thomes, P., « Ein Industrierevier im Umbruch. Wirtschaftliche und gesellschaftliche Strukturen im Bereich der Industrie- und Handelskammer zu Aachen seit dem Ende des Zweiten Weltkriegs », inVan Eyll, K. et Eschweiler, O. (Hg.), *Wirtschaftsgeschichte der Region Aachen, vom Ende des Zweiten Weltkrieges bis zur Gegenwart*, Cologne, Rheinisch-westfälische Wirtschaftsarchiv zu Köln, 2000, p. 11-56.

38 Voir l'ouvrage de Quévit, M., *Les causes du déclin wallon. L'influence du pouvoir politique et des groupes financiers sur le développement régional*, 2e éd., Bruxelles Éditions Vie Ouvrière, 1978.

39 Caulier-Mathy, N., *La modernisation des charbonnages liégeois pendant la première moitié du XIXe siècle. Techniques d'exploitation* (Bibliothèque de la Faculté de philosophie et lettres de l'Université de Liège, n° CXCII), Paris, Les Belles Lettres, 1971 ; Puissant, J., « À propos de l'innovation technologique dans les mines du Hainaut au XIXe siècle ou la guerre des échelles n'a pas eu lieu », in Kurgan-Van Hentenryk, G. et Stengers, J. (dir.), *L'innovation technologique, facteur de changement (XIXe-XXe siècles)*, Bruxelles, Éditions de l'Université de Bruxelles, 1986 ; Geerkens, E., « La rationalisation dans les charbonnages belges durant l'entre-deux-guerres » et Helfer, M., « Meilensteine technischer Innovationen und ihre räumlichen Auswirkungen im Steinkohlenbergbau der Nachkriegszeit. Eine vergleichende Betrachtung der Reviere Saar, Lothringen, Aachen, Wallonien und Campine », in Herrmann, H.-W. et Wynants, P. (Hg.), *Acht Jahrhunderte Steinkohlenbergbau/Huit siècles de charbonnage*, Namur, Facultés universitaires Notre-Dame de la Paix, 2002, p. 339-365 et 403-425.

Gladbeck, mais avec une monoproduction charbonnière devenue peu innovante, et la partie médiane, plus diversifiée, aux capacités de renouvellement tournées vers d'autres domaines, qui suit le « Hellweg », de Duisburg à Dortmund[40] ! Enfin, en Nord-Pas-de-Calais, même si l'innovation technologique a été peu présente pour dynamiser la croissance à partir de la fin du XIXe siècle, on relève pourtant des périodes de net rattrapage, par exemple celle de la reconstruction du bassin charbonnier dévasté pendant la Première Guerre mondiale où, sous l'impulsion de grands ingénieurs comme Ernest Cuvelette, directeur général des Mines de Lens, sont introduites les techniques les plus modernes d'extraction charbonnière[41]. En outre, dans le reste de l'économie régionale, existent d'importantes capacités d'innovation. En lançant la vente par correspondance sous sa forme moderne en 1922, La Redoute inaugure un nouveau mode de distribution commerciale et d'organisation interne, fondé sur le recours systématique à des techniques mécanographiques, puis informatiques, pour la surveillance des stocks, la tenue des fichiers de clientèle, l'étiquetage des colis[42]. Cette innovation, génératrice de gains de productivité, créatrice d'emplois, paraît exemplaire des capacités de renouvellement, autour de l'innovation, du tissu entrepreneurial local.

Facteur de reclassements régionaux, l'innovation est aussi un enjeu de dimension internationale. De nombreux travaux l'avaient déjà observé. Certains sont anciens, tels ceux de Rondo Cameron[43] ; d'autres sont plus récents, comme l'ouvrage écrit au milieu des années 1980 par l'archiviste de profession Hans Seeling qui ouvrait un champ de recherche original en examinant l'apport technologique des Wallons au développement industriel de l'Allemagne[44]. Il éclairait ainsi le parcours

---

40 Köllmann, W., Korte, H., Petzina, D., Weber, W. (Hg.), *Das Rurgebiet im Industriezeitalter. Geschichte und Entwicklung*, 2 volumes, Düsseldorf, Schwann, 1990.

41 Hardy-Hémery, O., « La reconquête houillère à la Société des Mines de Lens 1919-1927 », in Bussière, E., Marcilloux, P. et Varaschin, D. (dir.), *La Grande Reconstruction. Reconstruire le Pas-de-Calais après la Grande Guerre*, Arras, Archives départementales du Pas-de-Calais, 2002, p. 257-274.

42 Certes, la vente par correspondance existait déjà dans le cadre des grands magasins parisiens du XIXe siècle. Mais sa combinaison avec une nouvelle organisation interne, dans une entreprise consacrée exclusivement à cette activité, est inédite. Cf. sur ce point l'article de Desaegher, C. et Siouffi, B., « La VPC : une révolution commerciale sous le signe de la technologie », in *Entreprises et histoire*, » 1993, n° 4, p. 55-69.

43 Cameron, R., *La France et le développement économique de l'Europe (1800-1914)*, Paris, Le Seuil, 1971 (éd, en langue anglaise : 1961).

44 Seeling, H., *Les Wallons pionniers de l'industrie allemande. Considérations historiques*, Liège, Wahle, 1984. Voir aussi Potelle, J.-F. (dir.), *Les Wallons à l'étranger, hier et aujourd'hui*, Charleroi, Institut Jules Destrée, 2000.

et l'action d'entrepreneurs et de techniciens wallons installés en Allemagne du XIXe au début du XXe siècle, dans les secteurs où l'excellence et le savoir-faire de la Belgique sont précoces comme les verreries, les charbonnages, l'armurerie, la sidérurgie. Plus avant au XXe siècle, une entreprise comme Saint-Gobain, par l'intermédiaire de sa succursale allemande, les Vereinigte Glaswerke, sise à Aix-la-Chapelle, introduit systématiquement dans ses glaceries de Rhénanie des innovations de fabrication destinées à y être testées, puis généralisées à l'ensemble du groupe[45]. De même encore, on sait qu'en Nord-Pas-de-Calais, certaines activités comme l'industrie du jute à Dunkerque, la dentelle mécanique à Calais, les instruments d'écriture à Boulogne-sur-Mer sont implantées ou profondément transformées par l'apport britannique, en un processus de transfert intervenu au début du XIXe siècle. L'exploitation charbonnière et la métallurgie, pour leur part, prennent plutôt exemple sur la future Belgique, notamment dans des activités telles que la fonderie, la clouterie, le laminage. Toutes ces innovations transférées de l'extérieur sont intégrées par les entreprises locales qui, à leur tour, diffusent leurs techniques dans le reste de l'Europe, voire du monde, comme le montrent les peignages de laine implantés par les groupes de Lille, Roubaix et Tourcoing en Russie et aux États-Unis à la fin du XIXe siècle.

L'importance de ces enjeux internationaux se trouve confirmée ici, tout au moins en ce qui concerne les techniques de production. Celles-ci sont l'occasion de multiples transferts tant dans le verre creux, où les États-Unis stimulent indirectement la modernisation de l'industrie française, que dans le pétrole, où la Russie, sous l'impulsion des investissements des Rothschild, « s'ouvre au commerce mondial du pétrole » (Pierre Jaloustre). Le phénomène de transferts concerne aussi la chimie minérale, avec la fabrication du blanc de zinc, de la France vers la Belgique, l'épuration des eaux, de la Grande-Bretagne et de l'Allemagne vers la France, l'élimination des fumées, également de Grande-Bretagne vers la France, enfin les activités de pointe comme la construction aéronautique et spatiale, l'électronique d'équipement, le matériel d'armement, de l'Allemagne occupée après 1945 vers la France.

Dans tout ceci, c'est une « Europe technicienne » qui se manifeste et qui s'impose, en dépit des inégalités de développement entre les régions, des rivalités entre les chercheurs, de la compétition entre les entreprises.

---

45 Möller, H., *Saint-Gobain in Deutschland, von 1853 bis zur Gegenwart. Geschichte eines europäischen Unterrnehmens*, Munich, C.H. Beck, 2001. Sur ces innovations technologiques apportées par les Vereinigte Glaswerke, nous nous permettons de renvoyer à notre article, « Le rôle de la technologie dans les relations entre les entreprises françaises et l'Allemagne, de 1945 à la fin des années 1960 », in *Cahiers du Centre Pierre Léon d'histoire économique et sociale*, n° 3, 2003, p. 81-101.

Il ne s'agit plus seulement de l'Europe des inventeurs et des savants, mais d'une Europe qui fait intervenir l'ensemble des protagonistes de l'innovation : individus et collectivités, chefs d'entreprises, ingénieurs, techniciens supérieurs, personnel d'encadrement, sans oublier le rôle des pouvoirs publics qui, dans cet ouvrage, paraissent, même au XIXe siècle, plus présents et actifs que l'on n'aurait pu s'y attendre a priori. Si ces articles parviennent à le suggérer et à initier de nouvelles recherches, le but principal de notre rencontre aura été atteint.

Nous ne voudrions pas terminer cette présentation sans adresser nos remerciements aux trois institutions qui ont soutenu l'organisation de ce colloque : l'ANR, le groupe de recherches « Ces chers voisins », l'IDHE, sans exprimer toute notre reconnaissance au laboratoire IRHIS, à sa directrice, Catherine Denys, et à sa responsable administrative, Martine Aubry qui nous ont accueillis, aux présidents de séances qui ont assumé la tâche de l'animation des discussions, toujours riches et intéressantes, Michel Lescure, Denis Woronoff, Jürgen Elvert, Charles Barthel, aux auteurs qui ont accepté de se soumettre aux impératifs d'une publication rapide, à Michel Dumoulin qui accueille cet ouvrage dans la collection « Euroclio » qu'il dirige aux éditions PIE Peter Lang, et enfin à Pierre Tilly, ingénieur de recherche dans le projet ANR-EMERENO, infatigable artisan de l'organisation du colloque, puis de la publication de ces actes qui, sans lui, n'auraient jamais pu être menées à bien.

Première partie

Protection et circulation des innovations

Controverses et paradoxes dans l'Europe des brevets au XIXe siècle

Gabriel GALVEZ-BEHAR

Institut de recherches historiques du Septentrion
Université de Lille-Nord de France

La question du rôle positif de la propriété industrielle dans le développement du capitalisme est posée de longue date, mais demeure incertaine. Dans l'une des conférences publiées dans son *Esquisse d'une histoire universelle de l'économie et de la société*, Max Weber affirmait que « la première loi rationnelle sur les brevets constitua une innovation positive », favorable aux inventions décisives pour l'impulsion du capitalisme[1]. Quelques décennies plus tard, l'économiste Fritz Machlup faisait part d'un point de vue bien plus nuancé en affirmant qu'« aucun économiste ne peut affirmer avec certitude que le système des brevets tel qu'il opère aujourd'hui, se traduit par un bénéfice net ou une perte sèche pour la société », allant même jusqu'à dire que, si ce système n'existait pas, « il serait irresponsable, sur la base de ce que nous savons de ses conséquences économiques, de recommander d'en instituer un »[2].

Pour dépasser ces incertitudes, il est cependant possible de décaler quelque peu le problème posé. Plutôt que de mesurer l'influence d'un tel cadre juridique sur la performance économique, il est possible de s'interroger sur le sens de cet « investissement de forme » que constituent la propriété industrielle en général et le brevet d'invention en particulier. En d'autres termes, il s'agit de se demander dans quelle mesure les controverses relatives aux brevets d'invention permettent de

1 Weber, M., *Esquisse d'une histoire universelle de l'économie et de la société*, Paris, Gallimard, 1991, p. 332.

2 Machlup, F., *Study of the Subcommitte on Patents, Trademarks and Copyrights*, 15, Washington, US Government Print Office, 1958, p. 80.

comprendre les attentes des acteurs engagés dans la dynamique de l'innovation[3].

L'Europe du Nord-Ouest est sans nul doute un terrain privilégié pour une enquête comparative. Elle est à la fois l'un des lieux d'invention du brevet moderne et un espace où se déploient, tout au long du XIXe siècle, les controverses sur la question grâce à des phénomènes de transferts et d'emprunts qu'il conviendra de décrire. Enfin, elle est le lieu d'où émerge l'une des premières formes de régulation internationale en la matière avec l'adoption de la convention de l'Union de Paris en 1883. Ce sont ces trois thèmes qui seront abordés dans cet article.

1. L'Europe du brevet au début du XIXe siècle

Même si l'histoire du brevet d'invention s'inscrit dans la longue durée – l'un des premiers privilèges d'invention est délivré à Venise en 1474 –, le XIXe siècle s'affirme comme le siècle du brevet[4]. Le modèle britannique, renforcé par le développement d'une idéologie du droit naturel, inspire l'adoption des lois françaises de 1791 qui, à leur tour, favorisent l'apparition de réglementations nouvelles à l'échelle du continent. Les limites et l'hétérogénéité de ces législations amènent cependant à distinguer plusieurs temps et plusieurs modèles d'affirmation de ce droit de l'invention.

L'essor contrasté du brevet d'invention

À la fin du XVIIIe siècle, la Grande-Bretagne constitue le pays de référence dans la reconnaissance des droits de l'inventeur. Dès 1624, le *Statute of Monopolies* interdisait à la Couronne britannique de délivrer des privilèges exclusifs en matière commerciale, mais faisait une exception pour tout « premier et authentique inventeur » qui pouvait se voir reconnaître pendant quatorze ans un monopole d'exploitation sur son invention. Ce système de délivrance se caractérisait par son extrême complexité. Même si aucun examen formel de la nouveauté ou de l'utilité n'était prévu, le requérant devait passer sous les fourches caudines d'une procédure lente et coûteuse[5]. À ces limites, s'ajoutait la méfiance des tribunaux anglais, d'autant plus suspicieux à l'égard du

---

3 Caron, F., *La dynamique de l'innovation. Changement technique et changement social (XVIe-XXe siècle)*, Paris, Gallimard, 2010.

4 Plasseraud, Y. et Savignon, F., *L'État et l'invention, histoire des brevets*, Paris, Le Seuil, 1982 ; Beltran, A., Chauveau, S. et Galvez-Behar, G., *Des brevets et des marques. Une histoire de la propriété industrielle*, Paris, Fayard, 2001.

5 MacLeod, C., *Inventing the Industrial Revolution*, Cambridge, Cambridge University Press, 1988, p. 40-48.

monopole conféré par ces privilèges que cette matière juridique leur était généralement inconnue[6].

Le système britannique n'en garda pas moins une réelle influence jusqu'à la fin du XVIIIe siècle. Par la force des choses, il inspira les constituants américains qui conférèrent au Congrès des États-Unis d'Amérique le pouvoir de « promouvoir le progrès des sciences et des arts utiles en assurant, pour un temps limité, aux auteurs et aux inventeurs le droit exclusif à leurs écrits et découvertes respectifs »[7]. En France, les révolutionnaires furent également influencés par la législation anglaise[8]. Dans son *Rapport sur la propriété des auteurs de nouvelles découvertes et inventions en tout genre d'industrie* présenté à l'Assemblé constituante, le chevalier de Boufflers mit en exergue l'exemple anglais. Pour lui, la loi sur les patentes avait fait de l'Angleterre « une grande corporation d'arts et métiers : effrayante association, dans laquelle et les plus habiles ouvriers et les premiers manufacturiers et surtout les génies les plus inventifs de toutes les nations [s'empressaient] à se faire agréger »[9]. À la fois concurrente et modèle, l'Angleterre avait su promouvoir son industrie en attirant à elle des inventeurs étrangers. La France devait suivre cet exemple en établissant sa propre loi sur les inventions.

Malgré la force du modèle anglais, l'adoption des lois françaises sur le brevet d'invention en 1791 n'en fut pas moins un tournant dans l'histoire du brevet moderne en Europe. Le droit de propriété de l'inventeur sur ses inventions fut affiché comme un « droit inaliénable de l'homme ». Le brevet était ainsi décerné, sur simple déclaration auprès de l'Administration, aussi bien à l'inventeur qu'à l'importateur d'une technique nouvelle. Tout examen de la valeur de l'invention était légalement proscrit, même si un examen officieux se mit rapidement en place dès le Consulat[10]. Seuls les tribunaux étaient normalement appelés à juger de la validité des brevets d'invention.

---

6 Dutton, H.I., *The Patent System and Inventive Activity during the Industrial Revolution*, Manchester, Manchester Universty Press, 1984, p. 77-78 ; MacLeod, C. et Nuvolari, A., « Patents and Industrialization : An Historical Overview of the British Case, 1624-1907 », in *LEM Working Paper Series*, 2010/4, juin 2010, p. 8.

7 *Constitution des États-Unis d'Amérique*, article I, section 8, alinéa 8, [en ligne, http://mjp.univ-perp.fr/constit/us1787.htm, consulté le 21 février 2010].

8 Galvez-Behar, G., « Genèse des droits de l'inventeur et promotion de l'invention sous la Révolution française », avril 2006, [en ligne, http://halshs.archives-ouvertes.fr/halshs-00010474/en/, consulté le 21 février 2010] ; Demeulanaere-Douyère, C., « Inventeurs en Révolution : la Société des inventions et découvertes », in *Documents pour l'histoire des techniques*, n° 17, 1er semestre 2009, p. 19-56.

9 *Id.*

10 Hirsch, J.-P., « À propos des brevets d'invention dans les entreprises du Nord du XIXe siècle », in *Revue du Nord*, vol. 67, n° 265, 1985, p. 447-459.

Les lois françaises de 1791 constituèrent l'une des matrices du droit du brevet dans l'Europe continentale du XIXe siècle. Les guerres napoléoniennes imposèrent *de facto* le modèle français dans les territoires annexés à la République puis à l'Empire. Dans les pays occupés, l'influence française n'en fut pas moins forte. En Espagne, le décret royal de 1811 sur les patentes était largement inspiré par les lois françaises. Même si un retour au système des privilèges fut tenté en 1820, une nouvelle législation adopta le modèle libéral et français six ans plus tard[11]. Dans le royaume de Naples, l'évolution fut similaire : un décret du 2 mars 1810 emprunta l'essentiel de ses dispositions aux lois françaises et établit des brevets d'invention, de perfectionnement et d'importation. Leur durée était limitée à cinq ans, sauf en cas de motifs graves d'utilité publique qui permettaient de prolonger la durée à dix ou quinze ans.

Le congrès de Vienne ne remit pas en cause cet apport de cette législation française. Le royaume des Pays-Bas adopta en 1817 une législation largement tributaire des lois de 1791. La situation au sein de la Confédération germanique était plus contrastée. Tandis que la Bavière rhénane restait soumise aux lois françaises de 1791, le droit des inventeurs en Prusse était régi par un *publicandum* de 1815. Le reste de la Bavière se dota d'une loi sur l'industrie en 1825 autorisant les délivrances de brevets. Toutefois, l'émergence progressive du *Zollverein* imposa la mise en place d'un accord en 1842 afin d'éviter tout obstacle aux échanges tout en protégeant l'invention des machines[12].

Nonobstant la forte influence du modèle français, l'Europe des brevets au milieu du XIXe siècle finit par refléter une forte diversité des législations. À ce trait, s'en ajoutait un autre : celui de la relative instabilité de ces dernières. La France échappait d'ailleurs à ce constat : l'unique réforme de taille résida dans l'adoption de la loi du 5 juillet 1844 sur les brevets d'invention. En revanche, la Grande-Bretagne connut des réformes successives en 1835, 1839, 1844, 1852 et 1883. Après la scission de 1830, la Belgique changea sa loi en 1854 et 1857 tandis que les Pays-Bas, on y reviendra, abolirent leur législation sur les brevets en 1869. À la fréquence de ces réformes législatives, vint correspondre un essor quantitatif du nombre de brevets d'invention à l'échelle de l'Europe et même du monde.

---

11 Saiz-Gonzalez, P., *Invención, patentes e innovación en la España contemporánea*, Madrid, Oficina Española de Patentes y Marcas, 1999.

12 Müller Alfred, *Die Entwicklung des Erfindungsschutzes und seiner Gesetzgebung in Deutschland*, Munich, Lindauer, 1898 ; Heggen, A., *Erfindungsschutz und Industrialisierung in Preußen, 1793-1887*, Göttingen, Vandenhœck & Ruprecht, 1975.

Les limites des statistiques de brevets sont bien connues[13]. Leur agrégation, dans le temps et dans l'espace, tend à occulter l'hétérogénéité des législations. Un brevet délivré à la suite d'un examen préalable n'a pas la même valeur qu'un autre délivré de manière quasi automatique. Par ailleurs, les sources statistiques sont parfois contradictoires. Celles rassemblées en 1964 par Pasquale Joseph Federico, alors responsable de l'Office américain des brevets, font apparaître quelques contradictions lorsqu'on les compare avec des sources nationales[14]. Les statistiques réunies par le bureau de l'Union de Paris, publiées dans *La Propriété industrielle*, puis reprises par l'Organisation mondiale de la propriété industrielle, ne renferment des informations qu'à partir de la fin du XIXe siècle. Malgré ces limites, il est possible de dégager quelques tendances et quelques enseignements, à condition de prendre ces statistiques pour ce qu'elles sont : un indice du recours à un dispositif légal de protection des droits de l'inventeur.

Graphique 1 : Nombre de brevets délivrés dans le monde et dans certains États européens de 1791 à 1900

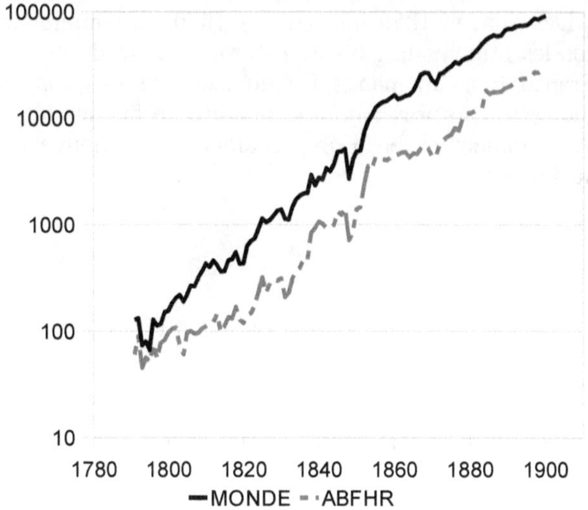

Source : Federico, P.J., « Historical Patent Statistics », *loc. cit.* Les États européens sont les États allemands, la Belgique, la France, les Pays-Bas et le Royaume-Uni.

---

13 Caron, F., *Les brevets. Leur utilisation en histoire des techniques et en économie*, Paris, CNRS, 1984 ; Griliches, Z., « Patents Statistics as Economic Indicators : A Survey », in *Journal of Economic Literature*, vol. 38, décembre 1990, p. 1661-1707.

14 Federico, P.J., « Historical Patent Statistics », in *The Journal of the Patent Office Society*, 1964.

L'étude de ces statistiques suggère trois types de caractéristiques : une tendance globalement exponentielle, des différences nationales et des temporalités diverses. Du début à la fin du XIXe siècle, le nombre de brevets a été multiplié par près de 600 à l'échelle du monde et de l'Europe. Plusieurs phénomènes expliquent cette évolution générale : la « dynamique de l'innovation » propre à la période, l'extension des législations sur les brevets d'invention, mais aussi les réformes de chacune d'entre elles. En abaissant le coût réel du brevet d'invention, la réforme française de 1844 permet une augmentation rapide du nombre de brevets. Il en va de même pour les lois belges des années 1850 et pour la réforme britannique de 1852. Cette évolution n'est toutefois pas continue. Si les crises politiques peuvent avoir une incidence forte, comme le suggère l'évolution du nombre de brevets après 1848, il est possible de distinguer différentes périodes. Le premier tiers du XIXe siècle est celui d'une augmentation lente, à cause du faible nombre de pays dotés d'une législation sur les brevets, du coût de ces derniers et du rythme de l'industrialisation. Les années 1840-1850 marquent une nouvelle phase : le nombre de brevets augmente, en même temps que sont entreprises dans différents pays des réformes facilitant leur délivrance. Des années 1850 aux années 1870, le nombre de brevets délivrés dans les principaux pays de l'Europe du Nord-Ouest (Grande-Bretagne, France, États allemands, Belgique et Pays-Bas) marque le pas. Après la guerre franco-prussienne, le nombre de brevets augmente de nouveau très rapidement en Europe, alors qu'un nouveau système technique se dessine.

Graphique 2 : Nombre de brevets délivrés dans certains États européens de 1791 à 1900

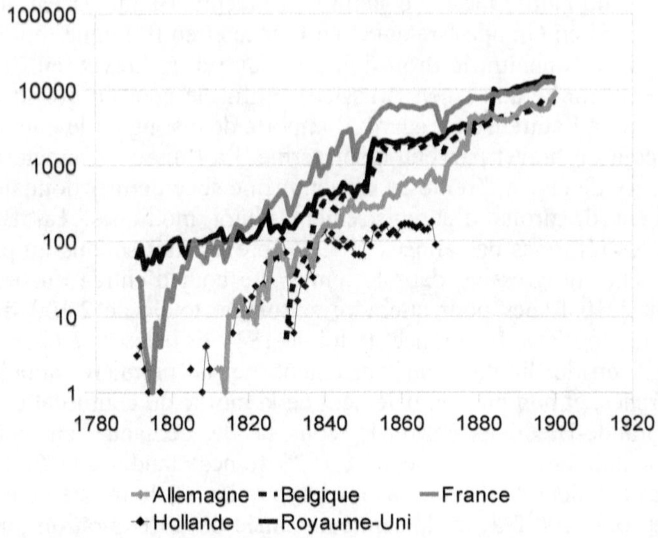

Source : Federico, P.J., « Historical Patent Statistics », *loc. cit.*

Des législations hétérogènes

Malgré ce mouvement général, les législations sur les brevets d'invention conservent des différences fortes, tant sur le plan des principes qu'à un niveau pratique. L'existence d'un examen préalable est un bon indice de la philosophie sous-jacente à chaque système de brevet national. La France se caractérise ainsi par un refus originel d'une telle procédure, assimilée à une censure digne de l'Ancien Régime. Hormis certaines exceptions, la protection de la propriété de l'inventeur était considérée comme un droit naturel et l'Administration ne devait pas l'entraver *a priori*. Seuls les tribunaux pouvaient annuler un brevet ou déchoir son titulaire de ses droits. Le brevet était donc délivré « sans garantie du gouvernement » – c'est le fameux SGDG – aux risques et périls du requérant. Il en allait de même en Belgique. En Grande-Bretagne, en revanche, même après la réforme de 1852, un système d'opposition permettait théoriquement de contester le brevet préalablement à sa délivrance définitive. En Prusse enfin, les brevets étaient délivrés après un examen visant à évaluer la nouveauté de l'invention : le brevet y était encore conçu comme un privilège conféré par l'État.

À ces différences de principes, s'ajoutent des différences pratiques tout aussi importantes. Au début des années 1860, la durée maximale de la protection varie entre 15 et 20 ans dans les principaux pays de l'Europe du Nord-Ouest. Le statut de l'inventeur étranger est, lui aussi, variable. Si en Grande-Bretagne, en France et en Belgique tout étranger se voyait reconnaître le droit d'être titulaire d'un brevet, en Prusse, ce droit était limité aux sujets prussiens. Enfin, le coût du brevet différait d'un pays à l'autre. À cet égard, il importe de distinguer le coût d'entrée et le coût du brevet parvenu à son terme. La Prusse se caractérisait par l'absence de taxe afférente au brevet, même si ce dernier donnait lieu au paiement de droits d'enregistrement plutôt modiques. En Belgique, après les réformes des années 1850, le brevet était soumis au paiement d'une taxe progressive dans le temps. Le coût d'entrée du brevet s'y élevait à 10 francs pour atteindre la somme totale de 2 100 francs au bout de vingt ans. En France, la loi de 1844 fit baisser ce coût d'entrée effectif en le limitant au versement de la première annuité, soit 100 francs, et non plus au paiement de la moitié du coût total du brevet. En Grande-Bretagne enfin, le coût de la demande en elle-même représentait une somme de 25 £ (625 francs) tandis que 50 £ (1 250 francs) devaient être versés avant l'expiration de la troisième année du brevet, puis 100 £ avant la septième année ou à l'expiration du brevet. Toutefois, la possibilité d'obtenir un brevet provisoire de six mois renouvelable une fois – le *caveat* – permettait de porter le coût d'entrée à 5 £ (125 francs).

Tableau 1 : Quelques caractéristiques des brevets d'invention en 1859

	Grande-Bretagne	France	Belgique	Prusse
Durée maximale	14 ans (prolongation de 7 ans possible)	15 ans	20 ans	15 ans
Examen préalable	Oui (Système d'opposition)	Non	Non	Oui
Coût minimum	5 £ (125 F)	100 F	100 F	Frais d'enregistrements administratifs
Coût maximum	175 £ (4 375 F)	1 500 F	2 110 F	-
Droit de l'étranger	Oui	Oui	Oui	Non

Source : Renouard, C., « Brevets d'invention », in *Dictionnaire universel, théorique et pratique du commerce et de la navigation*, tome 1, A-G, Paris, Guillaumin, 1859, p. 410-411.

Au regard des questions posées dans ce volume, ces différences soulèvent deux types de problèmes. Le premier concerne le rôle de ces législations dans la dynamique des échanges qui s'installe à l'échelle du monde. L'importance de ces disparités pouvait donner lieu à des incohérences, puisque la délivrance d'un brevet dans un pays pouvait rendre impossible la protection de l'invention dans un autre. Aussi les entrepreneurs concernés avaient-ils besoin d'une connaissance fine des différentes réglementations que certains intermédiaires, à commencer par les agents de brevets, leur garantissaient. Par ailleurs, les variations du coût effectif du brevet renvoient à la question de l'accès socialement différencié à la protection des droits de l'inventeur et à celle de ses incidences sur la performance économique.

Au cours de la première moitié du XIXe siècle, les législations relatives au brevet d'invention dans l'Europe du Nord-Ouest se caractérisent ainsi par un trait dominant : une généralisation limitée et fortement différenciée. La place variable de l'industrie dans les économies, le degré d'ouverture de ces dernières aux échanges internationaux et les singularités de chaque cadre juridique expliquent, pour une part, ces différences. À partir des années 1850, cet essor semble cependant marquer le pas pour laisser la place à une période d'intenses controverses.

2. L'Europe des controverses (1852-1869)

Le brevet d'invention est un objet structurellement controversé. L'originalité des débats qui apparaissent à partir du début des années 1850 ne tient donc pas à leur nouveauté[15]. Elle découle plutôt de leur organisation à l'échelle internationale et de leur intensité, après une période de forte augmentation du nombre de brevets en Europe. Européenne – voire mondiale –, cette controverse se déroule au sein d'instances transnationales et donne lieu à des phénomènes d'emprunts et de transferts. Puissante, elle aboutit à une profonde remise en cause du brevet d'invention, aussi bien dans les pays fondateurs que dans les États dotés d'une législation récente.

Les doutes des pays fondateurs

Au début du XIXe siècle, en Grande-Bretagne, le vieux système hérité du *Statute of Monopolies* avait fait l'objet de critiques récurrentes de la part des inventeurs et des titulaires de *patents*[16]. La commission parlementaire de 1829 avait ainsi mis en avant plusieurs types de problèmes : l'incertitude des décisions judiciaires, la lourdeur de la procédure, la brièveté de la protection et le coût du brevet. Deux réformes, plus ou moins limitées, avaient été adoptées en 1835 et 1839. Après l'abolition des *Corn Law* en 1846, la réforme de la législation sur

---

15 Machlup, F. et Penrose, E., « The Patent Controversy in the Nineteenth Century », in *The Journal of Economic History*, vol. 10, n° 1, p. 1-29.

16 Dutton, H.I., *The Patent System…*, *op. cit.*, p. 34-69.

les brevets redevint un thème de mobilisation, comme en témoigne la création, en 1847, d'une Association nationale pour la réforme des lois sur les brevets. En outre, l'organisation de la première Exposition universelle renforça l'intérêt pour la question, dans la mesure où de nombreux participants pouvaient craindre la contrefaçon de leurs produits. La pression d'un grand nombre d'associations techniques et de chambres de commerce – dont celles de Liverpool et de Manchester – conduisit à l'ouverture d'une nouvelle enquête parlementaire et à l'adoption d'une nouvelle loi sur les brevets en 1852. Cette dernière réduisit le coût maximal à environ 175 £, harmonisa le système à l'ensemble du Royaume-Uni, simplifia largement la procédure et mit en place un système de publication des brevets.

Cette réforme ne mit cependant pas fin aux revendications visant à l'abolition de la législation qui s'étaient déjà manifestées lors de l'enquête de 1851[17]. En 1853-1854, un débat opposa plusieurs membres de la *Society of Arts*[18]. Rejetant les monopoles et défendant la gratuité de la science, E.B. Denison, l'un des concepteurs de l'horloge du Parlement de Westminster, réclama l'abolition des brevets d'invention, soulevant les protestations du juriste Thomas Webster. Durant les années 1860, porté par les succès du mouvement libre-échangiste à l'échelle de l'Europe, le courant abolitionniste britannique ne faiblit pas. En 1860 à la Chambre des pairs, lord Granville, l'un des organisateurs des expositions londoniennes de 1851 et 1862, déclara considérer les brevets comme n'étant utiles qu'aux avocats. Une commission, créée le 1er septembre 1862, rendit en 1864 un rapport ambigu proposant de modifier la législation existante, tout en suggérant à mots couverts son abolition[19].

Certains répondirent à cette invitation et, en 1869, la Chambre des communes examina une motion visant à en finir avec les brevets. Pour les partisans de l'abolition, l'intérêt public réclamait la suppression d'une législation qui favorisait la protection d'inventions dérisoires et la multiplication de procès sans fin. Les défenseurs du brevet soulignaient quant à eux les mérites du système américain et insistaient sur l'importance d'une législation qui offrait à l'inventeur pauvre et au travailleur la possibilité d'exploiter son invention. L'engagement de

---

17 Johns, A., *Piracy. The Intellectual Property Wars from Gutenberg to Gates*, Chicago, The University of Chicago Press, 2009, p. 258-289.

18 *Journal of the Society of Arts*, vol. 2, n° 62, 27 janvier 1854, p. 153-162 ; n° 63, 3 février 1854, p. 173-178 ; n° 64, 10 février 1864, p. 211-213.

19 Hasting, G.W. (ed.), *Transactions of the National Association for the Promotion of Social Science. Sheffield Meeting, 1865*, Londres, Longman, 1866, p. 109.

l'*Attorney general* à réunir une nouvelle commission accorda cependant un sursis à une institution vieille de près de deux siècles[20].

En France, des débats comparables eurent lieu à peu près au même moment. En 1854, prenant prétexte de la réforme belge, le journaliste libéral Louis Alloury publia un article en faveur du brevet, marquant ainsi le début d'une controverse importante[21]. Au sein même de la Société d'économie politique ou du *Journal des économistes*, hauts lieux de l'économie libérale française, partisans et adversaires du brevet d'invention s'engagèrent dans un débat révélant les contradictions de l'école libérale. Les premiers insistaient sur le droit naturel de l'inventeur, tandis que les seconds considéraient que l'invention, processus collectif et immatériel, ne pouvait donner lieu à une propriété individuelle. Ces échanges eurent une telle répercussion qu'à la fin de la même année, le directeur général de l'Agriculture et du Commerce lança une consultation des chambres de commerce et des sociétés industrielles[22]. Cette enquête fut l'occasion pour certains d'exiger l'abolition d'une législation. Pour la Chambre de commerce de Lille, il était ainsi préférable « pour le progrès industriel, qu'il n'y eût aucune loi destinée à garantir des droits sur les découvertes industrielles »[23].

En 1857, le gouvernement impérial soumit au Conseil d'État un projet de réforme prévoyant la délivrance provisoire des brevets, ainsi que la création, sur le modèle britannique, d'un comité chargé d'examiner les éventuelles oppositions et de fournir aux tribunaux les expertises nécessaires à la résolution des contentieux. Bon nombre de chambres de commerce, à commencer par celle de Paris, s'opposèrent violemment au projet[24]. Malgré les critiques, l'examen du projet fut maintenu. Le traité de libre-échange de 1860 renforça la détermination des abolitionnistes. Fort de sa notoriété nouvelle, Michel Chevalier fut chargé de diriger la délégation française à l'Exposition universelle de Londres en 1862. Sans doute marqué par les débats britanniques, il relança la controverse dans son rapport sur l'exposition londonienne en affirmant que « le monopole conféré par des brevets doit, en principe,

---

20 Rolin-Jacquemyns, G., « De quelques manifestations récentes de l'opinion publique en Europe au sujet des brevets d'invention », in *Revue de droit international et de législation comparée*, 1869, p. 615.

21 *Journal des débats*, 19 août 1854, p. 1 ; 28 août 1854, p. 1-2.

22 Nouguier, L., *Des brevets d'invention et de la contrefaçon*, Paris, Cosse, 1856, p. 522-536.

23 Archives départementales du Nord, 76 J 1492 : observations sur la législation des brevets d'invention, août 1855.

24 Legentil, A.F., « De la loi sur les brevets d'invention », in *Journal des économistes*, 15 mars 1859, p. 392-402.

être taxé d'abusif »[25]. Le courant abolitionniste français trouva ainsi son chef de file et cette charge contre les brevets eut raison du projet de réforme déposé devant le Corps législatif. Toutefois, comme en Grande-Bretagne, les abolitionnistes français ne parvinrent pas à supprimer une institution qui, en dépit de ses nombreuses imperfections, avait suscité un certain attachement des acteurs économiques.

Hésitations allemandes et abolition hollandaise

Dans les États allemands, les débats sur le brevet d'invention furent liés au contexte politique[26]. L'éphémère constitution de 1849 avait reconnu la nécessité de protéger la propriété intellectuelle et fit de la délivrance des brevets une compétence fédérale. La question fut reprise en 1850 dans le cadre de la Confédération germanique, mais elle ne fut pas réellement traitée avant que la Saxe et le Wurtemberg ne présentent chacun un projet en juillet 1860. Deux ans furent encore nécessaires pour réunir une commission à laquelle la Prusse refusa de participer, du fait de la présence de représentants autrichiens. Dans son rapport publié le 16 mai 1863, cette commission proposa quelques principes généraux reposant sur une conception subjective du droit de l'inventeur, mais laissant chaque État adapter sa législation.

La Prusse s'opposa fermement à cette proposition qui remettait en cause l'examen préalable et, en juillet 1863, le ministre prussien du Commerce et de l'Industrie lança une enquête auprès des chambres de commerce. 31 chambres de commerce contre 16 se prononcèrent pour la suppression des brevets. En septembre 1863, le VIe congrès des économistes allemands vota une résolution affirmant que « les brevets d'invention sont nuisibles au développement de la prospérité publique »[27]. En décembre 1868, Bismarck proposa au Conseil fédéral de l'Allemagne du Nord de se saisir de la question des brevets et en suggéra l'abolition. Toutefois la mobilisation des partisans du brevet, à commencer par le *Verein deutscher Ingenieure* et plusieurs chambres de métiers, parvint à éloigner cette perspective, malgré la victoire que les opposants aux brevets remportèrent aux Pays-Bas.

25 Chevalier, M. (dir.), *Rapports des membres de la section française du jury international sur l'ensemble de l'exposition*, t. 1, Paris, impr. et librairie centrale des chemins de fer, 1862, p. cxviii.

26 Seckelmann, M., *Industrialisierung, Internationalisierung und Patentrecht im Deutschen Reich 1871-1914*, Francfort-sur-le-Main, Klostermann, 2004, p. 107-180.

27 Rolin-Jacquemyns, G., « De quelques manifestations récentes de l'opinion publique en Europe au sujet des brevets d'invention », in *Revue de droit international et de législation comparée*, 1869, p. 610.

La législation néerlandaise sur les brevets d'invention comportait, en effet, d'importantes limites[28]. Si des brevets d'importation pouvaient être délivrés aux importateurs de techniques nouvelles, le brevet néerlandais d'une technique brevetée ensuite à l'étranger était susceptible d'être annulé. De fait, la législation privilégiait l'importation des techniques à leur exportation. Aussi les titulaires de brevets néerlandais étaient-ils relativement peu nombreux par rapport aux étrangers. À la fin des années 1860, un fort courant d'opposition à la législation sur les brevets s'affirma aux Pays-Bas. Au Parlement, plusieurs députés mirent en avant les remises en cause dont le brevet avait fait l'objet à l'échelle européenne pour mieux le contester aux Pays-Bas[29]. En outre, la Suisse qui, malgré l'absence de brevets d'invention, parvenait à développer un certain nombre d'industries, pouvait rassurer l'opinion néerlandaise. Suite au vote de 48 des 57 députés hollandais, l'abolition fut adoptée et la loi du 15 juillet 1869 suspendit la délivrance des brevets d'invention. Le royaume des Pays-Bas entra alors dans la catégorie des pays européens qui, à l'instar du Danemark, de la Suisse, du Mecklemboug, de la Turquie et de la Grèce, se passaient de brevets d'invention. Il devint ainsi une promesse de succès pour les partisans de l'abolition en Europe.

3. Vers un système international des brevets

Loin d'être limité à des controverses nationales, le débat sur le brevet d'invention fut mené très précocement à une échelle internationale grâce à la tenue de congrès internationaux. Le développement du mouvement libre-échangiste à l'échelle européenne contribua à structurer le courant abolitionniste qui fut, paradoxalement, l'un des moteurs de l'internationalisation du brevet.

Paradoxe libre-échangiste et émulation législative

En 1856, lors du Congrès international pour la réforme douanière à Bruxelles, M. Akersdyck, professeur à l'université d'Utrecht et représentant de la Société néerlandaise pour le développement de l'industrie, réclama la suppression des brevets considérés comme une entrave inacceptable à la liberté du travail[30]. Pourtant, l'idée d'abolition était loin de faire l'unanimité parmi les partisans du libre-échange, comme l'attestent les divisions des économistes libéraux français. Aussi les

---

28 Schiff, E., *Industrialization without national patents. The Netherlands, 1869-1912, Switzerland, 1850-1907*, Princeton, Princeton University Press, 1971.

29 Ces débats sont reproduits dans Macfie, R.A. (ed.), *Recent Discussions on the Abolition of Patents for Inventions in the United Kngdom, France, Germany and the Netherlands*, Londres, 1869, p. 196-230.

30 *Congrès international des réformes douanières, réuni à Bruxelles : 22-25 septembre 1856*, Bruxelles, Weissenbruch, 1857, p. 119.

abolitionnistes furent-ils conduits à proposer d'autres mesures pour pallier les dysfonctionnements du brevet, à l'échelle internationale notamment. En 1862, le président de la Chambre de commerce de Liverpool, Robert A. Macfie, proposa un projet de *Patent-Union* tendant à uniformiser la législation dans différents pays et à exproprier tous les brevets après un délai de trois ans, moyennant une récompense attribuée aux inventeurs[31]. Ce projet fut discuté à Gand l'année suivante, lors du congrès de l'Association internationale pour le progrès des sciences sociales. Certains abolitionnistes soutinrent alors des solutions de compromis comparables. Bien qu'opposé aux brevets, le célèbre fabricant d'armes William Armstrong proposa leur extension à tous les pays qui en étaient dépourvus :

> Quelque grands que soient les avantages de l'uniformité de la législation dans les pays qui ont consacré le système des brevets, ils ne le seraient pas moins dans les pays qui ne reconnaissent pas les brevets. En réalité, il est incontestable que ce sont les premiers qui paient les brevets que ces derniers exploitent. Il peut parfois arriver que l'exonération des pays qui n'ont pas de brevets leur permette d'user de l'invention au-delà de la proportion équitable. Sans la possibilité d'étendre les brevets, le libre-échange est une injustice, en contradiction avec lui-même, qui ne saurait être tolérée qu'à cause des grands bénéfices résultant du commerce libre[32].

Les libre-échangistes opposés au brevet étaient ainsi amenés à défendre une position paradoxale. Le brevet était certes néfaste parce qu'il créait des monopoles et entravait la liberté du travail, mais il était surtout nocif parce qu'il constituait un handicap pour les pays dotés d'une législation en la matière par rapport à ceux qui ne l'étaient pas. La distorsion de la protection des droits de l'inventeur venait troubler la concurrence. Pour pallier ce déséquilibre, l'alternative était claire : ou la suppression totale des brevets d'invention ou, au contraire, leur adoption par tous les pays.

La guerre franco-prussienne de 1870-1871 fit passer pour un temps la question au second plan ; l'émergence de l'Empire allemand et la reprise des expositions universelles la remirent sur le devant de la scène. Ainsi le congrès de Vienne de 1873 sur les brevets d'invention fut-il un

31 *Annales de l'Association internationale pour le progrès des sciences sociales. Première session, Congrès de Bruxelles*, Bruxelles et Leipzig – Paris, Lacroix et Verboeckhoven – Guillaumin, 1863, p. 690-697.

32 *Annales de l'Association internationale pour le progrès des sciences sociales. Première session, Congrès de Gand*, Bruxelles – Paris, Lacroix et Verboeckhoven – Guillaumin, 1864, p. 747.

moment fort pour les partisans de la propriété industrielle[33]. Organisé sous la pression des États-Unis, qui menaçaient de boycotter cette exposition si leurs produits n'étaient pas efficacement protégés de la contrefaçon, ce congrès fut l'occasion d'affirmer la légitimité des droits de l'inventeur. Toutefois, du fait de l'absence de délégation française et de la présence d'une forte délégation allemande, le modèle de brevet défendu était fort éloigné du modèle français, dont l'influence avait été si forte au début du XIXe siècle. Parallèlement, en Grande-Bretagne, une commission d'enquête réunie en 1871 et 1872 finit par trouver quelque avantage aux brevets d'invention, avançant « des motifs de pure utilité et non […] des raisons tirées du *droit naturel* »[34].

La perspective d'une mise à l'écart du modèle français sembla se renforcer avec l'adoption de la loi allemande sur les brevets d'invention en mai 1877. Le législateur allemand prétendait construire un système juridique destiné à protéger l'inventeur individuel, mais surtout à servir la collectivité[35]. Contrairement à la tradition française qui faisait appel à des principes immuables, malgré la justification utilitariste de 1844, le modèle allemand se présentait comme essentiellement pragmatique, visant seulement à favoriser le nouveau processus d'industrialisation.

Du congrès de 1878 à l'« Union de Paris »

À la veille de l'ouverture de l'Exposition universelle de 1878, le brevet d'invention *à la française* était ainsi soumis à une double remise en cause : celle de l'émergence du brevet allemand, on l'a vu, et la reprise de la campagne abolitionniste. Dans son cours au Collège de France, Michel Chevalier s'exprima une nouvelle fois contre le brevet, soulignant la dimension profondément collective de l'invention[36]. Les partisans français du brevet d'invention se servirent de l'Exposition universelle de 1878 à Paris pour sauvegarder une tradition française fondée sur le droit naturel et rejetant notamment toute sorte d'examen préalable.

Le congrès de 1878 fut le point de départ d'un processus qui aboutit, le 20 mars 1883, à la signature de la convention instituant une Union

---

33 Webster, T., *Congrès international des brevets d'invention tenu à l'exposition universelle de Vienne en 1873*, Paris, Marchal, Billard et Cie, 1877 ; Plasseraud, Y. et Savignon, F., *Paris 1883. Genèse du droit unioniste des brevets*, Paris, Litec, 1983.

34 *Bulletin de la Société de législation comparée*, juin 1874, p. 318.

35 Kohler, J., *Handbuch des deutschen Patentrechts in rechtsvergleicher Darstellung*, Mannheim, Bensheimer, 1900, p. 6 : « Die Erfindung ist nach ihrer Anlage wesentlich individualistisch ; allein sie hat einen tief genossenschaftlichen Zug. Und so auch das Patentrecht. »

36 Chevalier, M., « Les brevets d'invention, contraires à la liberté du travail », in *Journal des économistes*, mai 1878, p. 169-225.

internationale pour la protection de la propriété industrielle, dite « Union de Paris »[37]. Selon cette convention, chaque partie contractante se devait d'accorder aux sujets ou aux citoyens des autres États contractants des droits identiques à ceux de ses nationaux. En outre, les individus ne relevant pas des pays signataires étaient tout de même assimilés aux sujets ou citoyens de ces derniers, dès lors qu'ils étaient domiciliés ou possédaient des établissements industriels dans les États contractants[38].

Un délai de priorité de six mois était en outre instauré : le titulaire d'un brevet dans un pays de l'Union avait six mois pour prendre un brevet dans un autre pays membre ; pendant ce temps, il lui était possible d'exploiter son invention et de la faire connaître sans que cela pût rendre nuls ses brevets pris ultérieurement dans l'Union. De même, l'introduction dans un pays signataire de produits brevetés dans un autre pays « unioniste » ne devait pas entraîner la déchéance du breveté, même si ce dernier restait soumis à une obligation d'exploitation dans le pays d'accueil. Enfin, la convention prévoyait la création, dans chaque pays, d'un service spécial de la propriété industrielle et d'un dépôt central afin de communiquer au public brevets, marques, dessins et modèles.

Les controverses relatives à la propriété industrielle ne cessèrent pas, mais prirent une autre forme, à l'occasion notamment de la confirmation du traité en 1886[39]. L'Union de Paris reconnaissait des droits très étendus aux inventeurs étrangers, originaires des pays contractants ou non. De nombreuses chambres de commerce les jugèrent trop généreux dans un contexte de montée du protectionnisme à l'échelle internationale. En France, elles réclamèrent la révision, voire la dénonciation, de la convention. La Chambre de commerce de Paris critiqua une demi-douzaine d'articles de la Convention, jugés « en complète opposition avec les intérêts de l'industrie nationale et la liberté du travail »[40]. Le droit international du brevet d'invention était dès lors remis en cause, au nom d'une certaine forme de protectionnisme.

---

[37] Plasseraud, Y. et Savignon, F., *Paris 1883…*, *op. cit.* La convention est signée par la Belgique, le Brésil, l'Espagne, la France, le Guatemala, l'Italie, les Pays-Bas, le Portugal, le Salvador, la Serbie et la Suisse.

[38] *Journal officiel de la République française*, 26 janvier 1884, p. 417.

[39] Savignon, F. et Plasseraud, Y., *Paris 1883…*, *op. cit.*, p. 213 et suivantes.

[40] *Chambre de commerce de Paris. Avis exprimés sur les principales questions soumises à son examen pour l'année 1885*, p. 172 et suivantes.

4. Conclusion

Trois remarques nous permettront de conclure cet article.

La première a trait à l'influence du brevet d'invention sur la performance économique. L'étude des controverses sur la propriété industrielle fait clairement apparaître que les acteurs impliqués dans ces débats n'ont jamais disposé d'un argument définitif permettant de trancher cette question toujours compliquée. Aussi les arguments convoqués ont-ils souvent été des arguments de principe – liberté du travail *versus* défense de la propriété – ou des arguments partiels, mettant en exergue un exemple choisi – la réussite industrielle de l'Angleterre ou les progrès helvétiques.

La seconde observation porte sur le caractère profondément international de la controverse. Menée au sein d'institutions nationales, cette dernière le fut aussi dans un cadre plus vaste, celui d'institutions nouvelles à l'échelle du monde. Les expositions universelles, les associations et les congrès internationaux furent autant de lieux conférant à cette controverse une dimension transnationale. L'Europe du Nord-Ouest fut le cœur de cet espace de la controverse.

Enfin, il faut souligner l'ambiguïté du rapport entre libre-échange et propriété industrielle. S'il est vrai que de grandes figures libre-échangistes comme Michel Chevalier furent opposées au brevet d'invention, les choses paraissent moins claires lorsque l'on étudie ces débats dans le détail. Toutefois, alors que dans les années 1860 le brevet est condamné au nom de la liberté du commerce, il apparaît après l'adoption de l'Union de Paris comme le cheval de Troie d'un libre-échange malmené. Ce n'est pas là le moindre paradoxe de cette histoire.

Vers une histoire du système belge des brevets au XIXe siècle

Corentin DE FAVEREAU et Arnaud PETERS

IACCHOS, Université catholique de Louvain (Belgique) et *CHST, Université de Liège (Belgique)*

En 2003, Michel Dorban met sur les rails un projet visant à étudier l'histoire du système belge des brevets[1]. La démarche s'inscrit dans le contexte d'un regain d'intérêt pour l'étude de la propriété industrielle, de son affirmation au XIXe siècle et de son apport au développement économique. Une série de travaux européens et américains ont ainsi permis d'investiguer, via l'étude des *Patent Systems*, les deux phénomènes économiques majeurs que constituent l'invention et l'innovation[2]. Le chantier belge, déjà évoqué en 1979 dans un ouvrage de référence sur la Révolution industrielle[3], avait, de son côté, pris un

1 Dorban, M., « Circulation et diffusion du savoir et de l'information techniques aux XIXe-XXe siècles. État de la question », in *Innovation, savoir-faire, performance. Vers une histoire économique de la Wallonie*, Charleroi, Institut Jules Destrée, 2005, p. 97-131.

2 Quelques exemples de ces travaux : MacLeod, C., *Inventing the Industrial Revolution : the English Patent System (1660-1800)*, Cambridge, Cambridge University Press, 1988 ; Saiz Gonzales, J.P., *Propiedad industrial y revolucion liberal. Historia del sistema espanol de patentes (1759-1929)*, Madrid, Oficina española de patentes y marcas 1995 ; Basberg, B.L., « Creating a patent system in the European periphery : the case of Norway (1839-1860) », in *Scandinavian Economic History Review*, 45 (2), 1997, p. 142-158 ; Beltran, A., Chauveau, S., Galvez-Behar, G., *Des brevets et des marques, une histoire de la propriété industrielle*, Paris, Fayard, 2001 ; le numéro spécial *Patents in History*, in *History of Technology*, 24, 2002 ; Khan, B.Z., *The Democratization of Invention. Patents and Copyrights in American Economic Development, 1790-1920*, Cambridge Mass., Cambridge University Press, 2005 ; Galvez-Behar, G., *La République des inventeurs. Propriété et organisation de l'innovation en France (1791-1922)*, Rennes, Presses universitaires de Rennes, 2008.

3 Lebrun, P., Dhondt, J., Bruwier, M., *Essai sur la révolution industrielle en Belgique (1770-1847)*, Histoire quantitative et développement de la Belgique, II : La révolution industrielle, Bruxelles, 1979, p. 608 (notes).

surprenant retard[4]. Le cas présente pourtant un intérêt évident. D'abord, entre 1830 et 1880, la Belgique constitue le pays qui compte le plus de brevets par habitant[5]. Ensuite, grâce à son essor industriel précoce, elle représente un terrain d'observation privilégié pour l'étude des liens entre brevets et activités industrielles. Enfin, force est de constater que le développement économique et l'encouragement à l'innovation sont privilégiés par les dirigeants de la jeune Belgique qui les considèrent comme les conditions de son affirmation[6].

Malgré les problèmes critiques que leur analyse soulève, les brevets représentent une source historique particulièrement précieuse, tant pour l'histoire de l'économie que pour celle des techniques[7]. Souvent décrits comme un des principaux vecteurs du savoir technique au XIXe siècle, ils sont appelés à remplir des fonctions économiques fondamentales, entre l'invention qu'ils entendent stimuler et l'innovation qu'ils doivent faciliter[8]. Cette contribution collective ambitionne de présenter, outre les premiers résultats obtenus, certains aspects méthodologiques privilégiés par les auteurs dans le cadre de leurs recherches sur le système belge des brevets[9]. Deux approches des brevets seront ainsi évoquées : la première est propre à l'histoire de l'économie et les considère comme des indices

---

4 Deux études précieuses, mais introductives ont été réalisées : Servais, P., « Les brevets d'invention en Belgique de 1854 à 1914 », in *LIe Congrès de la Fédération des cercles d'archéologie et d'histoire de Belgique et 4e Congrès de l'Association des cercles francophones d'histoire et d'archéologie de Belgique. Liège, 1992. Actes*, t. 2, Liège, Archives et bibliothèques de Belgique, 1994, p. 367-368 ; Oris, M., « Inventivité technique et naissance d'industries innovantes en Belgique, 1860-1910 », in C. Opsomer, J. Vandersmissen (eds.), *Proceedings of the XXth International Congress of History of Science. Liège, 20-26 July 1997, t. VI : Science, Technology and Industry*, Turnhout, Brepols, 2000, p. 136-162.

5 Saiz Gonzales, P., « Patents, International Technology Transfer and Spanish industrial Dependence (1759-1878) », in Hilaire-Pérez, L., Garçon, A.-F. (eds.), *Les chemins de la nouveauté. Innover, inventer au regard de l'histoire*, Paris, CTHS, 2003, p. 244.

6 L'importance des cadres institutionnels et du contexte économique et politique qui agissent comme stimulants de l'innovation est à souligner. Voir Berg, M., Bruland, K., *Technological Revolutions in Europe. Historical Perspectives*, Cheltenham, Edward Elgar, 1998, p. 11.

7 Griliches, Z., « Patent Statistics as Economic Indicator : a Survey », in *Journal of Economic Literature*, 28 (4), 1990, p. 1676.

8 À propos des fonctions économiques des brevets : Caron, F., « Introduction : Pour une économie de l'innovation », in *Les brevets : leur utilisation en histoire des techniques et de l'économie (Table Ronde CNRS, 6-7 décembre 1984)*, Paris, CNRS, 1984, p. 7-18.

9 C. de Favereau réalise une étude des brevets et de leur contribution au progrès agricole, essentiellement dans la seconde moitié du XIXe siècle. A. Peters consacre sa thèse à l'étude de l'innovation et des brevets dans le secteur de l'industrie naissante du zinc au cours de la première industrialisation.

ou indicateurs du changement technique (C. de Favereau) ; la seconde est propre à l'histoire des techniques et promeut une étude des contenus techniques des brevets (A. Peters).

1. Les brevets, indicateurs de la circulation du savoir technique

Depuis Schumpeter, historiens et économistes réservent une place de choix à l'innovation dans l'étude de la croissance économique, jusqu'à y voir un facteur capital[10].

Parmi les outils d'analyse de ces processus, le brevet d'invention a été souvent privilégié. Séduits par sa richesse informative et sa disponibilité sur le long terme, les analystes du développement économique ont rassemblé des séries statistiques susceptibles de révéler la santé innovante d'une entreprise, d'un secteur industriel ou encore d'une économie nationale ou internationale.

Les spécialistes de la scientométrie se sont, à leur tour, appropriés le brevet comme source d'analyse et ont soutenu une utilisation sérielle approfondie de celui-ci[11]. Ce mouvement s'est également transposé en histoire, en particulier dans l'école nord-américaine, dont K. Sokoloff et Z. Khan incarnent le mieux la mouvance. Ils ont montré la pertinence d'une exploitation quantitative critique des brevets comme indices, ou du moins comme révélateurs, de l'innovation[12].

Dans le cadre de notre recherche, l'étude quantitative des brevets – que l'on peut définir comme les actes de naissance de technologies – vise la recherche d'indicateurs permettant de révéler une image générale des transferts de savoirs techniques au XIXe siècle et au début du XXe siècle.

---

10 Landes, D.S., *Technological Change of Industrial Development in Western Europe, 1750-1914*, Cambridge, Cambridge University Press, 1965 ; Van Duijn, J., *The Long Wave in Economic Life*, London, George Allen, 1983 ; Van der Wee, H., « La Révolution industrielle en Belgique, 1800-1850. Un survol », in Van der Herten, B., Oris, M. et Roegiers, J., *La Belgique industrielle en 1850. Deux cents images d'un monde nouveau*, Anvers-Bruxelles, 1995, Crédit Communal et MIM, p. 29-32.

11 Callon, M., Courtail, J.P., Penan, H., *La scientométrie*, Paris, PUF, coll. Que sais-je ?, 1993.

12 Voir par exemple Sokoloff, K.L., Khan, B.Z., « The Democratization of Invention during the Early Industrialization : Evidence from the United States, 1790-1846 », in *The Journal of Economic History*, 50 (2), 1990, p. 363-378 ; Khan, B.Z., Sokoloff, K.L., « Institutions and Technological Innovation during Early Economic Growth : Evidence from the Great Inventors of the United States, 1790-1930 », in Eicher, T.S., Garcia-Penalose, C. (eds.), *Institutions, Development and Economic Growth*, Cambridge, MIT Press, 2006, p. 123-158.

A. *Le brevet, miroir déformant de l'innovation*

> Il est vrai que l'Angleterre, les États-Unis d'Amérique et la France ont délivré cent mille brevets en moins de cinquante ans ; mais, si de ce nombre on retranche ceux qui n'ont jamais pu recevoir d'exécution et ceux qui ont eu pour objet les bagatelles de la mode, combien en restera-t-il qui méritent l'honneur d'être nommés[13] ?

Cette intervention, proposée, en 1852, au cœur des longs débats qui mèneront à une réforme de la loi des brevets en Belgique[14], porte sur le rôle économique et technique du brevet, et donc sur l'essence même de sa légitimité. Non contente de se faire l'écho de la controverse qui touche le brevet à partir du milieu du XIXe siècle[15], cette intervention fait par ailleurs ressortir deux éléments majeurs. Le premier réside dans la prise de conscience de l'importance des pays cités ci-dessus dans le développement industriel de la Belgique. Ce phénomène sera évoqué plus loin. Le deuxième met en évidence la grande proportion de brevets voués à l'échec et à la disparition dans l'anonymat. Le constat dressé ici est, par ailleurs, corroboré par l'étude statistique de la durée de vie moyenne des brevets en Belgique entre 1830 et 1914. Celle-ci ne dépasse, en effet, pas les trois années[16]. Ce résultat édifiant appuie le propos du parlementaire qui vient d'être évoqué. Une des ambitions de la nouvelle législation de 1854 est, d'ailleurs, d'améliorer cet état de fait. Elle n'y parvient pas et aggrave même la situation. Remarquons enfin que cette durée de vie très courte est commune à tous les types d'inventions, quelle que soit l'origine géographique du brevet[17].

À tout le moins, l'étude du brevet touche deux réalités bien distinctes. À une grande majorité de brevets qui n'aboutiront jamais à une application commerciale ou industrielle, s'oppose une minorité d'inventions brevetées réellement exploitées. Dès lors, les brevets pris dans leur ensemble ne peuvent pas être considérés comme une source

---

13 *Annales parlementaires de Belgique. Chambre des représentants. Séances. Session ordinaire/Parlementaire handelingen van België. Kamer der Volksvertegenwoordigers. Vergaderingen. Gewone zitting*, Bruxelles, 1852, p. 664.

14 La loi de 1854 remplace celle de 1817. Sa préparation s'étale sur plus de quatre ans.

15 Voir la contribution de Gabriel Galvez-Behar dans le même volume ainsi que celle de Machlup, F., Penrose, E., « The Patent Controversy in the Nineteenth Century », in *The Journal of Economic History*, 10 (1), 1950, p. 1-29.

16 Entre 1830 et 1914, le brevet déposé en Belgique présente une durée de vie moyenne de 2,58 années.

17 Cette durée de vie très courte ne varie pas significativement selon l'origine du brevet. L'exemple du cas de l'industrie agricole montre que les brevets d'origine allemande ont une durée de vie moyenne d'1,93 année, ceux d'origine anglaise de 2,66 années, ceux d'origine américaine d'1,88 année, ceux d'origine belge de 2,14 années et ceux d'origine française de 2,36 années.

suffisante pour l'analyse quantitative de l'innovation en tant que telle. Leur faible durée de vie crée un grave biais pour cette analyse. L'analyse quantitative donnerait une image déformée de la réalité de l'innovation technique de l'espace étudié. Cette objection ne s'applique pas aux transferts des savoirs techniques. En effet, la fin d'un brevet permet également l'appréhension par l'ensemble de la société de sa technologie. La faible durée de vie du brevet ne limite en rien la diffusion de l'information technique. Elle la favorise plutôt dans certains cas. Ceci donne donc tout son sens à l'approche quantitative du brevet d'invention pour l'analyse de la circulation du savoir technique.

B. Le brevet d'importation et les transferts internationaux

Le premier indicateur lié au brevet susceptible de nous éclairer sur les transferts de connaissances au XIXe siècle est la nature que ce dernier revêt. Depuis la loi de 1817 sous le régime hollandais, le brevet déposé en Belgique présente trois natures possibles : le brevet d'invention, celui de perfectionnement et enfin le brevet d'importation. Dans les faits, le législateur a défini les deux derniers par rapport au premier. Le brevet de perfectionnement, semblable à l'ancien brevet d'addition français, est une extension du brevet d'invention, pris pour protéger un élément neuf venant améliorer l'invention d'origine. Quant au brevet d'importation, l'article 14 de la loi de 1854, basé sur la loi de 1817, pose que « l'auteur d'une découverte déjà brevetée à l'étranger pourra obtenir, par lui-même ou par ses ayants droit, un brevet d'importation en Belgique ; la durée de ce brevet n'excédera pas celle du brevet antérieurement concédé à l'étranger pour le terme le plus long et, dans aucun cas, la limite fixée par l'article 3 »[18]. Cette définition impose donc à l'inventeur déjà breveté à l'étranger de prendre un brevet d'importation, s'il désire bénéficier d'une protection temporaire de son invention en Belgique. De ce fait, l'étude quantitative du brevet d'importation permet de saisir l'importance de l'empreinte des puissances étrangères sur le développement technique belge.

De prime abord, cet impact étranger peut paraître faible. Au cours de la période étudiée, la proportion de brevets venant de l'extérieur de la Belgique ne représente que 17 % de l'ensemble des dépôts[19]. Ceci étant, la prise en considération de l'évolution chronologique de ce type de dépôts nous donne une tout autre réalité. Jusqu'au milieu des années 1880, la proportion de brevets d'importation et celle de brevets d'invention sont très semblables, ce qui constitue une singularité dans le

---

18 *Moniteur Belge*, Bruxelles, 25 mai 1854.

19 Sur l'ensemble des 196 495 brevets déposés en Belgique entre 1824 et 1914, seulement 52 218 sont des brevets d'importation.

paysage européen[20]. De ces premières observations, il ressort de façon significative que les transferts techniques vers la Belgique sont donc déjà très importants à l'époque. Cette importance est encore plus grande qu'il n'y paraît, étant donné qu'aux brevets d'importation, il faut ajouter les brevets pris en Belgique pour des inventions étrangères encore non brevetées et correspondant donc à la définition du brevet d'invention.

À partir du milieu des années 1880, la Belgique voit décroître fortement la demande de brevets d'importation[21]. Il semble alors que l'inventivité en Belgique devienne moins perméable aux transferts techniques des pays voisins. Or, l'observation de données complémentaires ne confirme guère cette hypothèse. Dans un contexte de mondialisation naissante, l'industrie belge reste très sensible à l'inventivité étrangère. En réalité, la cause de la chute du brevet d'importation est plutôt d'ordre juridique et pratique. Cette évolution est directement liée à la signature de la Convention d'Union de Paris dont l'article 2 garantit des droits identiques à tous les brevetés des pays signataires, quelle que soit leur origine[22]. Cette disposition sonne le glas du brevet d'importation, pour deux raisons. La première réside dans la facilité administrative que ce changement de statut du déposant provoque. Tous les pays signataires offrant les mêmes droits, il devient plus aisé de prendre des brevets partout en même temps dès le premier dépôt. Par conséquent, si le brevet est pris dans le pays d'origine du déposant en même temps qu'en Belgique, ou tout au moins dans le délai de priorité de six mois prévu par l'article 4, la forme que la protection de l'invention revêt est le brevet d'invention, et non d'importation. La seconde raison de ce déclin du brevet d'importation est également liée à cette facilitation administrative, non plus pour des raisons pratiques, mais bien pour des considérations stratégiques. La Belgique offrant un système de protection particulièrement peu onéreux par rapport aux pays voisins[23], les inventeurs issus de ces derniers ont tendance à prendre d'abord un brevet en Belgique afin d'y tester le potentiel commercial de leur produit pour ensuite le breveter ailleurs. Cette stratégie favorise la première

20 Sur un échantillon de 3 556 brevets entre 1830 et 1884, 39 % (1 386) sont des brevets d'importation et 47 % (1 676) des brevets d'inventions.

21 Alors qu'entre 1854 et 1884, la part des brevets d'importation était de près de 40 % du total de brevets déposés, entre 1885 et 1913, elle tombe à près de 10 % (soit 249 sur 2 213 au total).

22 Sur la Convention d'Union de Paris, voir Plasseraud, Y., Savignon, F., *Paris 1883, genèse du droit unioniste des brevets*, Paris, Litec, 1983.

23 La loi belge de 1854 met en place un système de taxe annuelle progressive particulièrement avantageux les premières années. En effet, les articles 3 et 17 prévoient que, la première année, le brevet ne coûte que 10 francs, 20 francs la deuxième, 30 francs la troisième, et ainsi de suite jusqu'à la vingtième année.

prise de brevet en Belgique et, par conséquent, exclut dans le même temps le choix du brevet d'importation.

L'ensemble de ces dispositions conduit à une chute marquée du nombre de brevets d'importation, alors même que l'importance des autres pays industrialisés ne fait que croître. À partir de cette période, il devient dès lors exclu d'utiliser le brevet d'importation comme unique indicateur des transferts techniques.

C. Un indicateur précis de l'inventivité étrangère en Belgique

Il convient donc d'opter pour une méthode combinant les brevets d'importation avec d'autres indicateurs. Le plus enrichissant et le plus pertinent d'entre eux est sans conteste l'origine géographique du brevet, mentionnée dans les documents administratifs joints au dépôt de la demande de brevet. Cet indicateur permet de pousser davantage l'analyse, étant donné qu'il mentionne la provenance de l'invention brevetée en Belgique. La possibilité de saisir l'influence des inventeurs étrangers dans le développement technique belge en découle. Et l'utilisation de cet indicateur permet de dessiner avec plus de précision les contours d'une inventivité technique qui s'internationalise.

Ces données, aussi intéressantes soient-elles, restent toutefois d'une utilité réduite avant 1895. Bien que l'on retrouve quelquefois cette mention dans des brevets antérieurs, il faut attendre cette date précise pour que cette information devienne systématique et obligatoire. Les résultats de l'analyse quantitative de cette donnée confirment en tous les cas les hypothèses avancées à l'aide des brevets d'importation à partir de cette date. D'une part, le mouvement d'accueil des techniques étrangères est particulièrement bien présent en Belgique au XIXe siècle, d'autre part, cette dynamique se renforce avec le temps. Entre 1895 et 1914, près de trois quarts des brevets sont déposés par des étrangers[24]. Le développement technique ne semble donc pas prendre majoritairement appui sur « les cerveaux » belges, mais repose davantage sur l'appel technologique mis en place par la conjonction d'une loi particulièrement favorable à l'inventeur et une facilitation des transferts de technologie engendrée par la Convention d'Union de Paris. Les chiffres nous montrent par ailleurs que les principaux déposants en Belgique viennent d'Allemagne et de France. Ces données confirment encore un peu plus le statut de terre d'accueil du petit territoire belge au centre des grandes nations industrielles de l'époque[25].

---

24 Sur l'échantillon de 1 453 brevets déposés dans cette période, près de 1 096 sont des brevets étrangers, soit près de 75 % du total.

25 L'Allemagne brevette 24,36 % (354) du total (1 453), contre 18,79 % (273) pour la France. La Belgique dépose 24,57 % (357) des brevets, tandis que les États-Unis et le

Combinée aux critères classiques de développement industriel tels que la présence d'un marché favorable et l'existence d'infrastructures de transport efficaces, la proximité géographique manifeste ici son rôle essentiel dans les transferts techniques de la période étudiée. Ceci étant, il ne faut pas seulement comprendre cette proximité comme un critère spatial au sens strict. Elle constitue également un lieu de convergences des différents réseaux véhiculant l'invention. Les techniciens, les ingénieurs, les éditeurs de journaux spécialisés et surtout les agents de brevets sont autant de fils s'entremêlant pour former la toile complexe des transferts de technologies au XIXe siècle.

Au sein d'une même analyse quantitative, la combinaison de l'origine géographique à d'autres éléments, comme le nom de l'agent de brevets, est riche d'enseignements. Elle permet de se faire une idée précise des mouvements de transferts techniques, comme l'émergence d'une industrie grâce au soutien d'un autre pays, ou encore l'apparition d'une solution technique à un problème de production d'une société ciblée. Cependant, la durée de vie du brevet étant particulièrement faible, elle ne reflète, comme souligné précédemment, que la première partie du processus de développement technologique, celle du transfert de technique. L'application commerciale de cette nouvelle technique, l'innovation en tant que telle, est alors exclue de cette démarche. Par conséquent, si l'approche quantitative des brevets permet d'appréhender les contours des transferts techniques, l'étude de l'innovation ne peut faire l'impasse sur les apports essentiels de leur étude technique.

2. L'industrie belge du zinc : quelques pistes d'analyse

La prise de brevets répond à des besoins et s'inscrit dans des mécanismes internes qui évoluent, parfois fondamentalement, d'une entreprise, d'un secteur, d'une technologie et d'un milieu socio-économique à l'autre. Pour l'analyse technique des brevets, l'étude de cas, prenant en compte ces réalités propres, semble à privilégier. Elle permet de mieux comprendre la nature de l'innovation. Mais les brevets ne donnent accès, on le sait, qu'à la partie émergée de l'innovation, celle qui emploie le canal administratif du système de brevets. D'autres sources permettent de compléter l'information sur l'innovation. À cet égard, les archives industrielles, comme les publications techniques, se révèlent particulièrement éclairantes[26]. Elles permettent, dans le meilleur

Royaume-Uni ferment la marche des pays les plus présents au niveau des brevets, avec respectivement 11,08 % (161) et 9,08 % (132).

26 Cette contribution repose, entre autres, sur l'étude des Archives de la *S.A. des Mines et Fonderies de zinc de la Vieille-Montagne* (AVM), conservées par le CHST aux Archives de l'État à Liège.

des cas, d'avoir accès à cette partie immergée, celle que l'industrie ou l'inventeur réalisent en interne et qui est garantie par la pratique du secret industriel. Ces deux dimensions de l'innovation doivent être prises en compte, le brevet, comme source, constituant le point de départ de la recherche.

A. Une industrie neuve, une technologie locale et dynamique

En matière de technologie, l'industrie belge du zinc constitue, au moment de la première Révolution industrielle, un terrain d'observation privilégié. Il s'agit, tout d'abord, d'une industrie neuve, son origine remontant à l'invention du four liégeois par J.-J. Dony (1759-1819) au tout début du XIXe siècle[27]. La méthode liégeoise perfectionne la distillation réductive du zinc, mise au point par les procédés anglais et carinthien de la fin du XVIIIe siècle. Surtout, elle permet, à l'image de la méthode silésienne (J. Ruberg, 1751-1807), une production industrielle du zinc métallique. Elle se développe grâce à l'exploitation des ressources locales en calamine et blende, les deux types de minerai de zinc disponibles dans les sols belges. Dony obtient en 1810 un brevet pour son nouveau four dont l'originalité réside dans la forme et la position de creusets tubulaires presque horizontaux et terminés par des condenseurs où s'opère la distillation réductive. Ce brevet tombe dans le domaine public en 1825. Il fait l'objet d'une série de perfectionnements et d'aménagements durant la première moitié du XIXe siècle[28]. À partir de 1850, outre la métallurgie thermique, le secteur s'oriente vers la production industrielle du blanc de zinc. Un pôle liégeois se constitue pour assurer cette production. On y compte vingt établissements (fonderies, usines à blanc et laminoirs) et douze sociétés anonymes vers 1860[29]. La plus importante est la célèbre société anonyme des *Mines et*

---

27 Halleux, R., « Chimistes provinciaux et révolution industrielle : le cas de la Belgique », in *Archives internationales d'histoire des sciences*, 46 (136), 1996, p. 6-22. Dans nos régions, avant l'invention de Dony, le zinc n'était utilisé que dans la fabrication du laiton. Voir Halleux, R., « La fabrication du laiton », in Toussaint, J. (ed.), *Art du laiton Dinanderie*, Namur, Société archéologique de Namur, 2005, p. 31-36.

28 Peters, A., « La circulation du savoir technique à travers les brevets d'invention : le cas des métaux non-ferreux », in *Actes du 8e Congrès de l'Association des Cercles francophones d'histoire et d'archéologie de Belgique et LVe Congrès de la Fédération des Cercles d'archéologie et d'histoire de Belgique (Namur, 28-29-30 août 2008)*, à paraître.

29 Peters, A., « L'essor de l'industrie du zinc et la prise en compte de l'environnement », in Parmentier, I. (dir.), avec la collaboration de Ledent, C., *La recherche en histoire de l'environnement : Belgique, Luxembourg, Congo, Rwanda, Burundi, Actes PREBel, Namur, décembre 2008*, Namur, Presses universitaires de Namur, 2010, p. 159-174.

Fonderies de Zinc de la Vieille-Montagne qui parvient à consolider et valoriser l'expertise technologique de Dony[30].

Les séries de brevets font écho à ces réalités technologiques. Un corpus de 116 brevets, représentant l'ensemble de ceux qui sont consacrés au traitement du zinc, a été extrait d'une base de données qui en recense 7 502 pour la période 1830-1854. Au sein de ce corpus, le caractère local de la technologie est révélé par une proportion plus importante de brevets d'invention, mais aussi par une présence plus marquée d'inventeurs liégeois[31]. Le dynamisme technologique, lié au perfectionnement du four liégeois, symbole de la métallurgie thermique du zinc, ou à l'apparition du four à blanc de zinc, est également évident[32].

B. Nature de l'innovation

L'analyse des brevets permet, en premier lieu, d'étudier le changement technique qui se manifeste, entre autres, par l'apparition de nouvelles technologies. La question de l'implémentation éventuelle de ces nouveautés dans l'industrie demeure capitale et nécessite, on l'a dit, des sources complémentaires. Quelques cas méritent d'être évoqués qui éclairent les liens, tantôt étroits, tantôt lâches, que les brevets entretiennent avec l'innovation.

Les premiers brevets se proposant d'améliorer le four liégeois – ou de lui substituer d'autres procédés – apparaissent en 1839. À cette époque, les fours liégeois de la *Vieille-Montagne*, dont la création sous forme de société anonyme remonte à 1837, tournent à plein régime dans les trois fonderies belges du groupe[33]. L'entreprise, souhaitant protéger par le secret son expertise technologique, ne brevette qu'à partir de 1853[34]. Ceci étant, la *Vieille-Montagne* s'intéresse de très près aux savoirs techniques recensés dans les brevets de ses concurrents potentiels. Elle développe, à partir des années 1850, une véritable veille technologique. Des ingénieurs, faisant rapport à leur direction[35],

30 Brion, R., Moreau, J.-L., *De la mine à Mars : la genèse d'Umicore*, Tielt, Lannoo, 2006.

31 59 % des brevets concédés dans le domaine du zinc sont des brevets d'invention, contre 47 % au total (7 502 brevets) ; 30 % des brevets, dans le domaine du zinc, sont concédés à des inventeurs liégeois, contre 10 % au total (7 502 brevets).

32 52 brevets entre 1839 et 1854 pour la métallurgie thermique ; 42 brevets entre 1846 et 1854 pour le four à blanc.

33 Saint-Léonard et Angleur (Liège), Moresnet.

34 Brevet Saint-Paul de Sinçay du 21 juillet 1853 : « Appareil à opérer la séparation du zinc métallique et des oxydes de zinc ».

35 Les ingénieurs se rendaient très probablement au Bureau des brevets à Bruxelles pour y prendre connaissance des procédés protégés dans leur secteur. Le principe de la libre consultation des brevets est d'origine française (Loi relative aux découvertes

recensent les mérites techniques ou, surtout, les erreurs des procédés brevetés[36]. Dans certains cas, à la demande ou non de l'inventeur, certains procédés décrits font l'objet d'expérimentation dans les usines liégeoises de la *Vieille-Montagne*[37].

En 1840, un premier brevet portant sur le traitement spécifique de la blende apparaît[38]. La raréfaction de la calamine pousse le secteur à adapter sa technologie à la blende. En parallèle, on observe la mise au point et la généralisation, dans l'usine de la *Société anonyme de Corphalie* (Huy), l'un des concurrents de la *Vieille-Montagne*, d'un procédé, non protégé, de grillage de la blende au four à cuve[39]. En 1845, le premier brevet belge évoquant la production d'acide sulfurique à partir du soufre récupéré au moment du grillage de la blende fait son apparition[40]. On se trouve ici à l'origine du développement d'une chimie des métaux non ferreux qui s'épanouira durant la seconde révolution industrielle. La société de la *Nouvelle-Montagne*, dans son usine d'Engis, près de Liège, sera le premier acteur de cette transition[41].

Par ailleurs, la question de la résistance des creusets mobilise les ingénieurs[42]. Plusieurs brevets concernant des fours évoquent de

---

utiles et aux moyens d'en assurer la propriété à ceux qui seront reconnus en être les auteurs, art. 1er, 1791).

36 « Il est bon, industriellement parlant, de jeter un coup d'œil rétrospectif sur tous les travaux, sur toutes les dépenses qui ont été faites et de dresser le bilan de recherches aussi ingrates, de labeurs si décourageants avant de se lancer soi-même dans la carrière de ces expériences. », Lénor, J., « Rapport sur les brevets d'invention sur la fabrication du zinc, 25 avril 1852 », in *AVM*.

37 Un exemple intéressant est offert par le brevet Montefiore-Levy du 7 octobre 1851, « Pour des modifications au mode de traitement des poussières de zinc ». Son procédé sera testé, à la demande de l'inventeur, à l'usine d'Angleur en 1852, comme le montre Van Sherpenzeel-Thim, M., « Rapport sur le traitement des oxydes par la méthode actuelle et celle présentée par M. Montefiore, 3 juillet 1852 », in *AVM*.

38 Brevet Ritchie du 28 décembre 1840, « Pour des perfectionnements dans la manière d'obtenir du zinc ».

39 Piot, M., Murailhe, M., « Mémoire sur la fabrication du zinc en Belgique », in *Annales des Mines*, 4e série, V, 1844, p. 202.

40 Brevet Vallée du 7 mars 1845, « Pour certains perfectionnements propres à l'extraction du zinc et d'autres métaux pour lesquels un brevet d'invention de quinze ans a été accordé en France à l'inventeur, le sieur Le Maire, le 13 mars 1844 ».

41 Jadot, P., *Prayon, du zinc à la chimie*, Liège, Éditions du Céfal, 2007.

42 « La fabrication, à Liège, Angleur et Moresnet, pêche par un bris de creusets trop considérable et par la forme des fours. À Angleur, la casse des creusets a été de 150 par 24 heures. À Liège, où l'on s'occupe davantage des précautions à prendre, on n'en a cassé en 24 heures que 58 en un jour que je m'y trouvais, et souvent l'on est au-dessus de ce nombre. À Moresnet, chaque four casse trois ou quatre creusets en 24 heures », Quéno B., « Note sur les gîtes de calamine de la Vieille Montagne, à Moresnet et Welkenraedt, et sur la fabrication du zinc à Angleur et à Liège (année 1846) », in *AVM*.

nouvelles formes de creusets ou de nouvelles compositions[43]. En 1845, un brevet est consacré à une presse mécanique servant à la fabrication des creusets[44]. Nous n'avons pas d'informations sur l'utilisation d'une telle presse dans les creuseteries liégeoises. Il n'en demeure pas moins que la fabrication manuelle ne disparaît qu'après la mise au point d'une presse hydraulique en 1872[45].

En 1846 enfin, on peut noter l'apparition sur le marché belge du premier brevet concernant la production du blanc de zinc[46]. Dans la foulée, le nouveau procédé est introduit dans une usine bruxelloise.

À travers ces cas particuliers, un phénomène fondamental se dégage : les inventeurs se concentrent sur les problèmes pratiques que pose l'application industrielle des procédés. Les brevets, quelle que soit leur application, illustrent l'intense réflexion technique qui concerne l'industrie du zinc dans les années 1840 et 1850. L'enjeu majeur est la modernisation et de l'amélioration du procédé Dony. Dans ce contexte, apparaissent des échanges, emprunts et transferts techniques. Assez méconnus, ils s'opèrent, premièrement, entre les méthodes de distillation réductive du zinc[47]. Contrairement à ce que la littérature technique laisse penser, le savoir technique propre aux procédés étrangers inspire beaucoup les inventeurs belges. On y brevette des fours de type carinthien, caractérisés par leurs creusets verticaux[48], ou, plus encore, de type silésien, avec moufles horizontaux[49]. Dans les usines du pôle

---

[43] Voir, entre autres : brevet Williams du 13 septembre 1847, « Pour un four à réduire le zinc avec appareil de condensation » ; brevet Saint-Paul de Sinçay du 26 octobre 1853, « Pour un four à réduire le minerai de zinc ».

[44] Brevet Behr du 30 janvier 1845, « Pour une presse servant à fabriquer des creusets à zinc, à cuivre, etc. ».

[45] Prost, E., *Métallurgie des métaux autres que le fer*, Paris-Liège, C. Béranger, 1924, p. 96 et suivantes.

[46] Brevet Leclaire du 31 décembre 1845, « Pour un procédé servant à composer une matière propre à remplacer le blanc de plomb ». L'histoire de l'introduction de ce procédé fait l'objet de la contribution de P.-O. Laloux et A. Peters dans le présent volume.

[47] À propos de ces quatre méthodes : « All types of zinc distillation furnaces are included under this classification ; the various types differ essentially only in the arrangement of their retorts and in details in construction. At the present time it is indeed difficult to draw any sharp distinction between the distillation furnaces which are employed in various parts of Europe and America. », Ingalls, W.R., *Metallurgy of Zinc and Cadmium*, New-York, Engineering and Mining Journal, 1903, p. 381.

[48] Brevet Graham du 7 janvier 1847, « Pour des perfectionnements aux procédés propres à l'extraction du zinc, brevetés d'invention en France pour 15 ans le 24 juin 1846, en faveur du Sieur A. Normandy » ; Brevet Vallée du 17 mars 1845, « Pour certains perfectionnements propres à l'extraction du zinc ».

[49] Voir, par exemple, le Brevet Williams du 7 août 1847, « Pour un four à réduire le zinc avec appareil de condensation ».

liégeois, le même procédé silésien est étudié et fait l'objet d'expérimentations et de comparaisons[50]. Des procédés mixtes, tentant de valoriser les acquis techniques liégeois et silésien, sont même proposés[51]. Ils sont restés sans application industrielle.

Ces emprunts s'opèrent également à une autre échelle. On tente, par exemple, de s'inspirer des procédés utilisés dans d'autres secteurs tels que la sidérurgie. De nombreux brevets témoignent de l'ambition de réaliser une extraction directe du zinc dans un haut fourneau. Les premiers brevets en la matière datent de 1839-1840[52]. Outre les avantages liés au chargement des matières premières[53], la technologie du haut fourneau présente l'intérêt majeur de rendre l'opération continue, et donc d'éviter le fastidieux travail visant à nettoyer et remplacer les creusets au terme de la marche de 24 h du four liégeois. La *Vieille-Montagne* s'est, elle aussi, intéressée à un possible transfert de cette technologie vers l'industrie du zinc[54]. À Liège, le stade de l'expérimentation, illustré par ces brevets, est même dépassé puisqu'une usine belge met en place deux fours à cuve destinés à la réduction directe selon le procédé Lesoinne[55]. Malgré ces réalisations éphémères, le four liégeois continue à fonctionner dans les fonderies belges jusqu'à son remplacement progressif par l'électrolyse dans la deuxième moitié du XXe siècle).

---

50 Des essais sont notamment menés par la *Vieille-Montagne* à Angleur en 1841. L'épisode est raconté dans Piot, M., Murailhe, M., « Mémoire sur la fabrication du zinc en Belgique (…) », p. 277 et suivantes.

51 Brevet de la Peyrouse du 29 mars 1847 « Pour un procédé d'extraction du zinc » ; Brevet Pierloz-Feldmann du 31 octobre 1849 « Procédé nouveau de traitement des minerais de zinc » ; Brevet Goschler du 22 novembre 1849 « Amélioration dans le traitement des minerais de zinc ».

52 Brevet Harisson-Grey-Dyar du 6 juin 1839 « Pour une nouvelle méthode d'extraire le zinc du minerai, ou pour des perfectionnements apportés à cette extraction » et Brevet Ritchie du 28 décembre 1840 « Pour des perfectionnements dans la manière d'obtenir du zinc ».

53 Brevet Pauton du 17 février 1846 « Pour un nouveau four pour l'extraction du zinc des minerais de calamine ».

54 Cossigny, « Rapport sur le traitement direct des minerais de zinc (23 juillet 1846) » ou Brixhe, E., « Rapport sur le traitement des matières zincifères au haut-fourneau », in *Archives Vieille Montagne.*

55 Brevet Lesoinne du 25 mars 1850 « Pour un système d'extraction du zinc métallique des minerais zincifères quelconques ». À propos de ce brevet : « Personne n'a pris avec autant de soin que M. Lesoinne, la peine de bien doser les charges, de bien analyser les minerais, cependant il y a sans cesse des engorgements dans l'appareil. », Lénor, J., « Rapport sur les brevets d'invention (…) ». Sur l'usine de Jemeppe-sur-Meuse, dont l'existence fut vraisemblablement très éphémère, voir l'arrêté royal du 4 décembre 1854 autorisant la société des Grands-Makets à exploiter une usine destinée à la réduction des minerais zincifères.

3. Bilan et conclusion

Au terme de cette contribution qui a illustré deux des exploitations possibles des brevets, ces derniers apparaissent bien comme une source remarquable pour l'étude de l'innovation. Mais, dans les deux cas, la confrontation avec d'autres sources est indispensable. L'étude macroscopique, reposant sur le traitement quantitatif des brevets, permet, d'une part, d'appréhender le « bouillonnement » inventif international et l'impact des transferts techniques internationaux sur le développement industriel belge. D'autre part, l'étude des contenus techniques des brevets permet de saisir les mécanismes complexes menant de l'idée technique à son application industrielle. L'innovation, à tout le moins dans le secteur du zinc, est bien le résultat d'un cheminement au cours duquel l'invention (brevetée ou non) passe avec succès l'examen de l'expérimentation. Au cours de cette transition, il doit être démontré que ce savoir technique, somme d'emprunts divers, est applicable, donc économiquement rentable, mais aussi qu'il permet une amélioration de la technologie en place.

La présentation critique des données a mis en évidence les biais et pièges que doit éviter l'approche quantitative. À cet égard, les transferts techniques internationaux ont été mis en perspective. La forte présence étrangère dans le système belge des brevets, révélée par plusieurs indicateurs, constitue une vraie singularité. Elle est sans doute favorisée par les autorités publiques qui, on l'a dit, privilégient le développement industriel. Les fonctions économiques que l'on attribue aux brevets sont bien au cœur du questionnement. À cet égard, l'étude de cas illustre une autre de leurs fonctions : faciliter la circulation du savoir technique. L'exemple de la veille technologique précoce menée à la *Vieille Montagne*, qui dispose bien sûr de moyens considérables, retient l'attention. Si les qualités techniques de la plupart des brevets déposés par la concurrence sont souvent dévaluées, cette veille stratégique nourrit l'importante réflexion technique qui a été décrite.

Pour conclure, nous parlions en introduction du *leadership* de la Belgique en termes de brevets par habitant. Ce statut peut être perçu, entre autres, comme le résultat d'un véritable engouement pour le brevet dans la Belgique du XIXe siècle. Le phénomène mérite sans nul doute de faire l'objet d'une étude. Les brevets sont ici au cœur d'une approche plus sociologique qui appréhendera les contextes institutionnel, sociétal et juridique dans lesquels ils s'insèrent. Il convient en particulier d'étudier la façon dont ils sont perçus[56]. Ne s'agit-il pas ici d'un nouveau travail qui reste à mener ?

[56] Kuritz, H., « The Popularization of Science in Nineteenth-Century America », in *History of Education Quarterly*, vol. 21, n° 3 (1981), p. 259-274 ; Sokoloff, K.L., Khan, B.Z., « The Democratization of Invention During Early Industrialization : Evidence from the United States, 1790-1846 », in *The Journal of Economic History*, 50 (2), 1990, p. 363-378.

La diffusion des savoirs et des innovations dans la littérature technique et la presse corporative du secteur minier allemand (1850-1914)

Jean-Luc MALVACHE

Ruhr-Universität Bochum

De tout temps, les mutations économiques ont été accompagnées voire devancées par la circulation du savoir technique et des transferts de technologie, que ce soit dans le cadre de migrations spontanées ou forcées, d'échanges volontaires ou imposés, de relations commerciales informelles ou planifiées. Selon le contexte historique, des réseaux de comptoirs, d'abbayes, d'avant-postes commerciaux, de relais, plus tard de concessions et de succursales ont constitué l'ossature des échanges s'inscrivant dans des espaces de plus en plus mondialisés et balisés pour les pistes de caravanes, les itinéraires de navigation au long cours, puis par des routes, des lignes de chemins de fer ou aériennes. Dès l'Antiquité, des auteurs se sont attachés à la rédaction de sommes faisant la synthèse des connaissances du savoir en général ou d'ouvrages portant sur des domaines plus spécifiques. La généralisation progressive de l'imprimerie a permis la démocratisation de l'acquisition de connaissances, la formalisation de la présentation des savoirs ainsi que l'émergence de nouveaux acteurs de la communication. Avant même le XIXe siècle et l'avènement de la société industrielle, le Siècle des Lumières, marqué par le travail de l'*Encyclopédie*, la valorisation des sciences appliquées et pratiques et l'émergence de nouveaux réseaux d'échanges intellectuels, a constitué une période clé en matière de diffusion des savoirs techniques.

Le rythme et les formes de diffusion des savoirs et des innovations techniques ont été tributaires d'un certain nombre de phénomènes qui les ont façonnés, accélérés ou retardés.

La mainmise corporative sur les secrets de fabrication, les monopoles et la peur jalouse de la concurrence ont entravé leur circulation entre régions et pays. La contrebande et l'espionnage industriel ont toutefois permis d'outrepasser les interdictions, avant que la généralisation de la protection des inventions par des systèmes de brevets nationaux ne génère un nouveau type de diffusion des innovations[1].

La complexité croissante des technologies, procédés et machines rend nécessaire une systématisation poussée des connaissances afin d'assurer leur diffusion à une large échelle et à destination de publics différents, ainsi que leur intégration dans des cursus de formation repris par des établissements d'un type nouveau, exclusivement dédiés à l'enseignement des « arts et métiers ».

La diffusion des savoirs techniques bénéficie avant 1914 du support de nouveaux systèmes de reproduction de l'image et du son (de la lithographie au cinématographe), de nouveaux moyens de communication (des chemins de fer à la radiotélégraphie), d'institutions nationales spécifiques (établissements d'enseignement, de recherche, organismes de contrôle de la sécurité et de la qualité). Ces innovations suscitent des débats dans le cadre de nouvelles disciplines, souvent transversales (des applications de la vapeur, de l'électricité et de la pneumatique à la lutte contre les pollutions) et dans de nouvelles arènes d'échanges nationaux et internationaux (expositions, associations, congrès).

L'apparition de nouveaux acteurs (ingénieurs, experts techniques, scientifiques, fonctionnaires de l'État, législateurs), professions et parcours professionnels contribuent à augmenter les besoins en savoirs techniques et en génèrent de nouveaux. Cela conduit entre autres à de nouvelles formes de publications techniques (rapports et expertises, manuels, collections de publications scientifiques, mais aussi de vulgarisation).

Les phénomènes de diffusion du savoir et des innovations possèdent une forte dimension temporelle que l'on pourrait résumer, à partir de la seconde moitie du XIXe siècle, par le terme d'accélération des progrès techniques. Ainsi, à l'Exposition universelle de Chicago en 1893, la vapeur ou les chemins de fer laissent la place à de nouvelles technologies comme l'électricité, le téléphone et la radiotéléphonie. Les délibérations du fameux « congrès électrique » qui furent l'un des grands moments de cette manifestation ouvrent définitivement l'ère électrique internationale, l'Allemagne, la France, la Grande-Bretagne et les États-Unis se mettant d'accord sur une nomenclature unique en matière de terminologie et d'unités de mesures électriques[2].

---

1 Plusieurs communications dans les colloques du projet ANR ont fait notamment référence à la contrebande de machines depuis l'Angleterre vers la France permettant de passer outre les embargos dus au blocus continental.

2 Fuchs, E., « Popularisierung, Standardisierung und Politisierung : Wissenschaft auf den Weltausstellungen des 19. Jahrhunderts », in Bosbach, F. et Davis, J.R. (Hg.),

Un autre élément de cette dimension temporelle est le rythme de diffusion du modèle industriel en fonction des attitudes face au progrès technique et à l'accélération des innovations, attitudes développées aussi bien par les États (dans leur réactivité aux nouvelles technologies), les entreprises (dans leur volonté de s'adapter à de nouveaux matériaux ou des nouvelles méthodes de travail) ou le grand public (dans l'acceptation de nouveaux produits).

1. Le secteur minier, champ d'étude de la diffusion des savoirs techniques et des innovations

Dès les années 1750-1760, on assiste en Europe au développement d'un secteur minier pris au sens large du terme, c'est-à-dire incluant, outre l'extraction de la houille et du lignite, celle des autres minerais, métalliques ou non métalliques, les moyens techniques d'exploitation des gisements, la transformation industrielle et la commercialisation des produits. Ce secteur est l'un des moteurs de la grande industrialisation et participe à la constitution progressive d'une civilisation industrielle mondialisée, basée sur la diffusion des savoirs et des innovations évoquée plus haut.

En Allemagne, la consultation des publications corporatives et techniques minières montre, par leur richesse et leur régularité de parution, que le secteur minier représente un milieu technologique et économique propice à une étude rétrospective des processus de circulation des informations, savoirs et innovations – processus qu'il est possible de retracer avec une fiabilité assez élevée, tout au moins depuis la fin du XVIIIe siècle.

Avant de se concentrer sur les années 1850-1914 qui sont au centre de cet article, il convient d'évoquer la période qui va du milieu du XVIIIe au début du XIXe siècle, durant laquelle on assiste, en Allemagne et en France, à la création d'établissements publics d'enseignement supérieur minier, et donc à une première vague de professionnalisation et d'institutionnalisation de la diffusion des savoirs dans ce secteur. Lors d'une conférence organisée en 2009 par l'Académie des mines de Freiberg, Jakob Vogel et d'autres historiens, réunis à cette occasion, ont montré comment les Lumières, « quand elles sont descendues sous la terre », ont accéléré l'établissement d'une nouvelle discipline scientifique et technique et favorisé l'émergence d'élites professionnelles détentrices de compétences d'expertise. Ils ont également fait ressortir

Die Weltausstellung von 1851 und ihre Folgen – The Great Exhibition and its Legacy, Munich, K.G. Saur, 2002, p. 163-180. Voir aussi Kretschmer, W., *Geschichte der Weltausstellungen*, Francfort-sur-le-Main/New York, Campus, 1999, p. 288 et suivantes.

l'importance des voyages, effectués à pied, de ces experts, à l'intérieur ou entre ces pays, comme moyen de circulation du savoir au niveau national et international[3].

Le cas de la France le confirme. Le programme de modernisation du secteur minier conçu par l'intendant des Finances Daniel-Charles Trudaine (1703-1769) repose sur un inventaire systématique des richesses minérales en France et en Europe. Des ingénieurs des Ponts et Chaussées tels qu'Antoine-Gabriel Jars et Jean-Pierre-François Guillot-Duhamel sont envoyés entre 1757 et 1765 en mission d'études dans les centres miniers d'Allemagne, d'Europe centrale et de Scandinavie. Les résultats de leurs observations sont consignés dans les *Voyages métallurgiques* publiés en 1774-1781. Sous Napoléon, le nom d'Antoine-Marie Héron de Villefosse, inspecteur général des mines et usines de tous les pays situés entre Rhin et Vistule, puis administrateur des mines du Grand-Duché de Berg, reste particulièrement attaché à un ouvrage qui fait date, *De la richesse minérale*, fondé sur une approche comparative des secteurs miniers en Europe[4]. Traduit en allemand par Carl Hartmann en 1822 sous le titre *Vom Mineralreichtum* et publié la même année chez Voigt, à Sondershausen, il comporte une description des mines de Westphalie qui constitue le premier document moderne de synthèse sur cette région[5].

Cette double référence à une traduction et une publication dans une maison d'édition précise permet une première approche de la question de la circulation des savoirs miniers dans l'Allemagne et l'Europe des années 1850-1914. Elle montre comment des coopérations nouées de longue date entre des acteurs individuels ont créé des lignes de continuité en matière de circulation des idées.

---

3 Tagungsbericht, *Staat, Bergbau und Bergakademie – Montanexperten des 18. und frühen 19. Jahrhunderts.* 20-22 février 2009, Freiberg, in H-Soz-u-Kult, 22.04.2009, en ligne sous http://hsozkult.geschichte.hu-berlin.de/tagungsberichte/id=2581.

4 Héron de Villefosse, A.M., *De la richesse minérale. Considérations sur les mines, usines et salines des différents états, et particulièrement du Royaume de Westphalie, pris pour terme de comparaison, avec une carte du Royaume de Westphalie et des pays circonvoisins*, Paris, Levault, 1810.

5 Hartmann, C., *Vom Mineralreichtum. Betrachtungen über die Berg-, Hütten- und Salzwerke verschiedener Staaten, sowohl hinsichtlich ihrer Produktion und Verwaltung, als auch des jetztigen Zustands der Bergbau- und Hüttenkunde*, Sondershausen, Voigt, 1822.

2. À l'interface entre information technologique et vulgarisation scientifique : les traductions-adaptations de Carl Hartmann (1822-1860)

La préparation de cette traduction allemande du livre d'Héron de Villefosse représente le premier maillon d'une série de traductions-adaptations d'ouvrages étrangers – non loin d'une dizaine –, publiées par Carl Hartmann entre 1822 et 1860. Leur auteur, après des études à l'Académie minière de Clausthal et à Berlin, devint inspecteur principal des mines du duché de Brunswick. Ses ouvrages, qui se signalent moins par la nouveauté de leur contenu que par une édition fixée à un prix accessible, contribuent considérablement à la diffusion des savoirs techniques miniers et métallurgiques. L'auteur reprend en effet des manuels publiés par des spécialistes étrangers de la mine, de la métallurgie, de la mécanique hydraulique et d'autres disciplines, qu'il ne traduit pas intégralement, mais adapte pour les faire correspondre aux besoins des lecteurs allemands. Il procède, par exemple, à des coupures quand les auteurs s'étendent trop sur les mines et usines étrangères ou, à l'inverse, à l'approfondissement de certains chapitres en ajoutant des paragraphes sur l'Allemagne. Il ne plagie pas, car il annonce son procédé dans le titre de ses ouvrages et cite toujours ses sources dans les textes. Sa démarche consiste ainsi en une approche comparative entre les différents bassins industriels européens, souvent illustrée par des planches regroupées dans des atlas.

Un bon exemple est fourni par son adaptation de l'ouvrage d'Ami Théodore Ponson, ingénieur royal des mines en Belgique, intitulé *Traité de l'exploitation des mines de houille ou Exposition comparative des méthodes employées en Belgique, en France, en Allemagne et en Angleterre, pour l'arrachement et l'extraction des minéraux combustibles*. Ce livre, publié en 1852, est traduit par Hartmann en 1856[6]. On peut ainsi repérer au niveau européen un type spécifique d'ouvrages techniques de synthèse qui présentent de manière comparative les systèmes d'exploitation des mines, les matériels et les outillages utilisés, ainsi que les dépenses nécessaires à leur installation et à leur fonctionnement. L'ensemble est enrichi de repères bibliographiques et surtout linguistiques, puisqu'au milieu du XIXe siècle, la terminologie

[6] Sous le titre de *Handbuch des Steinkohlen- Bergbaues oder Darstellung des in den bedeutendsten Steinkohlen- Bergwerken Europa's zur Aufsuchung, Gewinnung und Forderung der brennbaren Mineralien angewendeten Verfahrens. Für deutsche Verhältnisse bearbeitet von Dr. Carl Hartmann. Nach dem Werke des belgischen Bergingenieurs, A. T. Ponson, mit Berücksichtigung der besten sonstigen Hülfsmittel bearbeitet von Dr. Carl Hartmann.*

minière et industrielle n'est pas encore fixée et le nom des machines ou des outils peut varier d'un bassin à l'autre à l'intérieur d'un même pays.

Cette volonté d'allier la diffusion des savoirs techniques et la vulgarisation scientifique se retrouve dans le programme de la maison d'édition qui publiera la plupart des ouvrages de Hartmann, celle de Bernhard Friedrich Voigt (1787-1859), installée d'abord à Sondershausen puis à Weimar. Voigt était issu d'une vieille famille de Thuringe saxonne. Son père était un ingénieur des mines et un ami de Goethe. Il fut directeur des finances du Grand-Duché de Saxe-Weimar, Voigt était lui-même inspecteur des mines. Il apprit le métier de libraire à Weimar avant d'être contraint de quitter la région à cause de ses différends avec l'occupant napoléonien. Il travailla alors chez les plus grands libraires d'Allemagne du Sud, participant à Nuremberg au redémarrage du segment traditionnel de l'impression de cartes géographiques et topographiques. Revenu dans sa région d'origine, il s'établit libraire-éditeur-imprimeur-lithographe-relieur et se spécialisa dans la littérature d'information technique et commerciale – devenant, selon certains auteurs[7], l'éditeur allemand le plus important du XIXe siècle dans ce domaine – et dans les ouvrages de nécrologie. Il publiant notamment deux grandes collections, le *Neuer Schauplatz der Künste und Handwerke – Nouveau Théâtre des Arts et des Métiers* (avec plus de 240 titres entre 1817 et 1859) et le *Neuer Nekrolog der Deutschen* (avec près de 10 000 biographies détaillées et de 30 000 notices succinctes présentées de 1824 à 1853), ainsi qu'une vingtaine de revues spécialisées[8]. Le *Nouveau Théâtre* forme en quelque sorte un produit de l'interface entre l'esprit encyclopédique des Lumières et les nouveaux besoins de systématisation de la société industrielle du XIXe siècle, car il reprend le titre et la démarche d'une collection publiée à Berlin entre 1762 et 1805, se situant elle-même dans la lignée d'ouvrages français tels que la *Description des Arts et Métiers*[9].

La comparaison avec la France montre que le *Nouveau Théâtre* offre de nombreuses similitudes avec l'*Encyclopédie Roret* parue entre 1830 et 1880 et étudiée par Anne-Françoise Garçon. Les termes employés par

---

7 Metzger, S., *Die Verlagsbuchhandlung Bernhard Friedrich Voigt Ilmenau-Weimar*, München, 1998.

8 Schmidt, R., *Deutsche Buchhändler. Deutsche Buchdrucker*, vol. 6, Berlin/Eberswalde, 1908, p. 990-995, disponible en ligne sur http://www.zeno.org/Schmidt-1902/A/Voigt, +Bernhard+Friedrich.

9 Les *Descriptions des Arts et Métiers, faites ou approuvées par Messieurs de l'Académie Royale des Sciences* sont une collection d'ouvrages sur les différents métiers de l'industrie et de l'artisanat publiés par l'Académie royale des sciences à partir des années 1690. L'*Encylopédie* de D'Alembert et Diderot fut en quelque sort une entreprise concurrente de celle-ci.

elle pour résumer le caractère de cette encyclopédie peuvent s'appliquer aussi à la collection de Voigt et aux traductions-adaptations de Hartmann. Il s'agit de traités purement techniques, sans aucune place pour le sensationnel ou l'événementiel, disposant d'un appareil bibliographique comme les ouvrages scientifiques et renvoyant systématiquement à des illustrations. Les différents volumes proposent des comptes rendus de fonctionnement, des descriptions de procédés, tant traditionnels que nouveaux, en soulignant leurs points forts respectifs. Les collections allemandes et françaises sont le reflet d'une phase précise de l'industrialisation où la priorité reste la mise à disposition des professionnels de synthèses présentant ses manifestations concrètes. Elles font partie de ce large dispositif de libre circulation du capital technique qui a permis de faciliter l'avènement de la société industrielle[10].

3. Les publications corporatives minières dans le contexte international de la grande industrialisation jusqu'en 1914

Dans ce deuxième groupe de publications, on retrouve de nombreux aspects déjà soulignés précédemment. Toutefois, le contexte général s'est profondément modifié. Les mondes professionnels spécifiques qui étaient encore en voie de constitution dans la première moitié du XIXe siècle sont définitivement établis dans les années 1880-1914. Ils disposent désormais de moyens techniques et financiers importants, d'associations de défense de leurs intérêts et de réseaux d'influence. Leur presse spécialisée s'est enrichie de nombreux titres. Surtout ils se développent dans des États nations qui rentrent en concurrence les uns avec les autres, dans le cadre d'une économie en voie de mondialisation, une compétition qui ménage toutefois de nombreux espaces de coopération.

En Allemagne, dans la période étudiée, existe une série de publications corporatives du secteur minier. Deux seront étudiées ici, l'une de manière approfondie, l'autre de façon plus rapide. La première est la revue *Glückauf, Berg- und Hüttenmännische Zeitschrift*, publiée à Essen chez Baedeker, qui constitue l'organe de six associations de représentation et de défense des intérêts miniers et sidérurgiques des bassins de la Ruhr, d'Aix-la-Chapelle, de Rhénanie, de Basse-Silésie et de Saxe. La seconde est la *Zeitschrift für Berg-, Hütten- und Salinenwesen im Preussischen Staate*, publication officielle du ministère prussien du Commerce et de l'Artisanat.

---

10 Garçon, A.-F., « Innover dans le texte. L'*Encyclopédie Roret* et la vulgarisation des techniques, 1830-1880 », dans : *Colloque Les Archives de l'invention*, Paris, 2003, disponible sur : http://halshs.archives-ouvertes.fr/halshs-00003861/fr.

L'aire géographique couverte et les intérêts économiques représentés par le *Glückauf* sont extrêmement larges, ce qui explique la diversité des contextes régionaux pris en compte. Ils vont, à l'intérieur du Reich, de la Lorraine sidérurgique à la Silésie et englobent aussi les bassins étrangers frontaliers qui prolongent ceux d'Allemagne ou leur sont historiquement liés. De plus, le *Glückauf* ne suit pas seulement le développement du secteur minier, mais aussi celui de l'ensemble de l'industrie lourde, des chemins de fer, de l'énergie qui sont à la fois clients et fournisseurs de la mine. Ses articles couvrent les aspects techniques de l'exploitation minière, de la production et de l'utilisation de produits dérivés et les problèmes économiques, financiers et sociaux posés par le fonctionnement des entreprises. Les descriptions et les récapitulatifs statistiques, souvent détaillés, utilisent de nombreuses sources étrangères. Une attention spéciale est portée aux questions de coûts de production, de fiabilité des matériaux, de sécurité au travail. Les rapports d'accidents ou incidents techniques témoignent d'une certaine volonté de transparence de l'information car ils indiquent les noms des mines, compagnies minières, types et fabricants de matériels concernés.

Quelques exemples d'articles permettront d'illustrer les différentes formes de diffusion des informations techniques, depuis la « veille technologique » jusqu'à l'entretien des réseaux de coopération, voire de la convivialité présente dans le secteur minier et hors de celui-ci.

Les rappels sur la genèse de la diffusion des procédés technologiques

Le parcours de l'ingénieur des mines de Belgique Joseph Chaudron (1822-1905) est l'occasion d'évoquer la diffusion d'un procédé technique portant son nom, le procédé Kind-Chaudron, et de son succès en Europe[11]. Ce procédé juxtapose une technique allemande de fonçage de puits de grand diamètre et une technique belge permettant d'assurer leur étanchéité, en remplaçant les cylindres en bois par des tubages en fonte pour prévenir les coups d'eau lors du passage dans des couches aquifères. De 1854 à 1905, plus de 80 puits ont été foncés de cette manière en France, Belgique, Grande-Bretagne et Allemagne, permettant l'exploitation du charbon dans des terrains difficiles. Le procédé remporte une médaille d'or et un grand prix à l'Exposition universelle de Paris en 1867 et son inventeur reçoit les honneurs des gouvernements français, belge et prussien. Chaudron est représentatif de ce capitalisme transfrontalier qui, dans le secteur minier, rassemble des capitaux originaires de plusieurs pays pour exploiter des puits. Il a fondé avec d'autres actionnaires belges et rhénans la Gelsenkirchner Bergwerks AG

---

[11] Faire-part de décès, « Herr Joseph Chaudron », *Glückauf*, 41 (1905), n° 2, p. 69.

pour reprendre la mine de Dahlbusch qui avait été mise en exploitation par une société anglo-belge. Il restera fidèle à cet investissement, puisqu'il présidera le conseil de surveillance de cette firme de 1873 à sa mort en 1905[12].

Le fonçage de puits par congélation constitue un autre procédé qui fait l'objet d'une diffusion par la revue. Un article sur cette technique écrit en 1906 par H. J. Joosten propose un aperçu détaillé des conditions de diffusion de cette innovation en Europe depuis sa première application en 1883[13]. Il présente les 92 puits foncés selon cette technique, soulignant sa fiabilité et son adaptabilité et indiquant que plusieurs puits foncés selon d'autres techniques ont été achevés grâce à l'application de la congélation. Développé en Thuringe, ce procédé a fait l'objet d'une première évaluation scientifique par des ingénieurs français. L'article montre les concurrences et les coopérations présentes sur ce segment de marché. Ainsi les compagnies houillères du Nord de la France préfèrent effectuer leurs travaux de fonçage sans faire appel à des entreprises extérieures spécialisées. Parmi ces dernières, la société Gebhardt & Koenig Nordhausen, à l'origine du procédé, travaille en Allemagne, mais aussi aux Pays-Bas, en Grande-Bretagne, en Galicie autrichienne et en Lorraine française. Certains chantiers donnent lieu à des coopérations comme par exemple celle qui se noue entre l'Entreprise générale de fonçage de puits de Paris et la Hannoversche Tiefbausgesellschaft de Hanovre. D'après cette description, les entreprises de la Ruhr n'interviennent que tardivement que sur ce marché.

Les comptes rendus d'expositions techniques et industrielles

À la suite de l'Exposition universelle de Londres en 1851, on assiste jusqu'en 1914 à la quasi institutionnalisation de ces grandes manifestations qui sont autant de vitrines des réalisations effectuées dans un espace géographique déterminé et permettent la diffusion des innovations. Elles relèvent de nouveaux impératifs en matière d'émulation économique dans un contexte de concurrences croissantes et participent à de nouveaux modes de communication technique et économique. Les attributions de prix et de médailles qui les accompagnent attirent les entreprises qui assoient sur elles leur renommée. Pendant la période étudiée, les numéros du *Glückauf* sont riches en comptes rendus de ces expositions, allant du simple article de quelques pages à de longues

---

12 Cf. Conrad, H.G., notice « Kind », in *Neue Deutsche Biographie*, vol. 11, 1977, p. 613-614 (version en ligne sur www.deutsche-biographie.de) ; Bestand 88, Bergwerksgesellschaft Dahlbusch, Gelsenkirchen-Rotthausen, Bergbau-Archiv Bochum, http://www.archive.nrw.de/LAV_NRW/jsp/bestand.jsp?archivNr=421&tektId=52.

13 Joosten, H.J., « Die Entwicklung des Gefrierverfahrens seit seiner ersten Anwendung im Jahre 1883 », in *Glückauf*, 42 (1906), n° 22, p. 703-724.

séries étirées sur plusieurs mois. Dans un article paru en 1905 sur une exposition industrielle tenue l'année précédente à Arras, l'auteur propose sur la base de ses propres observations une documentation fournie par les entreprises, des notes techniques du Comité central des houillères de France, un panorama des applications de l'électricité à l'exploitation minière comportant la description de machines d'extraction et de treuils électriques fabriqués en Allemagne à destination de mines françaises, ainsi qu'un inventaire des produits existant dans le domaine des systèmes électriques de ventilation[14]. Une série de huit articles du *Bergassessor* Herbst, professeur à l'École des mines de Bochum, sur la section « Mines » à l'Exposition universelle de Liège en 1905 forme une longue étude de l'état de la technologie minière en Europe au début du siècle. Réalisée dans une optique purement technique, elle fournit également des informations chiffrées sur les performances des entreprises exposantes (volume et valeur de la production, évolution des ventes, effectifs salariés), mais montre peu d'intérêt pour les stands belges et français, leur préférant les stands allemands pour leur « approche didactique qui convient à une telle exposition »[15].

Les comptes rendus de congrès ou de conférences internationales à caractère technique

Des comptes rendus précis et détaillés couvrent également les multiples congrès, colloques et conférences qui rythment la montée en puissance du monde industriel, assurant tant la présentation des innovations technologiques que la diffusion des résultats de la recherche appliquée et la consolidation des réseaux de communication techniques, économiques, financiers et universitaires. Ces réseaux reposent notamment sur l'activité de nombreuses associations professionnelles nationales et internationales qui, à partir des années 1870, assurent la continuité des échanges au sein des élites nationales et les mettent en relations au niveau international. Une place particulière revient ici aux associations d'anciens élèves des grandes écoles qui soutiennent la recherche en publiant certains travaux scientifiques dans leurs bulletins et qui assurent son rayonnement et son influence dans les milieux économiques et politiques. La participation de délégations allemandes, britanniques, françaises, néerlandaises et luxembourgeoises lors du jubilé célébrant le cinquantième anniversaire de la fondation de l'Association des ingénieurs sortis de l'École de Liège, les 17 et 18 octobre 1897, qui regroupe près de 600 invités, illustre bien le rayonnement de cet établissement au-

14 « Die Bergbauabteilung der nordfranzösischen Ausstellung in Arras im Jahre 1904 », in *Glückauf*, 41 (1905), n° 3, p. 74-79.

15 Bergassessor Herbst, « Der Bergbau auf der Lütticher Weltausstellung », in *Glückauf*, 41 (1905), n° 42 à 50.

delà des frontières du pays. L'article paru dans le *Glückauf* à cette occasion témoigne des multiples dimensions de cette manifestation : réception officielle en présence de ministres belges ; colloque scientifique sur l'histoire industrielle et les innovations récentes dans les domaines des mines, de la sidérurgique et des transports ferroviaires ; visites d'entreprises comme Cockerill et la Fabrique d'armes de Herstal ; excursion collective à l'Exposition universelle de Bruxelles[16]. Comme dans le cas du procédé Kind-Chaudron évoqué plus haut, on remarque avec Eugen Tomson, le directeur belge de plusieurs mines appartenant à la société Harpener Bergbau dans la Ruhr, une personnalité qui joue un rôle d'intermédiaire entre les deux pays. Particulièrement remarqué pour les tours de chevalement doubles qu'il a fait édifier, Tomson est un ancien élève de l'École de Liège.

Les innovations et la recherche : la coopération technique internationale

La mondialisation croissante de l'économie industrielle dans la seconde moitié du XIXe siècle génère des besoins en systèmes universels de références techniques et en normalisation des mesures et des contrôles. Des institutions internationales (bureaux, organisations, unions) chargées d'y répondre font leur apparition. Ainsi, les constructeurs allemands de matériels et équipements miniers, déjà fortement tournés vers l'exportation, s'intéressent tout particulièrement aux problèmes posés par la normalisation. C'est ce qui explique la parution d'un article détaillé en 1897 dans le *Glückauf* sur une réunion tenue à Stockholm par l'Association internationale pour l'essai des matériaux[17]. Celle-ci regroupe plus de 1 400 membres, institutionnels ou individuels, principalement en Allemagne, Autriche-Hongrie, Belgique, États-Unis, France, Grande-Bretagne, Russie et Suisse. Son action repose sur des structures modernes : un bureau international établi à Zurich ; un laboratoire sidéro-métallurgique dont le financement est assuré sur dix ans par des capitaux allemands, français, belges et suédois qui prépare la constitution d'une commission internationale pour l'élaboration de méthodes unifiées de tests en matière de chimie analytique et l'établissement d'un catalogue de normes internationales de qualité pour la réception technique des produits en fer et en acier. L'Association dispose de sa propre revue, éditée en deux langues, *Baumaterialenkunde – Les*

16 « Die Feier des fünfzigjährigen Bestehens der Vereinigung der aus der Lütticher Schule hervorgegangenen Ingenieure am 17. und 18. Oktober in Liège », in *Glückauf*, 33 (1897), n° 43, p. 842-843.

17 « Internationaler Verband für die Materialprüfung der Technik », in *Glückauf*, 33 (1897), n° 36, p. 708-710.

matériaux de construction, élargies à trois pour la table des matières et les articles techniques les plus importants.

L'exploitation bibliographique régulière des publications spécialisées

La publication d'articles bien informés est rendue possible grâce à l'exploitation suivie des publications allemandes et étrangères dans le secteur des mines, de la sidérurgie et de la carbochimie. En 1906 par exemple, l'équipe de rédaction du *Glückauf* dispose d'une soixantaine de revues hebdomadaires ou mensuelles constituant ainsi un fonds documentaire régulièrement actualisé[18]. Quant au périodique pour le secteur des mines, de la métallurgie et des salines du ministère prussien du Commerce et de l'Artisanat (*Zeitschrift für Berg-, Hütten- und Salinenwesen im Preussischen Staate*), il produit une fois par trimestre une grande bibliographie couvrant ces mêmes secteurs et organisée en dix sections thématiques, elles-mêmes structurées en sous-sections. L'exemplaire pour le troisième trimestre de l'année 1900 comprend ainsi 14 pages avec plusieurs centaines d'entrées bibliographiques et 15 pages d'entrées commentées, répertoriant des communications parues dans des revues européennes et américaines autour de sujets aussi différents que la recherche géologique, l'exploitation minière, les usines sidérurgiques, les machines et équipements, les applications de l'électricité, les mesures et essais, les procédés physiques et chimiques d'analyse, l'administration industrielle et les statistiques, les conditions de travail, les transports et tarifs, les douanes et l'évolution des marchés[19].

4. Conclusion

Présentons pour conclure quelques réflexions sur la diffusion des savoirs techniques et des innovations dans la construction d'une économie et d'une société globalisée avant 1914.

Le présent article s'est efforcé de souligner les éléments essentiels des processus de diffusion des savoirs et des innovations entre 1850 et 1914 à partir de l'examen de manuels techniques et de la presse corporative du secteur minier allemand, à savoir :

– le volume important et la grande richesse des informations diffusées et des sujets traités ;

– le haut degré d'actualité de ces informations, leur transparence parfois étonnante et la continuité de leur flux ;

---

18 « Zeitschriftenschau », in *Glückauf*, 41 (1906), n° 1, p. 30-31.

19 *Zeitschrift für Berg-, Hütten- und Salinenwesen im Preussischen Staate herausgegeben im Ministerium für Handel und Gewerbe*, 48, n° 1, « Übersicht des Inhalts der technischen Zeitschriften (Juni, Juli, August 1900) », p. 100-140.

– le rôle essentiel de la perspective européenne, voire mondiale, dans la collecte et la présentation de ces informations, propice à la comparaison entre bassins, entreprises, techniques et procédés ;

– une démarche mettant le charbon en relation avec les autres secteurs de l'industrie lourde ainsi qu'avec l'énergie et les transports, reflet de l'économie intégrée (*Verbundwirtschaft*) verticale et horizontale qui est alors en cours de construction dans le bassin de la Ruhr ;

– la conscience plus générale du rôle prépondérant joué par le charbon comme moteur d'une économie en voie de mondialisation.

Dans le grand mouvement général de diffusion des savoirs techniques observable à travers l'Europe depuis le milieu du XVIIIe siècle, le secteur minier est à la fois fournisseur de contenu et objet de communication. Le système moderne de circulation des savoirs s'est construit progressivement à partir de 1750 grâce à l'apparition de grands ouvrages encyclopédiques, aux efforts des maisons d'édition spécialisées, au développement de circuits de relations professionnelles, tout d'abord personnalisés, puis institutionnalisés, grâce enfin à une dynamique des échanges portée par la multiplication de nouveaux types d'acteurs, mis en réseau au niveau national, puis international, afin de répondre aux attentes de publics spécialisés de plus en plus diversifiés.

Ces conclusions doivent être toutefois amendées par une série de questions destinées à ouvrir de nouvelles pistes de recherches.

1) Les résultats tirés de l'étude de l'édition et de la presse corporative du secteur minier allemand sont-ils valables pour ce même secteur dans les autres pays industrialisés ? Des travaux concernant la Belgique, la France, le Royaume-Uni et les États-Unis seraient ici nécessaires en s'appuyant sur les listes de publications abonnées et consultées régulièrement dans le *Glückauf*.

2) Qu'en est-il de l'édition et de la presse corporative des autres secteurs industriels, en Allemagne et dans les autres pays industrialisés ? Suivent-elles des démarches analogues, tant dans la recherche d'interfaces avec les secteurs environnants qu'en matière de positionnement dans une perspective internationale ?

3) Quelles sont les limites de la transparence en matière de la diffusion des savoirs et innovations techniques ? Quels sont les enjeux économiques, politiques, voire stratégiques qui restent masqués derrière la neutralité apparente des articles publiés dans le *Glückauf* ? La revue contient effectivement avant 1914 peu de références politiques directes. Elle présente les activités du secteur minier et de l'industrie lourde de l'Allemagne et des autres pays comme l'illustration d'un jeu de concurrences et de coopérations entre des égaux, avec des gagnants et des

perdants, et non comme un terrain où s'affrontent ouvertement les nationalismes industriels.

Cette dernière question doit être approfondie si l'on veut mieux saisir le rôle de la diffusion des savoirs dans la constitution progressive d'espaces économiques globalisés avant 1914, qui sont aussi le théâtre d'oppositions d'intérêts entre les grandes puissances européennes. Les exemples énumérés ci-dessus montrent une certaine autonomie des relations économiques par rapport à la « grande politique ». Les frictions directes ou indirectes entre les grandes puissances, l'exacerbation des nationalismes, les contrastes entre mentalités semblent avoir peu d'influences immédiates sur le développement de ces relations. Le procédé Kind-Chaudron est le résultat d'une coopération germano-belge. Les Belges Joseph Chaudron et Eugen Tomson sont des personnalités importantes de l'histoire minière de la Ruhr. Les ventes de matériel minier allemand aux sociétés houillères du Nord de la France se font, malgré l'annexion de l'Alsace-Lorraine, soit directement, soit par l'intermédiaire de sociétés françaises détentrices de brevets allemands.

Toutefois, des analyses plus approfondies laissent apparaître des failles dans cette dynamique apparemment bien huilée de constitution d'une économie internationale avant 1914. Dans l'Association internationale pour l'essai des matériaux, par exemple, près du tiers des adhérents institutionnels et individuels vient d'Allemagne, mais seulement 3 % à peine du Royaume-Uni. La « réserve surprenante des industriels britanniques à l'égard des efforts entrepris par tous les peuples civilisés dans le domaine de l'expertise des matériaux » que regrette l'un des auteurs d'articles de la revue s'explique très vraisemblablement par cette dominante allemande qui laisse pressentir une institution principalement au service des intérêts des industries de ce pays[20]. D'autre part, plusieurs études sur les expositions universelles ont souligné les positions changeantes des gouvernements européens, et notamment de l'Allemagne, quant à l'opportunité d'une participation à ces manifestations et quant au volume et au caractère de cette participation[21]. D'autres font apparaître les divergences entre les attentes des gouvernements d'une part, celles des milieux économiques et des entreprises d'autre part[22].

---

20 « Internationaler Verband für die Materialprüfung der Technik », in *Glückauf*, 33 (1897), n° 36, p. 708-710.

21 Haltern, U., *Die Londoner Weltausstellung von 1851 – Ein Beitrag zur Geschichte der bürgerlich-industriellen Gesellschaft im 19. Jahrhundert*, Münster, Aschendorff, Münster 1971.

22 Wolbring, B., « Krupp und die Weltausstellungen im 19. Jahrhundert », in Bosbach, F. et Davis, J.R. (Hg.), *Die Weltausstellung von 1851 und ihre Folgen (...)*, *op. cit.*, p. 293-305.

Il existe donc de nombreuses questions en suspens mais, comme nous avons tenté de le montrer, on dispose pour y répondre de nombreuses sources quelque peu négligées. Les revues spécialisées corporatives et techniques, les rapports industriels du type des *Voyages métallurgiques*, les programmes des maisons d'édition scientifiques et de vulgarisation, les actes de congrès et comptes rendus d'expositions, les travaux de sociétés ou d'associations internationales : tous permettent non seulement de saisir l'état d'avancement des sciences et des techniques, mais aussi de comprendre l'évolution des enjeux de la mondialisation économique. Ces témoignages qui jalonnent la diffusion progressive du modèle de la grande industrialisation avant 1914 devraient également permettre de reconstituer les réseaux de concurrence et de coopération à la fois scientifiques, politiques et commerciaux, tout comme ceux d'amitié et de convivialité sur lesquels a reposé la diffusion de ce modèle.

Deuxième partie

Transmission des savoirs et formation professionnelle

Formation professionnelle, mutations industrielles et mobilité sociale

L'exemple de l'École des mines de Bochum[1]

Peter FRIEDEMANN et Michaël FARRENKOPF

Ruhr-Universität Bochum et *Deutsches Bergbau-Museum Bochum*

Pour la recherche historique, le prochain jubilé du 200e anniversaire de la fondation de l'École des mines de Bochum en 1816, qui est à l'origine de l'actuelle Université technique des sciences appliquées Georg Agricola (Technische Fachhochschule Georg Agricola) dans cette même ville[2], ouvre une double perspective : celle de pouvoir revisiter la genèse de cet établissement sous l'angle de l'histoire sociale et – en opérant un changement de paradigme – celle d'aborder cette genèse de manière comparative en la rapprochant d'établissements similaires en France comme les écoles des mines de Saint-Étienne, Douai et Alès[3].

Nous proposons ici des pistes de réflexion pour une relecture de l'histoire de l'École des mines de Bochum, en nous limitant à la première perspective, celle de l'histoire sociale. Pour la dimension comparative, non abordée ici, nous nous bornerons à faire l'hypothèse que, vu la similitude des milieux socio-culturels entre les diverses

---

1 Texte traduit par Jean-Luc Malvache.

2 Pour la présentation générale de l'établissement actuel, se reporter à son site Internet : www.tfh-bochum.

3 L'ouvrage le plus important sur l'histoire de l'École des mines de Bochum reste celui de Schunder, F., *Lehre und Forschung im Dienste des Ruhrbergbaus. Westfälische Berggewerkschaftskasse 1864-1964*, Herne, 1964. Toutefois, il ne traite que des aspects institutionnels sans aborder la dimension politique et sociale, comme par exemple son ancrage dans le système de pensée de l'Ancien Régime qu'elle a contribué à pérenniser. Pour la France, cf. Garçon, A.-F., *Entre l'État et l'usine : l'École des mines de Saint-Étienne au XIXe siècle*, Rennes, Presses universitaires de Rennes, 2004, ainsi que deux mémoires de maîtrise soutenus à l'Université Charles de Gaulle Lille III, sous la direction d'Emmanuel Chadeau : Vanhersel, S., *Les transformations de l'École des mines de Douai des années 1950 aux années 1980,* 1991 ; Bruneau, P., *Les élèves de l'École des mines de Douai depuis 1945 à travers quelques promotions*, 1992.

régions charbonnières et sidérurgiques de l'Europe du Nord-Ouest, nombre des phénomènes analysés ici devraient pouvoir se retrouver ailleurs[4]. Afin de répondre aux exigences croissantes de la production industrielle, toutes les grandes régions minières européennes ont été confrontées à la nécessité d'assurer la formation professionnelle de leurs cadres miniers de niveau moyen[5]. Ces efforts ont contribué à améliorer l'efficacité des compagnies minières, ce qui place l'objet de notre propos au centre même des questionnements du projet de recherche ANR-EMERENO. Cette étude, même limitée au cas d'une école minière, celle de Bochum, devrait permettre de mieux saisir le rôle joué par la formation professionnelle dans la transformation de ces régions, depuis la montée en puissance des mines et de l'industrie lourde dans l'économie jusqu'à son recul définitif. On pourrait penser qu'au cours de la phase de démarrage de l'activité minière, compte tenu de la modestie de la taille des exploitations, de la faiblesse des tonnages extraits et du caractère sommaire du matériel utilisé, les besoins en personnel ayant reçu une formation poussée concernaient principalement les directeurs et le personnel de direction, qui, du reste, sortaient généralement des académies minières déjà existantes, tandis que, pour le personnel d'encadrement sur le terrain, il suffisait de bonnes connaissances de base en lecture, écriture, calcul et dessin sans qu'une formation théorique particulière soit nécessaire. Dans toutes les régions minières, c'étaient plutôt des qualités comportementales qui étaient requises : savoir travailler dur, faire preuve de discipline, d'esprit de camaraderie et de loyauté[6]. Toutefois l'augmentation de la production et la complexité grandissante de l'exploitation – rappelons que, dans la Ruhr, la production de charbon est passée d'1,7 million de tonnes dans les années 1850 à 60 millions de tonnes à la fin du siècle – ont suscité des besoins grandissants en cadres intermédiaires, et notamment en porions bien formés. Les États, tout comme les compagnies minières, furent

4 Cf. Grebing, H., *Wirtschaftsregionen im Vergleich. Zu einigen Varianten des soziökonomischen Wandels in Europa*, Braunschweig, Georg-Eckert-Institut, 1990, p. 6.

5 Sur la question des niveaux de qualification, se reporter à Tenfelde, K., « Bildung und sozialer Aufstieg im Ruhrbergbau vor 1914. Vorläufige Überlegungen », in Conze, W. et Engelhardt, U. (Hg.), *Arbeiter im Industrialisierungsprozeß. Herkunft, Lage und Verhalten*, Stuttgart, Klett-Cotta, 1979, p. 465-493. Les niveaux supérieurs du corps des fonctionnaires et des cadres miniers tels que les assesseurs des mines, les officiers ministériels et autres ont été bien étudiés et de manière détaillée. Voir par exemple Farrenkopf, M., « Zwischen Bürgerlichkeit, Beamtenstatus und berufsständischer Orientierung », in *Der Anschnitt*, 1995, 1-2, p. 2-25.

6 Cf. Eck, J.-F., « Die Bergarbeiterschaft in Frankreich zu Beginn des 20. Jahrhunderts », in Farrenkopf, M. et Friedemann, P. (Hg.), *Die Grubenkatastrophe von Courrières 1906. Aspekte transnationaler Geschichte*, Bochum, Deutsches Bergbau-Museum, 2008, p. 99-107.

contraints de réagir face à l'insuffisance de la qualification professionnelle de ces cadres intermédiaires, le mode de transmission informelle des savoirs de génération en génération ne répondant plus aux exigences en matière de compétences techniques ni de gestion du personnel.

L'histoire de l'École des mines de Bochum, fondée en 1816 et rebaptisée en 1960/1963 École d'ingénieurs pour l'administration et l'exploitation des mines, puis en 1971 Institut universitaire de technologie pour le secteur minier, enfin en 1995 Université technique des sciences appliquées Georg Agricola, reflète l'apparition de ces nouvelles exigences et la manière dont l'établissement les prit en compte. La nécessité d'une refonte du système de formation des personnels miniers devint particulièrement urgente après la réforme du statut juridique du secteur minier, échelonnée entre 1851 et 1864, qui prévoyait la libéralisation progressive de ce secteur jusqu'alors entièrement contrôlé par l'État (*Direktionsprinzip*) et désormais soumis aux lois du marché. Une région comme le comté de la Mark, touchée par une véritable fièvre du charbon depuis que, dans la Ruhr, les techniques de fonçage de puits permettaient de traverser les couches de marne, ne pouvait se soustraire à une approche plus scientifique des questions de productivité, nécessité d'autant plus impérieuse que, dans ce secteur du bassin où l'exploitation charbonnière a démarré tardivement, le niveau des connaissances techniques restait encore très bas. Avec l'industrialisation, les attentes en matière de formation technique des personnels miniers se modifièrent fortement et il en fut de même pour la forme et le contenu des enseignements dispensés par les établissements chargés de cette formation. Mais à qui ces changements ont-ils véritablement profité ? L'amélioration de la qualification professionnelle a-t-elle permis de modifier les structures d'une société certes homogène, mais aux hiérarchies pesantes, héritées du passé ? Comment évolua la mobilité géographique et sociale ? L'ascension sociale fut-elle facilitée ? Quelles furent les retombées des tentatives faites pour améliorer le niveau général d'instruction de la population à travers le développement de la formation professionnelle ? Peut-on suivre leur développement jusqu`à nos jours ? Dans le cas de l'École des mines de Bochum, on peut penser que les changements de noms signalés plus haut reflètent des transformations dans la politique de formation menée par les autorités publiques et par les milieux économiques à partir de la phase de fermeture massive des mines dans les années 1960, afin de mieux adapter l'établissement aux besoins du secteur et de la région. Autant de questions auxquelles on tentera d'apporter une réponse, en insistant sur la différence entre ce type d'école et les académies minières ou les autres grandes écoles des mines déjà évoquées.

L'histoire sociale des établissements de formation minière, dont l'École des mines de Bochum, n'a guère été étudiée jusqu'à présent. En prélude au jubilé du bicentenaire de cette école, nous voudrions esquisser ici quelques pistes de réflexion, dans le but de défricher un sujet qui pourrait faire ultérieurement l'objet de recherches comparatives avec la France[7].

1. La genèse de l'École des mines de Bochum : formation professionnelle et enseignement général (1816-1864)

Les premières écoles des mines ont été fondées par la monarchie autrichienne, en 1735 à Schemnitz (aujourd'hui Stiavnika, en Slovaquie), puis, en Allemagne, dans les bassins miniers de Saxe, près de la frontière avec la Bohème (Freiberg en 1777), dans ceux du Harz (Clausthal-Zellerfeld en 1775), de Haute-Franconie (Steben en 1793) et de Haute-Silésie (Tarnowitz en 1803). Ce fut seulement après les guerres napoléoniennes que les dirigeants des mines du comté de la Mark parvinrent à réaliser un projet qui avait été déjà plusieurs fois présenté au gouvernement : celui de créer des lieux destinés à former des « fonctionnaires des mines compétents et de valeur (*von Reden*) ». Les premiers établissements furent ouverts à Essen en 1814, à Bochum en 1816, puis à Siegen en 1818, plus tard enfin à Ibbenbüren en 1839, à la lisière de la forêt de Teutoburg. À Essen, le curé qui dirigeait l'école municipale, Carl Martin Hummel, donnait des cours de quatre heures à quatre élèves un jour par semaine. À Bochum en 1816, un petit groupe de 14 élèves recevait quatre matins par semaine des cours d'écriture, lecture, mathématiques, géométrie, dessin et religion. Cette modeste école devint cent ans plus tard, sous le nom de Märkische Bergschule, le plus grand établissement de ce type dans tout le pays, jouissant d'une solide réputation dans le Reich, jusqu'à Berlin, en une évolution inverse de celle de l'École des mines de Saint-Étienne qui, comme le souligne Anne-Françoise Garçon, ne bénéficiait à Paris que d'une faible considération[8]. En 1816, l'École de Bochum n'en était encore qu'à ses premiers pas, comme le montre cet extrait d'un rapport du Service

7 Il faut rappeler ici les similitudes chronologiques entre les deux systèmes de formation français et allemand. L'École nationale supérieure des mines de Paris, fondée en 1783, qui s'inspirait du modèle de l'Académie minière de Freiberg créée vingt ans auparavant, visait à préparer à leur mission des directeurs de mines et des élites d'une haute compétence professionnelle. L'objectif de l'École des mines de Douai (1783) et de l'École nationale supérieure des mines de Saint-Étienne, ouverte, comme celle de Bochum, en 1816, était de former des personnels techniques et des cadres de niveau moyen. Cf. Garçon, A.-F., *Entre l'État et l'usine (...)*, *op. cit.*

8 *Id.*, plus particulièrement la conclusion, p. 353-358.

supérieur de contrôle des mines de Westphalie (Westfälisches Oberbergamt), à Dortmund :

> Dans le district de la Mark du Service royal des mines, ce sont 14 jeunes gens qui bénéficient cette année de l'enseignement de l'école minière. Cet enseignement leur est dispensé dans une salle destinée à cet effet, dans le bâtiment de cette administration, seulement le matin, afin que les élèves ne soient pas empêchés de descendre dans les puits et d'effectuer leurs travaux dans les mines les plus proches de Bochum[9].

Enseignants et élèves ne disposaient donc que de quelques heures par semaine. L'essentiel de l'apprentissage se faisait au fond pendant le travail quotidien. Il n'y avait pas encore de professeurs spécialisés et les cours étaient donnés par des mineurs expérimentés. La diffusion du savoir-faire professionnel s'effectuait principalement par l'intermédiaire des pères ou des frères aînés qui faisaient partager leur expérience pratique dans la maîtrise des tâches à effectuer et dans la connaissance des dangers auxquels ils étaient exposés quotidiennement.

Les difficultés en matière de scolarisation étaient encore aggravées par la répartition du peuplement, car les mineurs habitaient des exploitations agricoles et des hameaux dispersés, ce qui, dans la pratique, rendait impossible de suivre une scolarité régulière tout en gagnant sa vie à la mine. Certes, une partie des cours était prise en charge à l'extérieur, pour les mineurs adhérant à la corporation des mineurs (Knappschaft) et payant leur cotisation au fonds de solidarité (Büchsen- und Freischichtengeld)[10]. Ainsi le projet initial formulé par l'État prussien, inspiré des Lumières et prévoyant la gratuité de l'enseignement pour « encourager la jeunesse minière » ne put être réalisé[11]. Dans les années 1850 encore, les rapports officiels déploraient le bas niveau d'instruction des élèves :

> Parmi nos élèves, on n'en trouve aucun qui ait reçu une instruction parfaite et de haut niveau. Ce sont de jeunes mineurs, à qui il faut enseigner les tout

---

9 Bergbau-Archiv Bochum (BBA) 120.294, p. 19.

10 Pour une analyse différenciée des fonctions et de la structure sociale de la *Knappschaft*, cf. Fessner, M., « Die märkische Knappschaft von ihrer Gründung 1767 bis zum preußischen Knappschaftsgesetz von 1854 », in Fessner, M. (Hg.), *Auf breiten Schultern. 750 Jahre Knappschaft*, Bochum, Deutsches Bergbau-Museum, 2010, p. 176-184.

11 BBA 120/292. Affirmer que, dès ses débuts, l'École des mines de Bochum fut en mesure de former le personnel d'encadrement des mines serait surestimer beaucoup ses possibilités d'action et son efficacité. Voir à ce sujet le site de la TFH Georg Agricola. Toutefois, dès 1841, les certificats de fin d'études délivrés par l'École avaient une valeur officielle, comme l'indique Tenfelde, K., « Bildung und sozialer Aufstieg (…) », in Conze, W. et Engelhardt, U. (Hg.), *Arbeiter in Industrilisierungsprozess (...)*, *op. cit.*, p. 487.

premiers rudiments des mathématiques, du dessin, donner les premiers cours d'orthographe et d'écriture et indiquer la manière de rédiger un texte[12].

De fait, pendant ses quarante premières années d'existence, l'École des mines de Bochum dut se limiter à combler les graves lacunes existantes en matière d'enseignement élémentaire[13]. De plus, les matières spécifiques minières ne faisaient pas partie des programmes. Pourtant, à la lecture des archives, on s'aperçoit que l'administration s'en tenait toujours au noble objectif de l'enseignement minier qui était d'assurer, « en passant par les écoles minières, la relève professionnelle pour améliorer la situation des mines de notre région, auxquelles font défaut tant de fonctionnaires de rang subalterne ayant quelque formation scientifique »[14].

Les déclarations et propositions de réformes généreuses et idéalistes ne manquaient pas. Ainsi les projets d'aide financière aux élèves étaient à l'origine motivés par la volonté d'aider « les enfants des mineurs et les veuves de mineurs pauvres et dans le besoin »[15] et devaient être élargis aux filles. On avait même envisagé des fonds pour permettre aux élèves de bénéficier de cours particuliers de soutien pédagogique[16]. L'administration ne fut pas en mesure de mettre en œuvre de tels projets, soit parce qu'ils ne correspondaient pas à ses intérêts, soit parce qu'ils ne lui paraissaient pas nécessaires. Le Service supérieur de contrôle des mines de Westphalie, à Dortmund, revint même en arrière, estimant en octobre 1815 qu'il était encore trop tôt pour « installer des écoles minières spéciales disposant de leurs propres professeurs pour assurer une première instruction des enfants de mineurs dans le comté de la Mark,

---

12 BBA 120/294, rapport du 16 juillet 1818.

13 Cette question a fait l'objet de nombreuses études. Voir notamment les travaux de Müller, D.-K., *Sozialstruktur und Schulsystem. Aspekte zum Strukturwandel des Schulwesens im 19. Jahrhundert*, Göttingen, Vandenhoek & Ruprecht, 1977 ; Reulecke, J., « Von der Dorfschule zum Schulsystem in einer "jungen" Industriestadt vor dem Ersten Weltkrieg », in Reulecke, J. et Weber, W. (Hg.), *Fabrik, Familie, Feierabend*, Wuppertal, Peter Hammer Verlag, 1978, p. 247-271 ; Lundgreen, P., *Sozialgeschichte der deutschen Schule im Überblick*, Göttingen, Vandenhoek & Ruprecht, 1980.

14 BBA 120/294, rapport du 6 juillet 1815.

15 BBA 120/121, p. 2.

16 Dans un mémoire de 1792, le baron von Stein avait proposé comme mode de financement que « chaque mine extraie gratuitement un gros bloc de charbon, le vende et verse le produit de la vente dans un fonds » (BBA 120/291, p. 7). Ainsi « 600 mineurs et leurs enfants » pourraient bénéficier d'un enseignement régulier, voire même complémentaire de soutien et, pour les meilleurs d'entre eux, suivre les cours d'une école des mines aux frais de la communauté.

car il existe déjà dans plusieurs localités de cette province de bonnes écoles élémentaires »[17].

Peut-être l'homogénéité sociale spécifique au milieu minier était-elle difficilement compatible avec les idéaux d'éducation et de progrès que l'on peut rattacher aux Lumières[18]. Toujours est-il qu'entre 1816 et la réforme du régime minier en 1864, l'École de Bochum semble n'avoir fait aucun progrès satisfaisant. Un verdict que confirme du reste, dans un rapport d'activité daté de 1854, l'administrateur minier adjoint Volmer[19].

Pour résumer, on peut considérer que cette première phase de la genèse du système scolaire minier fut marquée par un certain idéalisme éducatif tendant à « insuffler une orientation et un sens nouveaux au système d'éducation »[20]. Durant cette période, l'École des mines de Bochum n'a pas contribué à la formation de cadres moyens ni développé de méthodes pédagogiques pour enseigner les procédés et les techniques de l'exploitation charbonnière. L'expérience acquise et l'ancienneté dans le métier représentaient toujours les valeurs permettant de définir la compétence professionnelle. Comme l'indique un rapport :

> La relève minière devra être si possible recrutée dans les familles de mineurs elles-mêmes. Ceux qui la composeront devront être de solides travailleurs ayant fait leur preuve dans la pratique. Ils recevront alors une

---

17 BBA 120/291, p. 30.

18 Au niveau des élites par contre, le secteur des mines a suscité au Siècle des Lumières de nombreux échanges entre Allemagne et France dans le domaine des sciences et des techniques ainsi que dans celui de la formation. Plusieurs travaux d'histoire comparée s'y sont consacrés. Cf. Barbier, J.-P., « Deutsch-französische Beziehungen in der Wissenschaft und Technologie des 18. und 19. Jahrhunderts. Das Beispiel der montanwissenschaftlichen Ausbildung », in *Technikgeschichte 1989*, vol. 56, p. 305-328. Cf. également Römer, J., *Die preußischen Bergschulen*, Breslau, 1864.

19 BBA 120/387, p. 5. Peut-être est-ce la raison pour laquelle certains mineurs occupant des postes avancés dans la hiérarchie tentaient d'obtenir des faveurs pour leurs enfants, comme le montre l'initiative commune de deux porions qui demandaient l'autorisation pour leurs fils de s'inscrire à l'Académie minière de Berlin, car seule cette ville permettait de concilier les études et le service militaire qu'ils devaient effectuer, en invoquant le fait que l'alternative possible, le service dans la cavalerie à Bonn, serait trop onéreuse. Cette démarche ne fut pas du goût des fonctionnaires prussiens qui l'accueillirent en adressant une réprimande orale à l'un des deux porions, car « cette procédure était tout à fait injuste et, dans ce cas précis, irait au désavantage des deux élèves » (BBA 120/294, lettres du 28 mars 1817 et du 21 avril 1817).

20 Harney, K. et Schriewer, J., « Beruflichkeit versus culture technique. Zu einer Soziogenese arbeitsbezogener Semantik », in Wagner, P. (Hg.), *Arbeit und Nationalstaat. Frankreich und Deutschland in europäischer Perspektive*, Francfort-sur-le-Main/New York, Campus, 2000, p. 128-168.

formation complémentaire, portant sur des savoirs et des compétences théoriques et pratiques[21].

De fait, les questions de mobilité verticale dans le cadre de l'entreprise ou d'ascension sociale par l'éducation ne se posaient pas encore durant cette période de première industrialisation. Compte tenu des caractéristiques économiques et culturelles du secteur minier, un projet hérité des Lumières reposant sur l'émancipation des individus et un programme d'inspiration idéaliste comme celui de l'École des mines de Bochum n'avaient que peu de chances de réussite. Les mentalités en vigueur contribuaient à pérenniser les structures établies – un phénomène que l'on retrouve aussi dans d'autres pays européens. Les structures traditionnelles homogènes du milieu minier, reproduites par la pratique du recrutement endogène dans des familles peu ouvertes sur l'extérieur, ne furent aucunement modifiées.

Cette situation correspondait parfaitement aux attentes de l'État. Des valeurs comme la discipline et l'obéissance qui appartenaient au monde de la mine s'intégraient bien à la conception autoritaire de l'État, surtout après l'échec de la révolution de 1848, lorsque le « militarisme minier » (*Grubenmilitarismus*) devint le mode de gestion des rapports sociaux. Le respect des traditions et une fidélité zélée au Reich formaient la base du comportement politique des mineurs. On ne doit pas s'étonner, dans un tel contexte, de voir un Kommerzialrat préconiser, le 1er mai 1909, l'institution d'un contrôle préalable sur tous les candidats à l'entrée à l'École préparatoire minière de Wattenscheid pour « tenir compte de leur participation éventuelle à la grève »[22]. On pourrait donner d'autres exemples de cet état d'esprit, pour une période ultérieure, celle du national-socialisme. Il serait intéressant ici de comparer avec les écoles des mines françaises qui furent créées dans des structures sociales analogues et qui, après la Révolution, agirent dans un contexte politique certes différent, mais avec un dirigisme étatique et une centralisation parisienne également fort contraignants. L'exemple évoqué plus haut du peu de considération accordé à Paris à l'École des mines de Saint-Étienne semble bien refléter cette différence.

2. L'École des mines de Bochum après la réforme du régime minier de 1851/1864

Dans le contexte de la libéralisation de l'administration des mines, on assista à partir du milieu du XIXe siècle au recul progressif de l'État. Cela conduisit à la création, en 1864, de la Caisse du syndicat industriel

21 BBA 120/408.

22 BBA 120/5801.

minier de Westphalie (Westfälische Berggewerkschaftskasse ou WBK). Il s'agissait d'un organisme professionnel qui administrait de manière autonome le secteur et finançait en partie des actions en matière de formation et de recherche. Dès lors, les sociétés minières qui adhéraient à cette caisse devenaient responsables de l'amélioration de la qualification professionnelle des mineurs. Les anciens fonctionnaires des mines devenaient des employés rétribués par les entreprises. Désormais, les archives contiennent moins de rapports étatiques sur la nécessité d'un progrès du niveau général d'instruction en vue de l'intérêt public. Les intérêts économiques privés inspiraient à présent les projets échafaudés dans ce domaine[23].

Ce changement d'orientation ne fut pas sans provoquer de vives controverses entre l'administration et les membres de la Caisse. Un rapport sur les activités de l'École minière du comté de la Mark soulignait que l'essor observable dans tous les secteurs de l'économie (sidérurgie, textile, marine marchande, transports terrestres, etc.) exigeait également un comportement plus autonome de la part des mineurs au travail, alors que lorsque c'étaient des administrateurs royaux qui dirigeaient les mines, il n'était pas nécessaire de former les porions à une autonomie leur permettant de prendre, puis de mettre en pratique des décisions concernant la marche de l'entreprise, puisqu'on attendait seulement d'eux qu'ils secondent les fonctionnaires royaux dans leurs tâches de contrôle et qu'ils en exécutent les ordres[24].

Ce même rapport insistait sur la nécessité d'assurer une meilleure préparation professionnelle au niveau du personnel moyen d'encadrement, grâce à des moyens financiers accrus accordés par les sociétés minières. De plus, si le métier d'enseignant ne devait plus représenter un emploi complémentaire et si les enseignants devaient « consacrer toutes leurs forces à l'école », la question du financement devait être réglée en priorité[25]. De fait, nombre d'acteurs concernés ne souhaitaient pas s'impliquer financièrement ou n'y étaient disposés qu'à certaines conditions seulement. De nombreux travaux de recherche ont été réalisés sur la question du financement de l'éducation, notamment dans le contexte de l'amélioration progressive du système d'enseignement. Les avantages et inconvénients des transferts de responsabilités liés à l'abandon du « principe de direction » (gestion des mines par l'État) y sont discutés. Dans l'ensemble, on vit se mettre en place une transformation graduelle des structures de l'enseignement minier, avec de nouveaux programmes, des moyens financiers et humains accrus, l'introduction de

23 BBA 120/121.

24 BBA 120/387, p. 5.

25 *Ibid.*

manuels, la nomination d'enseignants à plein temps, la construction de nouvelles écoles et d'établissements d'essais et de recherche.

En fait, l'impulsion nécessaire à ces changements ne vint pas des sociétés minières elles-mêmes, mais de l'administration. Ainsi les *Promemoria*, rédigées en 1851 par un fonctionnaire de l'État, le Bergrat von Carnall, eurent une influence décisive sur la refonte du système de formation professionnelle dans les mines[26]. L'ouvrage prévoyait l'organisation de cours sur une durée de 24 à 28 heures hebdomadaires, dispensés pendant les horaires de travail, le recrutement d'enseignants à plein temps, remplaçant les mineurs expérimentés donnant des cours à côté de leur travail, la mise à disposition de livres et de matériel scolaire. Il prévoyait également d'augmenter le nombre des écoles minières et envisageait déjà de mettre en place des classes préparatoires à ces écoles (Bergvorschulen).

L'adoption en 1851 de la loi sur la copropriété minière (Miteigentümergesetz) fut suivie du transfert aux sociétés minières de pouvoirs supplémentaires pour la mise en œuvre de ce qui ne constituait encore que des déclarations d'intention. La Caisse du syndicat industriel minier de Westphalie (WBK) devint principal maître d'œuvre du projet. Elle assurait désormais le financement de l'École des mines de Bochum. Le transfert aux sociétés minières fut effectivement suivi d'une réorganisation efficace du fonctionnement de cet établissement et de la mise en place d'un système de formation répondant aux intérêts des sociétés minières dont l'influence augmenta. Il ne s'agissait pas exclusivement d'intérêts économiques, car ils concernaient également la formation et la qualification, ainsi que l'esprit même de l'enseignement dispensé. Ainsi les sociétés minières s'attachèrent à fixer – voire même dictèrent – les conditions d'admission des élèves dans ces écoles. De la rencontre entre les valeurs traditionnelles de la mine (application au travail, discipline, fiabilité, loyauté, esprit de camaraderie au travail) et les institutions extérieures (accomplissement du service militaire obligatoire, expérience professionnelle acquise sur plusieurs années, respect des autorités en place et du monarque)[27], émergea une nouvelle philosophie de l'entreprise qui façonna bien davantage qu'auparavant le caractère des écoles des mines. Toute tentative éventuelle pour développer une alternative en se référant à d'autres valeurs aurait été illusoire face au caractère hégémonique de cette philosophie. La réglementation sévère de la vie scolaire et de la vie quotidienne des

[26] BBA 120/314. Cf. Schunder, F., *Lehre und Forschung im Dienste des Ruhrbergbaus (...)*, *op. cit.*, p. 67 et suivantes.

[27] Pour une meilleure compréhension de ces mentalités, cf. Koselleck, R., *Preußen zwischen Reform und Revolution. Allgemeines Landrecht, Verwaltung und soziale Bewegung von 1791-1848*, 2e éd., Stuttgart, Klett-Cotta, 1975, p. 70 et suivantes.

élèves (port de l'uniforme, obligation d'assister au service religieux et de tenir un journal) est caractéristique de cette culture de la tutelle autoritaire qui, au cours du XIXe siècle, animera aussi l'enseignement minier.

Il ne faudrait pas toutefois, à la lueur de nos positions critiques envers l'État autoritaire développées ultérieurement dans un contexte de démocratie, sous-estimer les effets positifs qu'a comportés la réforme du régime minier pour la formation professionnelle. On notera principalement la forte augmentation du nombre des élèves et l'amélioration sensible du niveau de compétences professionnelles des porions, phénomènes longuement étudiés par Helmut Trischler dans ses travaux[28]. Dans les publications parues à l'occasion des différents jubilés de l'École, on trouve de nombreux récits d'anciens mineurs qui ont gardé un souvenir positif de cet enseignement et qui en évoquent l'influence bénéfique pour les mentalités collectives durant cette période de transformations de la société industrielle[29]. On constate de fait, dans les milieux miniers, indépendamment des changements de régimes survenus en Allemagne depuis l'Empire, la pérennité d'un sentiment communautaire, encouragé par des dispositifs de recrutement basés sur l'ancienneté et sur l'expérience et par la fierté d'appartenir à de vielles dynasties minières[30]. Si ce système de références a accompagné l'imaginaire collectif au cours des différentes phases de la société industrielle, il n'est plus certain aujourd'hui que des rituels comme celui, habituel dans la Ruhr, qui consiste, lors les discours officiels, à invoquer le monde de la mine en les clôturant par un *Glückauf*, reprenant ainsi la formule traditionnelle des mineurs se souhaitant une bonne remontée, soient véritablement en

---

28 Trischler, H., *Steiger im deutschen Bergbau. Zur Sozialgeschichte der technischen Angestellten 1815-1945*, Munich, Beck Verlag, 1988.

29 Citons ici quelques titres : Sichelschmidt, H., « Hundertfünfzig Jahre Bergschule Bochum », in *Glückauf*, n° 102, 1966, p. 384 et suivantes ; Niemann, L., « 150 Jahre Bergschule Bochum », in *Bergbau*, n° 6, 1966, p. 177 et suivantes ; « Grußwort, 150 Jahre Bergschule Bochum » (BBA 120/5579) ; Laaser, B., « Ein Sprungbrett für die Bergbau-Karriere. 175 Jahre Bergschule Bochum », in *Bergbau*, n° 5, 1992, p. 230 et suivantes ; Weitzel, G., « 190 Jahre Bergschule Bochum », in *Bergbau*, n° 57, 2006, p. 152 et suivantes.

30 À l'occasion du 125e anniversaire de la fondation de l'École des mines de Bochum en 1941, il fut demandé aux auteurs de la publication commémorative de faire une « place particulière » aux élèves de l'école appartenant à de vielles familles de mineurs et de présenter ces familles en ordre chronologique ascendant si possible. C'est le national-socialisme qui accorda au modèle de recrutement endogène familial sa pleine légitimation politique. En 1936, Albert Serlo soulignait, dans une étude plusieurs fois rééditée sur les familles de mineurs en Rhénanie-Westphalie, que « c'est grâce au national-socialisme que les études sur les liens familiaux sont devenus des biens communs » (*Bergmannsfamilien in Rheinland und Westfalen*, Münster, Sonderreihen Rheinisch-Westfälische Wirtschaftsbiographen, vol. 3, p. VII). On pourrait ajouter ici « de la collectivité nationale ».

phase avec le vécu et les attentes de la majorité des habitants de la région.

D'un autre côté, les résultats positifs observés ne doivent pas faire oublier le décalage persistant, jusqu'en plein XXe siècle, entre les besoins en employés et en personnel d'encadrement bien formé et le nombre de porions effectivement sortis des écoles. Ainsi, du fait des réticences des sociétés minières à investir dans ce domaine, le financement de la formation professionnelle subit l'influence négative des à-coups conjoncturels – ce qui limita sérieusement pour les écoles minières les possibilités d'atteindre des objectifs plus ambitieux. Ainsi, même pendant la phase de grande industrialisation, on ne put jamais réaliser une relation satisfaisante entre l'effectif des cadres supérieurs, celui des cadres moyens et celui de l'ensemble du personnel.

Les tentatives pour compenser ces déséquilibres en instituant des cours supplémentaires pour porions auxiliaires et en mettant en place des sessions de formation encore plus courtes, appelées « formations au galop », échouèrent. De plus, ce déficit en cadres moyens s'accompagnait de plaintes répétées concernant le bas niveau général d'instruction des élèves, ce qui suscita à son tour la création d'un nouveau type d'établissements, les classes préparatoires à l'École des mines (Bergvorschulen). Selon la définition donnée en 1871 par Hugo Schulz, directeur des mines à la WBK, ces écoles devaient « faire le lien entre les écoles élémentaires et l'École des mines »[31]. Elles devaient préparer à l'étude des questions techniques spécifiques qui seraient ensuite traitées à l'École des mines. Le nombre d'élèves fréquentant ces écoles s'avéra considérable. Toutefois, pour diverses raisons (instruction élémentaire insuffisante, intérêt absent ou limité aux questions pratiques), le taux d'abandon était important. Le modèle du recrutement endogène se révélait incapable d'assurer le renouvellement du personnel dans les mines. Il fallait désormais recruter de la main-d'œuvre extérieure.

Il est intéressant dans ce contexte de poser la question de la mobilité professionnelle des élèves sortis de l'École des mines de Bochum. En reprenant la classification des niveaux de qualifications proposée par Klaus Tenfelde que l'on pourrait comparer à celle d'autres groupes organisés de façon hiérarchique comme l'armée ou l'Église catholique, on peut s'interroger sur la perméabilité, la diversification interne et les modifications du système de formation professionnelle[32]. Peut-on parler

31 Bacmeister, W., *Hugo Schultz, Das Lebensbild eines großen Ruhrbergmanns*, Essen, Nationalverlag, 1938, p. 22. La citation originale se trouve dans un rapport sur l'état et l'extension nécessaire des établissements gérés par la *Westfälische Berggewerkschaftskasse*, Bochum, 1871, p. 9.

32 Cf. Tenfelde, K., « Bildung und sozialer Aufstieg (...) », *op. cit.*, p. 465 et suivantes.

de possibilités accrues d'ascension sociale à l'intérieur de cette structure hiérarchique ? Observe-t-on des modifications dans les modes et les milieux de recrutement des mineurs ? La main-d'œuvre recrutée à l'extérieur de la mine dans les différentes régions du Reich avait-elle des chances de progresser dans la hiérarchie semblables à celles de la main-d'œuvre de provenance locale[33] ?

3. Migrants de l'intérieur et formation professionnelle au XIXe siècle

Les migrants de l'intérieur qui venaient dans la Ruhr pour chercher du travail et qui en trouvaient, du fait de l'ampleur des besoins en main-d'œuvre du secteur minier, étaient pour la plupart d'origine rurale. Leur niveau d'instruction était peu élevé, mais ils étaient physiquement capables d'effectuer les rudes travaux du fond. Leur priorité était de « s'orienter dans un monde nouveau pour eux ». Habitués à une vie frugale et centrée autour de la famille, tous leurs efforts tendaient à assurer leurs moyens d'existence. Ils ne possédaient aucune volonté particulière d'accéder à des niveaux supérieurs de qualification ni de s'organiser politiquement dans le cadre des possibilités existantes. Ils n'étaient pas concernés par une mobilité verticale qui leur aurait permis de progresser dans des structures hiérarchiques relativement rigides. Par contre, ils possédaient une forte mobilité horizontale, avec notamment des mouvements vers la sidérurgie qui offrait de meilleurs salaires que la mine.

Ce manque de mobilité verticale était également dû à l'attitude des sociétés minières qui n'avaient guère intérêt à l'encourager sous une forme institutionnalisée. Elles préféraient le passage informel des individus d'une fonction à une autre (par exemple, de celle de rouleur à celle d'abatteur), au titre d'une certaine expérience ou de l'ancienneté acquise dans le métier. Les chiffres disponibles montrent un faible impact de l'École des mines sur la mobilité professionnelle. Quant à la tentative d'assurer le renouvellement du personnel par le biais des classes préparatoires à l'École des mines, elle a finalement échoué : près d'un tiers des élèves quittait le dispositif prématurément, un autre tiers ne réussissait pas à intégrer l'École des mines. De tels résultats découlaient du fait que, non seulement le niveau des élèves au sortir de l'école élémentaire était déjà très bas, mais que de plus, avec l'arrivée progressive de main-

[33] Du fait des lacunes dans la recherche en ce qui concerne les populations ouvrières du secteur minier, il n'est pas possible ici d'évoquer plus à fond des questions telles que le mariage, la vie familiale, les loisirs – ceci à l'inverse des catégories dirigeantes de ce secteur, sur lesquelles nous sommes bien informés. Cf. ici notamment les travaux de Michael Farrenkopf cités plus haut.

d'œuvre originaire d'autres régions, il recula encore. La consultation des listes d'anciens élèves de l'École des mines de Bochum ou des classes préparatoires tombés pendant la Première Guerre mondiale ne révèle que peu de passages à l'échelon supérieur, si l'on en croit du moins les professions et les grades militaires mentionnés[34]. Il semble d'autre part que l'École des mines ne se soit pas particulièrement préoccupée du sort des mineurs du fond, car ce n'est qu'après 1918, avec la mise en place de classes de formation minière continue dans le cadre des écoles préparatoires, qu'un enseignement spécifique destiné à ces derniers fut institué.

La main-d'œuvre venue de l'extérieur vint manifestement grossir les rangs des travailleurs sans qualification, des journaliers et des herscheurs. Les besoins en personnel de ce type croissaient avec la production, d'autant plus qu'il n'existait pas encore de machines modernes d'abattage. Ainsi, pendant la phase de montée en puissance de l'industrie, le secteur des mines, du fait de ses besoins énormes en main-d'œuvre non qualifiée, permit un premier accès à l'emploi pour un grand nombre de travailleurs sans qualification, étrangers au monde de la mine, mais qui cherchaient un moyen d'assurer leur existence[35].

Dans un tel contexte, les espoirs de l'administration des mines au cours de la « phase idéaliste » d'insuffler un sens nouveau au système de formation professionnelle et d'élever le niveau d'éducation des mineurs se révélèrent de plus en plus illusoires. L'absence de possibilités d'amélioration de la situation professionnelle, la mobilité restreinte, y compris en ce qui concerne les déplacements en cours de carrière[36] ont consolidé des structures hiérarchiques qui furent renforcées par le fait qu'à côté des quelques mineurs expérimentés, d'origine locale, bien intégrés dans leur milieu traditionnel, un petit groupe de cadres moyens, mieux qualifiés, ouverts aux questions scientifiques, désireux de faire carrière, est parvenu progressivement à émerger dans ce milieu, naguère si homogène. En quittant les niveaux inférieurs de qualification et en acquérant

---

34 BBA 120/4611.

35 Cf. Tenfelde, K., « Bildung und sozialer Aufstieg (…) », *op. cit.*, p. 482.

36 Comme on peut le constater en étudiant les voyages et déplacements des personnels miniers, la mobilité était liée à la position hiérarchique. Ainsi, les voyages d'études à l'étranger (Angleterre, Autriche-Hongrie, France, Pays-Bas, Pologne, Suède) étaient, au XIXe siècle et dans la première moitié du XXe siècle, réservés au personnel de direction des mines. Les déplacements du simple personnel d'encadrement se limitaient à la région. Ce n'est que tardivement que des voyages d'études furent organisés pour les élèves des écoles des mines et les simples mineurs. Mais, avant 1945, ils se limitaient à des visites de mines de houille ou de potasse dans les environs immédiats des établissements. Même après 1945, les voyages dans les bassins miniers français (Lorraine ou Nord-Pas-de-Calais, où pourtant des contacts existaient avec Hénin-Liétard et Douai) restèrent exceptionnels (BBA 120/5250).

un certain degré d'autonomie, ils ont finalement contribué à cimenter les structures hiérarchiques.

4. De l'École des mines à l'Université des sciences appliquées Georg Agricola : continuité et discontinuité dans l'histoire d'un établissement minier de formation professionnelle et technique

Il n'est pas possible ici de retracer en détail l'histoire de l'École des mines de Bochum, depuis 1864, date de sa reprise par la WBK sous l'appellation ambitieuse d'« établissement minier d'enseignement, de contrôle et de recherche » (Bergmännische Schul-, Prüf- und Forschungsanstalt) jusqu'à la fin des années 1950 qui marquèrent l'apogée de son rôle de « forge des cadres des mines de la Ruhr » (Kaderschmiede des Ruhrbergbaus), puis jusqu'à sa transformation en établissement universitaire technique[37]. Nous nous bornerons ici à énumérer quelques dates importantes de cette évolution, destinées à la situer dans un système de formation professionnelle minière qui est allé en s'étoffant.

1872	Ouverture des premières écoles préparatoires (Bergvorschulen) à l'entrée à l'École des mines. Ouverture d'une autre école des mines à Hamm, dans l'est du bassin.
1910	Ouverture d'une annexe de l'école de Bochum à Dortmund et, quatre ans plus tard, d'une autre annexe à Recklinghausen.
1919	Reprise de l'École des mines de Hamborn par celle de Bochum.
1921	Ouverture de 250 classes d'enseignement professionnel minier sur 125 sites. Ce nouveau type d'école relève de la scolarité obligatoire.
1930	Ouverture de 10 classes de mise à niveau pour l'entrée dans les classes préparatoires.
1931	Reprise de l'École des mines d'Essen.

[37] Sous l'Empire, l'École des mines de Bochum devint l'établissement de formation le plus important pour le recrutement des cadres moyens du secteur minier. Il garda cette place pendant la République de Weimar et plus tard dans la République fédérale. Aux temps forts de ses activités, son organisme de tutelle, la *Westfälische Berggewerkschaftskasse*, gérait dans ses écoles de Bochum, Dortmund, Essen, Recklinghausen et Hamborn 82 classes avec 2 662 élèves. À Bochum par exemple, il y avait 25 classes de porions et 20 cours spéciaux pour porions. Sur l'histoire récente de l'enseignement minier dans la Ruhr, voir les travaux d'Ernst Beier, pendant longtemps recteur de l'IUT pour le secteur minier qui a succédé à l'École des mines de Bochum : « Die Entwicklung des Ingenieurstudiums in den Schulen der Westfälischen Berggewerkschaftskasse », in *Bergbau*, n° 2, 1981, p. 81-84 ; *id.*, « Historische Entwicklung der Ingenieurausbildung in den Schulen des Ruhrbergbaus », in *Glückauf*, n° 120 (1984), p. 1623-1627 ; *id.*, « Die Fachhochschule Bergbau. Von der Gründung bis zum Inkrafttreten ihrer zweiten Verfassung », in *Bergbau* (Sonderdruck), n° 9 (1984), p. 1-10.

1948	Introduction du « nouveau système de Bochum » qui différencie entre journées de travail et journées de cours dans les écoles d'enseignement professionnel minier.
1952	Les Écoles des mines de Dortmund et de Recklinghausen deviennent autonomes.
1963	L'École des mines de Bochum devient École d'ingénieurs pour l'exploitation des mines. Les porions qui en sortent ont le droit de porter le titre d'ingénieurs.
1971	L'École d'ingénieurs devient Institut universitaire de technologie pour le secteur minier. L'offre des cours répond aux besoins régionaux, ainsi qu'à ceux d'une économie de plus en plus mondialisée. L'Institut développe des partenariats avec d'autres instituts en Europe et participe à la fondation d'un établissement de ce type à Pékin.
1973	Patronage de l'École des mines de Moers.
1974	Les écoles techniques minières (Bergfachschulen) deviennent des écoles à temps plein.
1982	Les écoles d'Essen et de Dortmund sont transférées à Recklinghausen et Bergkamen.
1995	Changement d'appellation de l'IUT en Université technique des sciences appliquées Georg Agricola. L'établissement, qui s'est donné pour objectif d'allier les savoirs scientifiques et leurs applications dans la pratique, fonctionne de manière autonome, mais développe une étroite coopération avec l'Université de la Ruhr. Avec environ 2 000 étudiants, dont un tiers poursuivent des études en parallèle à leur activité professionnelle et une centaine d'enseignants, elle dispose de conditions de travail relativement avantageuses.

5. Conclusion

La présence à Bochum, depuis bientôt deux cents ans, d'un établissement chargé à l'origine de la formation professionnelle des porions et des cadres miniers, puis contraint, à la suite du recul définitif de l'exploitation charbonnière, d'abandonner sa vocation première, appelle quelques commentaires autour des notions de tradition et de continuité.

On pourrait estimer, à première vue, que l'établissement a définitivement perdu sa spécificité. On n'y forme plus de porions et, plus généralement, sa mission principale ne consiste plus à former des cadres techniques miniers. La tradition, à cet égard, a été rompue, tout comme d'autres aspects qui renvoient à un passé révolu et qui n'évoquent plus guère qu'un certain folklore, fait d'uniformes anciens, de remises de médailles commémoratives et de chansons de mineurs. Ce passé permet certes à un groupe devenu minoritaire, celui des anciens de la mine, d'entretenir l'esprit de corps, mais il n'a plus aucun rapport avec l'établissement.

Faut-il le regretter ? En fait, cette vision passéiste masque les nombreuses mutations positives qu'a connues l'École qui méritent d'être soulignées, malgré les critiques, justifiées ou non, qui ont accompagné son fonctionnement, notamment durant les années 1960 et 1980[38]. Compte tenu de la profondeur des bouleversements connus par le tissu économique et social du bassin de la Ruhr depuis la vague de fermeture des mines survenue à la fin des années 1950, l'École des mines de Bochum aurait pu disparaître. Il en a été autrement. Aujourd'hui, c'est un établissement qui consacre la majeure partie de ses activités à former des ingénieurs dans des disciplines comme l'électrotechnique, les technologies des machines et des procédés, qui est ouvert aux échanges internationaux, a noué des partenariats avec des écoles et universités situées en Chine, au Royaume-Uni, aux États-Unis, en Pologne, en Russie, en Turquie, en Espagne, en Ukraine. 40 % des étudiants qui le fréquentent sont issus de l'immigration. Pour la plupart, ils ne proviennent pas d'un milieu intellectuel ou académique. Pour accomplir sa mission d'éducation, il coopère avec les autres établissements d'enseignement supérieur de Bochum (Université protestante des sciences sociales appliquées, EBZ Business School, École supérieure de la santé), ainsi qu'avec l'Université de la Ruhr.

L'élément positif de la tradition, son aspect constructif résident bien là, dans cette capacité constante d'adaptation et d'ouverture aux nouvelles exigences de l'économie et de la société. N'est-ce pas ce dont l'École a déjà su faire preuve dans le passé, comme le souligne Ernst Beier ? Elle s'est transformée elle-même, tout en respectant certaines valeurs héritées du système de formation professionnelle minier : une pratique professionnelle basée sur une solide formation, un enseignement proche de la pratique, une actualisation régulière du contenu des cours, une ouverture des filières à de larges publics. Il s'agit là de caractéristiques qui forment autant de points de référence pour une future étude comparative des systèmes de formation professionnelle minière dans les régions industrielles de l'Europe du Nord-Ouest.

[38] Leyendecker, F., « Gedanken zu einer Reform der Bergschulen und ihren Ausbau zur höheren Fachschulen (Bergbauingenieurschulen) », in *Bergbau*, n° 1, 1961, p. 1-11 ; Fronz, M. et Gerd, P. (dir.), *Sozialwissenschaftliche Forschung im Steinkohlenbergbau*, vol. 2 : *Der Steiger. Auszüge aus empirischen Untersuchungen*, Bochum, 1983 et vol. 3 : *Abbruchgründe von Studierenden der Fachhochschule Bergbau*, Bochum, Westfälische Berggewerkschaftskasse, 1983.

L'Institut industriel du Nord de la France et ses voisins

Création, circulations d'informations et de technologies (1872-1914)

Stéphane LEMBRÉ

Université de Lille – Nord de France

Lorsqu'est inauguré l'Institut industriel, agronomique et commercial du Nord de la France en octobre 1875, le caractère expérimental de l'établissement ouvert trois ans plus tôt cède peu à peu la place à une école reconnue, capable de répondre aux missions qui lui sont confiées. Avec ce premier grand établissement public créé à Lille après 1870, s'ouvre une nouvelle période dans l'histoire de l'enseignement technique nordiste[1]. Les responsables politiques et économiques souhaitent créer à travers lui une institution de formation de cadres pour l'industrie et le commerce au service du développement de l'économie régionale. Il existait depuis 1854 une école industrielle à Lille, ayant le statut d'école professionnelle. Mais elle était critiquée pour son manque de relations avec son environnement économique. Le paroxysme du mécontentement est atteint quand, en 1860, 200 industriels signent une pétition réclamant la création d'une nouvelle institution de formation[2]. Pour répondre à ces protestations, l'école professionnelle, qui avait été déjà réorganisée en 1857, devient l'École impériale des arts industriels et des mines de Lille, dirigée par l'inspecteur primaire Edmond Bernot. Mais ses résultats sont rapidement et continûment décevants. Au début des années 1870, dans le sillage de la défaite face à l'Allemagne et de l'examen de conscience qui en découle, les objectifs assignés au nouvel

---

1 Grelon, A., « Les enseignements techniques à Lille et dans sa région », in Grelon, A. et Birck F. (dir.), *Des ingénieurs pour la Lorraine XIXe-XXe siècles*, Metz, Éditions Serpenoise, 1998, p. 331-352.

2 Pétition et liste des signataires, reproduites dans *Institut industriel du Nord de la France, 1872-1952*, Sceaux, 1953.

établissement en gestation sont élevés, sans doute quelque peu confus, même s'ils sont guidés par la conviction du caractère indispensable d'une telle institution. Pour A. Stiévenart, ancien sous-préfet, conseiller municipal de Lille, aux sympathies républicaines, la défaite doit déclencher, outre la réorganisation militaire, un effort d'instruction, car « elle seule peut former les soldats intelligents et obéissants, les sous-officiers et officiers capables »[3]. Du côté des hauts fonctionnaires comme dans les milieux patronaux, de telles prises de position ne restent pas isolées.

Mais le stade de la création doit dépasser celui de la simple réaction. Même si, au centre du nouveau projet, figure la nécessité d'insérer la nouvelle école dans la vie économique régionale face à la concurrence étrangère, reste à en définir les modalités et objectifs précis. À quelle échelle sa fondation et, plus largement, son institutionnalisation (entendue comme sa consolidation et son affirmation administrative et pédagogique en vue de satisfaire les objectifs initiaux) sont-elles pensées et mises en œuvre ? L'enjeu de son intégration à l'économie régionale repose sur la précision des fonctions qui lui sont assignées et renvoie au principe même de sa formation. Comment peut-elle être mise au service de l'économie régionale ? S'agit-il de former des directeurs d'usines ? De préparer des cadres techniques capables de mettre en œuvre des innovations ? Ou bien encore d'atteindre les deux objectifs à la fois ? Cette dernière question est centrale à double titre : d'abord parce qu'elle reflète la recherche d'un positionnement institutionnel (et donc économique et pédagogique), décisif pour le succès de la future création, thème qui figure au centre des recherches récentes sur l'histoire de la scolarisation[4], ensuite parce qu'elle peut aussi apporter quelques éléments à l'histoire des techniques et, plus précisément, à celle de l'innovation. La reconnaissance du besoin de formation induit-elle, pour les responsables économiques et politiques, l'existence d'une phase d'« acquisition de l'information, de sa traduction en connaissances, puis, plus tard seulement et pas obligatoirement, en compétences dans la mise en œuvre des transferts techniques, des adaptations ou même de l'innovation »[5] ? Si l'on choisit une acception de l'innovation qui soit profondément insérée dans la société et qui prête attention aux emprunts, aux filiations, aux collaborations en matière de créativité technique, l'institution de formation pourrait avoir un rôle à jouer dans les « multiples

3 Stiévenart, A., *Les réformes nécessaires*, Lille, Renaudin, Paris, Librairie du Petit Journal, 1872, p. 18.

4 Cf. Chapoulie, J.-M., *L'École d'État conquiert la France. Deux siècles de politique scolaire*, Rennes, Presses universitaires de Rennes, 2010.

5 Cotte, M., « Avant-propos », in Cotte, M. (dir.), *Circulations techniques*, Belfort-Montbéliard, Presses universitaires de Franche-Comté et UTBM, 2004, p. 4.

médiations, investissements et négociations qui font la texture des techniques nouvelles »[6].

Soucieux d'éviter de nouvelles déconvenues, les différents promoteurs de l'institution s'engagent avec prudence dans un travail d'organisation propre à en assurer le succès. À une première phase consacrée à la conception du projet, de la comparaison à la création, succède un temps où l'Institut se met au service du développement économique régional, tout en affirmant sa présence au cœur de multiples espaces, à l'échelle nationale et internationale.

1. De la comparaison à la création

Déçus par l'expérience de l'École impériale des arts industriels, le Conseil général du Nord et la municipalité lilloise décident en 1871 de fonder une école susceptible de satisfaire davantage les besoins des entreprises régionales en cadres techniques. Puisqu'il s'agit d'un nouveau type d'établissement, encore inconnu en France, l'inspiration doit venir des réalisations étrangères. La cheville ouvrière de la fondation est le directeur des travaux municipaux de Lille, Auguste Masquelez, né dans cette ville en 1817, diplômé de l'École polytechnique et de l'École des Ponts et Chaussées. La municipalité lui confie la conduite d'une enquête auprès des directeurs d'établissements d'enseignement technique supérieur français et étrangers[7].

Cette vaste enquête, dont le rapport détaillé est remis en août 1872, est destinée à dessiner les contours de la future institution. L'ingénieur procède de manière systématique. Il prend soin de mettre en valeur ses observations et ses conclusions en dressant un tableau comparatif de neuf institutions de formation : en France, l'École industrielle d'Amiens, l'École des arts et métiers de Châlons ; en Belgique, l'École industrielle de Liège, l'Institut supérieur de commerce d'Anvers et l'École industrielle de Gand ; en Allemagne, l'École supérieure des sciences appliquées (section de mathématique et de physique ; section dite du laboratoire de chimie) et l'École théorique et pratique de filature et de tissage mécanique, toutes deux situées à Mulhouse, la dernière étant proche de l'École de commerce de cette même ville.

Dans cette liste, l'absence de renvoi direct aux structures allemandes – l'admiration pour les réalisations mulhousiennes se fonde à l'évidence

6 Hilaire-Pérez, L., « Pratiques inventives, cheminements innovants, crédits et légitimations », in *Les chemins de la nouveauté. Innover, inventer au regard de l'histoire*, Paris, CTHS, 2003, p. 9-38.

7 Marchand, Ph., « Enseignement et vie culturelle à Lille (1850-1914) », in Trénard, L. et Hilaire, Y.-M. (dir.), *Histoire de Lille*, Paris, Perrin, 1999, p. 117. Sur Auguste Masquelez, Archives nationales (AN) F14 2278/2.

sur leur origine française[8] – est un choix délibéré, permettant d'éviter une référence pourtant essentielle en matière d'enseignement technique. L'enquête est un procédé courant lors de la fondation d'une nouvelle école. Au même moment, Stiévenart préconisait la création, pour tout groupe de population atteignant un à trois millions d'habitants, d'enseignements des arts et métiers et prenait comme référence la Belgique où existent « des écoles pratiques de tissage, de fabrication de dentelles, de couture, de dessin »[9]. Un peu plus tard, en 1875, les promoteurs de l'Université catholique lilloise formeront une commission se rendant dans plusieurs villes universitaires allemandes, quoique leur référence ultime se trouve plutôt du côté de l'Université catholique de Louvain[10]. Auguste Masquelez adopte pour sa part une autre stratégie. Alors que, pour l'Université catholique, la visite en Allemagne servira de caution à la future institution, elle aurait sans doute discrédité – parce que prématurée, reflet d'une défaite encore trop récente ? – l'entreprise confiée à Masquelez. Celui-ci choisit, avec l'aval de la municipalité, de privilégier l'exemple des rivaux belges et le prestige des industriels de Mulhouse. La documentation réunie en amont de la fondation de l'Institut industriel excède d'ailleurs cette liste d'institutions qui ont toutes été visitées, après avoir été sélectionnées parmi une longue série d'établissements.

Pour chacune d'elles, il procède à un entretien avec le directeur ou l'un des responsables de l'institution. Il classe ses observations autour de plusieurs éléments : nature des ressources des établissements ; existence et mode de fonctionnement de commissions d'administration, de surveillance ou de perfectionnement ; durée et organisation des études ; âge d'admission et examens d'entrée, de passage et de sortie subis par les élèves ; résultats obtenus et aptitudes acquises par eux à la sortie de l'école ; fréquentation de celle-ci ; prix de l'internat ou de l'externat ; nombre, recrutement et émoluments des professeurs ; dépenses engagées pour le premier établissement, puis pour l'entretien des bâtiments et du matériel.

Chaque établissement visité possède ses spécificités. Ainsi, l'École industrielle de Liège a été fondée en 1825, puis reprise par la municipalité en 1832, pour développer « la propagation des connaissances utiles à

---

8 Voir sur ce point Ott, F., « L'action de la Société industrielle de Mulhouse en faveur de l'enseignement professionnel », in Carrier-Reynaud, B. (dir.), *L'enseignement professionnel et la formation technique, du début du XIXe siècle au milieu du XXe siècle*, Saint-Étienne, Publications de l'Université de Saint-Étienne, 2006, p. 21-32.

9 Stiévenart, A., *op. cit.*, p. 21.

10 Grelon, A., « Le développement des écoles d'ingénieurs en France face au modèle allemand à la fin du XIXe siècle », in Joly, H. (dir.), *Formation des élites en France et en Allemagne*, Cergy-Pontoise, CIRAC, 2005, p. 43.

l'exercice des arts et métiers, et principalement des connaissances qui sont propres à former des chefs d'atelier, des ajusteurs et des ingénieurs mécaniciens ». En 1869, environ 300 élèves la fréquentent durant trois années d'études et, à partir de 1873, les diplômes sont répartis en sections spécialisées : chimie, mécanique, construction, auxquelles s'ajoutent l'exploitation des mines, l'armurerie et les travaux pratiques d'électricité. Il s'agit pour l'essentiel de former des mécaniciens, des menuisiers et des contremaîtres[11]. Masquelez retient que la Ville de Liège couvre les deux tiers des dépenses de fonctionnement de l'école, l'État et la Province fournissant le complément. Il est plus surprenant de relever, dans son tableau synoptique, que « l'enseignement dure deux années, au moyen de cours publics et gratuits du soir », alors qu'il semble bien que les études aient toujours été prévues sur trois ans. Masquelez note que l'établissement fonctionne avec neuf enseignants, professeurs de l'Université de Liège ou ingénieurs de l'État. On relève parmi eux le nom du professeur Trasenster, directeur des études de l'École spéciale des mines et président de l'Association des ingénieurs.

Les conclusions de l'enquête vont – faut-il s'en étonner ? – dans le sens envisagé initialement. Par les catégories d'observation adoptées comme par les discussions menées antérieurement, elles tendent à conforter le projet de création à Lille d'une école supérieure généraliste.

Sur le modèle des neuf institutions envisagées qui disposent toutes d'un conseil ou d'une commission de surveillance ou de perfectionnement, Masquelez juge indispensable de doter la future école d'un conseil de perfectionnement, « composé exclusivement d'industriels ou ingénieurs civils, à la fois très éclairés, très expérimentés et très dévoués ». Cet organe serait le garant de la qualité et de l'esprit de l'institution. Ses membres devraient être régulièrement réunis pour entretenir l'émulation des professeurs et des élèves. Lorsqu'il en vient à la durée et à l'organisation de l'enseignement, Masquelez doit choisir entre deux orientations possibles. Sur la foi des témoignages recueillis, il préconise un enseignement supérieur de trois ans, destiné à la formation de directeurs d'usines adaptés aux besoins régionaux. Un entretien avec Henri Tresca, sous-directeur du Conservatoire des arts et métiers de Paris et professeur à l'École centrale, suggère cependant une orientation différente, dont il

---

[11] Hélin, É. et Pasleau, S., *Culture et pouvoirs publics. La gestion des beaux-arts et de l'instruction à Liège (1772-1976)*, Liège, Mardaga, 1994, p. 145-147. Sur les écoles industrielles et d'ingénieurs en Belgique, Baudet, J.-C., « The training of engineers in Belgium, 1830-1940 », in Fox, R. and Guagnini, A. (eds.), *Education, Technology and Industrial Performance in Europe, 1850-1939*, Cambridge-Paris, Cambridge University Press/MSH, 1992, p. 93-114 ; Grootaers, D., *Histoire de l'enseignement technique et professionnel en Belgique (1860-1960)*, Bruxelles, EVO, 1994, p. 17 et suivantes.

évoque la teneur pour mieux la repousser. Son interlocuteur lui conseille de fonder une École des arts et métiers, plutôt qu'une École centrale régionale, « faute d'avoir des professeurs suffisamment hommes de science ». Au lieu d'une école d'ingénieurs et de patrons, le modèle des arts et métiers serait bien adapté à la formation de cadres et de contremaîtres. Cette suggestion est repoussée avec un certain orgueil régional : « M. Tresca méconnaît les ressources en hommes de science que pourront toujours fournir, à Lille, les ingénieurs de l'État et civils, ainsi que la Faculté des sciences ». La voie suggérée recèle pourtant une contradiction potentielle entre une école d'ingénieurs et de directeurs d'une part et la visée utilitariste de l'établissement de l'autre. L'École des arts et métiers lilloise, décidée quelques années plus tard, prendra d'ailleurs acte du besoin de cadres intermédiaires.

Dans la suite de son compte rendu d'enquête, Masquelez est d'ailleurs conscient de l'enjeu et de ses implications, en particulier pour le recrutement des professeurs. D'accord avec les différents responsables des institutions visitées, il préconise des

> hommes de science ayant déjà une position faite, [...] restés, par la nature de leurs professions, en rapports constants avec diverses branches de l'industrie, pour enseigner aux élèves ce qu'ils n'ont pas encore vu, en continuant à leur montrer le parti que l'industrie est arrivée à en tirer au moment même où les cours se font.

Hommes de science, mais aussi de métier, ceux-ci n'enseigneront donc qu'à titre d'appoint à leur activité principale. Une telle volonté de maintenir un lien étroit entre enseignement et activité économique se retrouve dans la plupart des institutions de formation. Ces hommes de science doivent être idéalement aussi dépositaires de « savoirs incorporés ». Idéalement car, dans les faits, l'autonomisation de la science, son indépendance par rapport à l'exercice d'un métier, forment une tendance particulièrement prégnante à la fin du XIXe siècle. Rares sont ceux qui, comme James Dantzer, deviennent des enseignants, d'autant plus respectés qu'ils possèdent une expérience industrielle et se maintiennent parfaitement au courant des progrès techniques. Né en 1868, issu d'une famille de filateurs, formé à l'École professionnelle de Reims et à l'École des arts et métiers de Châlons, celui-ci a gravi toutes les étapes de la hiérarchie dans une entreprise textile, comme mécanicien, puis ingénieur, enfin sous-directeur, avant d'entamer une carrière d'enseignant en 1891. Il devient en 1895 professeur à l'Institut industriel du Nord, charge qu'il cumule rapidement avec des cours dans d'autres écoles nordistes (École des arts et métiers de Lille, École nationale professionnelle d'Armentières), avant d'accéder à la chaire de filature et de tissage du Conservatoire national des arts et métiers[12].

Mais Masquelez ne se contente pas de ce rapport d'enquête adressé au Conseil général du Nord et à la municipalité de Lille. Il rend compte aussi de sa mission devant l'Association française pour l'avancement des sciences, réunie à Lille en 1874[13]. Il est alors devenu le premier directeur du nouvel établissement. Or, à aucun moment durant les différentes étapes de l'avancement du projet, l'innovation ou l'invention ne sont explicitement mentionnées. Cette absence signifie-t-elle qu'elles ne sont pas l'objet de l'institution ? Elle semble plutôt provenir du fait que la formation et l'innovation ne sont pas ressenties comme dissociables. La technologie est bien au centre de l'attention des responsables et au cœur de l'enseignement : l'école industrielle est dite « de technologie »[14]. La place de l'enseignement technologique y devient rapidement prépondérante, car la complexité de l'organisation initiale autant que les préférences du public contraignent rapidement les responsables à supprimer l'école de commerce initialement prévue (1881), puis à fondre la filière agronomique au sein de celle de génie civil (1883). L'école devient alors l'Institut industriel du Nord de la France (IDN), clairement centré sur l'enseignement industriel supérieur.

Sa naissance s'est donc effectuée sous les auspices de la comparaison transnationale et de l'adaptation aux besoins économiques régionaux. L'enjeu technique est nettement subordonné à l'enjeu économique qui consiste à former des cadres pour l'industrie régionale. Ce double ancrage, déterminant aux yeux des promoteurs de l'établissement, fait l'objet d'efforts prolongés dans sa phase de développement durant laquelle le progrès technique se voit accorder une place de plus en plus importante.

2. L'Institut industriel et l'économie régionale

Les promoteurs du nouvel Institut estiment indispensable d'associer étroitement les milieux économiques régionaux au fonctionnement de l'établissement. Ils y voient un gage de succès, à la fois pour le niveau des études, pour le recrutement des élèves et pour les débouchés professionnels auxquels ceux-ci peuvent prétendre.

---

12 Viet, V., « Dantzer, James (1868-1937) », in Fontanon, C. et Grelon, A. (dir.), *Les professeurs du Conservatoire national des arts et métiers. Dictionnaire biographique 1794-1955*, 1er vol. : *A-K*, Paris, INRP/CNAM, 1994, p. 385-393.

13 *Association française pour l'avancement des sciences. Compte-rendu de la 3e session, Lille, 1874*, Paris, au secrétariat de l'Association, 1875, p. 62-67.

14 *Id.*, p. 65.

Les professeurs et directeurs qui se succèdent à l'IDN ont pour la plupart des liens étroits avec les milieux économiques. Souvent, ils occupent successivement un poste dans l'industrie, puis à l'Institut. Ce sont de bons connaisseurs des institutions de formation. On l'observe du côté des directeurs. Ainsi le Vosgien Albert Olry (1847-1913), polytechnicien, ingénieur des Mines, s'engage dans une double carrière d'ingénieur et de professeur. Professeur, sous-directeur, puis directeur de l'IDN de 1878 à 1885, il est ensuite chargé de la direction de l'École des Mines de Saint-Étienne en juillet 1887. Revenu dans le Nord en juin 1892, il devient ingénieur-conseil de l'Association des propriétaires d'appareils à vapeur du Nord de la France et termine sa carrière comme directeur général de la Compagnie générale de traction. De même, Arthur Stoclet, polytechnicien, ancien élève de l'École des Ponts et Chaussées, est professeur, puis sous-directeur de l'IDN de 1886 à 1898. Il y est chargé des cours de mécanique appliquée et, plus brièvement, de ceux de chemins de fer et de construction industrielle. Il est aussi responsable du service des voies navigables du Nord et du Pas-de-Calais, puis exerce diverses tâches de contrôle à la Compagnie du chemin de fer du Nord. Il est également vice-président du conseil d'administration de la nouvelle École des arts et métiers de Lille jusqu'en 1906[15].

Du côté des professeurs, on retrouve cette même caractéristique de l'expérience professionnelle. En témoigne le parcours de Gustave Flourens. Né à Lille en 1848, ancien élève de l'École des arts industriels (ancêtre de l'IDN), ingénieur spécialisé dans la construction des machines et dans la chimie industrielle et agricole, il dirige l'amidonnerie de Wizernes (1888-1890) et exerce des fonctions de conseil auprès de différentes industries agricoles, notamment diverses sucreries situées dans la Somme et le Pas-de-Calais. En 1892, il devient directeur des laboratoires de l'IDN, poste qu'il occupe jusqu'à un décès prématuré en 1897. Cette synthèse entre carrière dans l'industrie privée et fonctions dans l'enseignement est sans doute facilitée par son appartenance à plusieurs sociétés savantes comme la Société chimique du Nord, qu'il préside. Il publie des études sur la cristallisation du sucre. Enfin il est aussi, jusqu'à sa disparition, vice-président de l'Association des anciens élèves de l'IDN[16].

Les conseils d'administration et de perfectionnement institués auprès de l'IDN permettent de satisfaire l'ambition initiale consistant à réunir autour de l'Institut les responsables économiques régionaux. À cet

---

15 Sur ces deux cas, voir AN, F14 11615 et F14 11633.

16 *Bulletin de l'Association des anciens élèves de l'Institut industriel du Nord*, 17 mars 1897.

égard, l'activité du conseil de perfectionnement est importante, du moins dans ses premières années. Ainsi, en 1876, une sous-commission rédige un rapport sur le programme d'études de l'Institut dans lequel elle critique la division de l'Institut en plusieurs sections, préconisant une autre forme de spécialisation. Cette sous-commission est composée de quatre membres : Paul Le Gavrian, ingénieur diplômé de l'École centrale, spécialiste des machines à vapeur, futur député du Nord de 1885 à 1898 ; Carlos Delattre, polytechnicien, filateur de coton ; Alfred Thiriez, directeur de la firme textile du même nom ; Alexandre Vinchon, diplômé de l'École des arts et métiers de Châlons, vice-président de la chambre de commerce de Roubaix. Tous sont membres d'une élite scientifique et économique et connaissent les enjeux de la formation et des institutions chargées de l'assurer.

Sous l'angle des itinéraires individuels et de la gouvernance collective, s'affirme ainsi une volonté forte d'enchâsser l'IDN dans les milieux économiques et politiques régionaux. Elle est complétée par une forme de sociabilité très répandue dans le monde scolaire, l'association d'anciens élèves[17]. Les statuts de l'Association amicale des anciens élèves de l'IDN sont approuvés dès 1878, après la constitution d'un comité provisoire en 1875. Cette association, qui devient en juillet 1898 l'Association des ingénieurs IDN, s'érige en relais de l'innovation, notamment par la publication régulière d'études scientifiques dans son bulletin. Les sujets abordés sont très variés. Par exemple, en 1900, on y trouve des études sur le calcul de la variation de vitesse angulaire du volant dans une machine Compound, sur un mélangeur tamiseur de sucre nouvellement breveté, le système Van Ingelandt, sur la mesure d'isolement d'un câble par la méthode de la perte de charge. Elles voisinent avec un article de synthèse sur le contrôle chimique des distilleries agricoles dans la région nordiste[18]. À l'occasion, l'association peut devenir, tantôt un aiguillon, tantôt au contraire un obstacle au changement grâce à sa force de proposition, voire sa capacité de pression, non sans importantes conséquences sur l'évolution de l'IDN. C'est le cas lorsqu'elle modifie sa dénomination pour y inclure le qualificatif d'ingénieur, un statut d'autant plus répandu qu'il est mal délimité, qui devient un enjeu au moment où un projet de loi déposé au Parlement exclut l'IDN de la liste des écoles délivrant le titre d'ingénieur[19]. C'est aussi le cas lorsque, deux ans plus tôt, le président

---

[17] Ribeill, G., « Les associations d'anciens élèves d'écoles d'ingénieurs, des origines à 1914. Approche comparative », in *Revue française de sociologie*, 1986, vol. 27, n° 2, p. 317-338.

[18] *Association des ingénieurs IDN. Travaux des membres de l'Association*, Lille, Le Bigot Frères, 1900.

[19] *Bulletin de l'Association des ingénieurs IDN*, 20 juillet 1898.

de l'Association des anciens élèves, Paul Bonet, regrette publiquement la disparition de la section de filature et de tissage. Il l'attribue au manque de candidats, faute d'encouragements suffisants, et la déplore compte tenu de la puissance de l'industrie textile dans la région et des demandes nombreuses d'élèves filateurs qui parviennent au comité de placement de l'Association. Sa critique, publiée dans le *Bulletin de l'association*, s'accompagne de la demande de remise en état du matériel des ateliers de filature et de tissage qui n'ont pas fonctionné depuis quatre ans[20].

Les conditions techniques de la formation professionnelle à l'Institut méritent d'autant plus de retenir l'attention qu'on voit s'y manifester de puissantes solidarités. Lorsque l'IDN ouvre ses portes, la jeune Société industrielle du Nord de la France, alors présidée par Frédéric Kuhlmannn, intervient pour soutenir l'établissement. Elle en devient vite le partenaire incontournable. Alfred Delesalle, membre de la chambre de commerce de Lille et président de la commission de formation au sein de la Société industrielle, en témoigne devant ses collègues :

> L'inspection que nous en avons faite nous a en effet convaincus que ce qui constituait l'outillage de l'ancienne École professionnelle à laquelle a succédé l'Institut, était tellement suranné, défectueux et insuffisant, qu'une dépense de 5 000 francs pour le renouveler en partie et l'accroître un peu était loin d'être exagérée[21].

Ce matériel obsolète – même s'il faut faire la part de la justification de la dépense, de la valorisation du rôle de la Société et de l'état réel de l'outillage – risque d'entraver le fonctionnement de l'école. L'industriel de la laine Seydoux, conseiller général du Cateau, fait également don à l'IDN « d'un des appareils perfectionnés qu'il emploie »[22]. L'évolution du matériel se fait ensuite par entretien, accumulation et remplacement le cas échéant. En 1898, le directeur signale dans son compte rendu annuel : « Nous continuons à pourvoir les laboratoires d'électricité des instruments et appareils de mesures nécessaires », tout en déplorant la modestie des ressources qu'il peut consacrer au matériel d'enseignement (4 000 francs au budget de 1899). Vu l'état réduit des disponibilités, les différents équipements concentrent tour à tour les efforts. En 1897, s'achève l'installation du nouveau laboratoire de fermentations industrielles, tandis que les travaux de filature et de tissage bénéficient de machines mises à disposition de l'IDN par la Société alsacienne de

---

20 *Bulletin de l'Association des anciens élèves de l'Institut industriel du Nord*, 2 décembre 1896.

21 *Bulletin de la Société industrielle du Nord de la France*, n° 1-2, juin 1873, p. 3-4.

22 *Association française pour l'avancement des sciences*, *op. cit.*, p. 67.

constructions mécaniques[23]. Dans une note destinée à présenter les essais mécaniques réalisés à l'IDN lors de l'Exposition universelle de 1900, le professeur Clément Codron, chargé depuis 1885 du cours de résistance appliquée, explique l'importance capitale du travail en atelier, afin de procéder à « des expériences se rapportant aux principaux cas d'application du cours ». Mais cette volonté pédagogique, explique-t-il, dépend du matériel disponible :

> Ces expériences se firent, en premier lieu, avec des appareils rudimentaires, puis, successivement, l'outillage se compléta. Il comporte actuellement un ensemble qui suffit pour une école supérieure d'enseignement technique, où l'on a en vue simplement l'instruction des élèves[24].

Ainsi, les possibilités budgétaires et les conditions matérielles déterminent en partie le travail sur machines des élèves. Clément Codron adopte cependant une position prudente : il n'est pas question de mener un travail de recherche, mais simplement d'instruire, de « répondre aux besoins » davantage que de diffuser le progrès. Toutefois, quand il évoque ce caractère utilitariste de l'école, Codron dresse un parallèle à la fois élogieux et ambigu :

> [Les] Universités techniques étrangères, et particulièrement les Universités américaines, [sont] toutes dotées d'un matériel de premier ordre et de ressources spéciales très élevées qui permettent aux professeurs et à leurs collaborateurs d'entreprendre des recherches importantes dans les meilleures conditions de réussite[25].

À travers l'équipement technique et scientifique, les choix et les insuffisances qu'il reflète, se dessinent pour l'IDN les conditions de promotion de l'innovation technique. Le problème est classique d'établissements de formation qui peinent à suivre le progrès technique en raison du coût des machines et de l'outillage. Ses conséquences sont d'ordre pédagogique. Elles concernent aussi les possibilités de transferts de technologie.

3. L'Institut industriel en ses multiples espaces

La solidarité économique régionale s'articule à l'ambition d'une reconnaissance nationale et internationale, recherchée par la participation de l'IDN à de nombreuses expositions, par la poursuite de la

---

[23] Cf. Bernard, F., *L'Alsacienne de constructions mécaniques : des origines à 1965*, Strasbourg, Presses universitaires de Strasbourg, 2000.

[24] Codron, C., *Essais mécaniques à l'Institut industriel du Nord de la France. Exposition universelle de 1900*, Lille, Danel, 1900, p. 3-4.

[25] *Id.*, p. 4.

comparaison avec d'autres établissements de formation et par les choix institutionnels qui en découlent.

Présent dans quelques-unes des nombreuses expositions de l'époque, l'IDN y reçoit des lauriers généreusement distribués, comme la médaille d'or à l'Exposition universelle de Paris en 1878 ou encore le diplôme d'honneur à l'Exposition internationale d'Anvers en 1885. Lors de cette dernière exposition, où l'IDN est seul à représenter l'enseignement supérieur français, le rapporteur salue « l'excellent enseignement technologique et scientifique et les services considérables qu'il rend et qu'il est appelé à rendre à l'industrie régionale »[26]. Ces événements mettent en scène l'Institut. Ils confortent sa réputation.

Autres moments privilégiés propices aux transferts de technologie : les visites d'usines. Elles ne semblent pas privilégier les pays voisins. On reste plutôt à l'intérieur de la région, lorsqu'il s'agit, par exemple, de se rendre dans une filature et un peignage Motte à Roubaix en novembre 1894, ou à la filature Le Blan à Lille en janvier 1895 afin d'y observer l'installation électrique[27]. Accompagnés ou non de leurs élèves, J. Dantzer et d'autres professeurs visitent régulièrement des établissements industriels. Il s'agit là, tout comme dans le cas des expositions universelles, de promouvoir une pédagogie technologique, c'est-à-dire capable d'accéder à la description des techniques. Les rapports entre circulation des techniques et assimilation progressive de la technologie dans l'enseignement sont au centre de la formation.

Du local au transnational, l'histoire de l'IDN illustre la complexité de l'institutionnalisation d'une école d'ingénieurs. Tour à tour à la recherche de modèles et en position de modèle, l'Institut industriel est pris entre deux logiques potentiellement contradictoires : celle du développement et celle de la spécialisation. Quelques années à peine après sa fondation, il se trouve au centre d'un projet ambitieux, mais où risque de se dissoudre son identité : celui d'installer à Lille une École des arts et métiers. Discuté depuis plusieurs décennies, ce projet renaît au milieu des années 1870. L'une des hypothèses consisterait à fusionner cette école avec l'Institut qui n'obtient pas les résultats escomptés. Lors du conseil de perfectionnement tenu le 2 juillet 1879, le fondateur et directeur A. Masquelez se prononce en faveur de ce projet, « en vue de réaliser en France le type excellent des écoles de Moscou, Philadelphie, Boston, etc. Ces écoles peuvent seules, en effet, fournir les hommes

26 Archives départementales du Nord, 1 T 159/7, extrait du rapport de M. Lami, secrétaire du jury de la classe 3, groupe I (enseignement supérieur) à l'Exposition internationale d'Anvers (1885).

27 *L'élève-ingénieur. Journal hebdomadaire des élèves de l'Institut industriel du Nord de la France*, n° 10, 23 décembre 1894, et n° 16, 10 février 1895.

capables de faire face aux difficultés croissantes des luttes de l'industrie »[28]. L'échelle des perspectives s'ouvre à la mesure de la première mondialisation économique en cours et, dans l'esprit de ses défenseurs, le modèle de l'École des arts et métiers devrait évoluer vers une école de génie civil[29]. Mais cette perspective est abandonnée, pour des raisons à la fois financières et institutionnelles.

Parallèlement, l'Institut industriel du Nord de la France devient un modèle, comme se plaisent à le rappeler certains de ses promoteurs. Lors d'une visite organisée par la Société de géographie de Lille en mars 1899, le professeur Koriki Nahiro, de Tokyo, s'intéresse vivement à ce qui est devenu, selon le compte rendu de la visite, « une école modèle dont le succès n'a point encore d'égal en France ; à Lyon, l'Institut similaire réunit à peine soixante élèves, tandis que le nôtre peut être considéré comme un émule de l'École centrale »[30]. La réflexion souligne incidemment une contradiction majeure. Le projet initial prévoyait de préparer « des directeurs d'usines mieux préparés que ceux sortant de l'École centrale », par opposition à un savoir trop éloigné des réalités de l'industrie et à l'orientation théorique supposée de la prestigieuse école parisienne. Quoique ce jugement n'émane pas des responsables de l'Institut, la perception des rapports entre les institutions confirme le statut d'école d'ingénieurs, alors que ce terme même n'avait pas été employé aux origines de l'établissement.

Bien que l'IDN ait abandonné rapidement une partie de son offre de formation, son orientation généraliste demeure une caractéristique forte, régulièrement remise en cause. La prise en compte de besoins plus spécialisés se traduit par la création progressive d'instituts techniques situés en dehors de lui.

L'exemple de Liège, déjà mobilisé en 1872, se trouve ainsi repris deux décennies plus tard, quand se développe l'enseignement de l'électricité. Dans sa monographie historique sur l'IDN, dont il est l'un des anciens élèves, devenu par la suite ingénieur et chef de service des travaux municipaux de la Ville de Lille, Henri Bourdon montre la permanence de la relation de concurrence avec Liège :

---

28 Bibliothèque municipale de Lille, fonds Humbert IV – 40, Conseil de perfectionnement, Institut industriel, agronomique et commercial du Nord de la France, extrait de la séance du 2 juillet 1879.

29 Sur le modèle des écoles d'arts et métiers, voir Savoie, Ph., « L'enseignement technique industriel en France : l'influence des écoles d'arts et métiers », in Bodé, G. et Marchand, Ph. (dir.), *Formation professionnelle et apprentissage XVIII*e*-XX*e *siècles*, Villeneuve-d'Ascq et Paris, Revue du Nord – INRP, 2003, p. 129-141.

30 *L'Institut industriel du Nord de la France. Visite faite le 8 mars 1899, compte-rendu par E. Cantineau, extrait du Bulletin de la Société de géographie de Lille d'août 1899*, Lille, L. Danel, 1899, p. 9.

Il y a quelques années, il a été créé, à Liège, un Institut électro technique, largement doté par un sénateur belge, et qui attire les élèves de tous les points de l'Europe. Il était impossible que la région du Nord restât tributaire de l'étranger et que ses enfants ne puissent trouver chez elle les éléments nécessaires pour pouvoir lutter à armes égales contre les industries voisines[31].

La référence liégeoise est incontournable pour l'enseignement de l'électricité. Elle renvoie à l'importance de la participation belge à l'essor scientifique et industriel dans ce domaine[32]. Pourtant, même s'il s'en réclame, l'Institut industriel du Nord a des prétentions infiniment plus modestes que l'institution créée par l'industriel, financier et homme politique belge Georges Montefiore en 1883, dont le rayonnement devient rapidement européen. La section d'électricité ouverte à l'IDN en 1892 prend acte de l'essor rapide des applications de l'électricité depuis 1881, mais ne constitue qu'un essai. Un second Institut électro technique est progressivement mis en place à la Faculté des sciences de Lille avec de plus grandes ambitions[33]. Dans ce domaine, l'effort de développement de l'enseignement technique s'effectue sans véritablement encourager les recherches et l'innovation au sein de l'IDN : la spécialisation et la prise en compte des innovations restent extérieures à l'établissement[34].

4. Conclusion

Avant même de connaître les bouleversements de l'entrée en guerre, puis de l'occupation allemande de Lille, l'Institut industriel du Nord a connu d'importantes évolutions. Dans sa monographie précitée, Henri Bourdon estime que « l'Institut, comme tous les établissements d'enseignement scientifique supérieur, ne peut s'immobiliser, ni se cantonner dans un programme absolu et invariable sans s'exposer à déchoir et à manquer à sa mission, qui est de suivre et de guetter les

---

31 Bourdon, H., « Monographie historique de l'Institut industriel du Nord de la France », in *L'élève-ingénieur. Journal hebdomadaire des élèves de l'Institut industriel du Nord de la France IDN*, 1re année, n° 14, 27 janvier 1895, p. 112.

32 Grelon, A., « Les enseignements de l'électricité », in Caron, F. et Cardot, F. (dir.), *Histoire de l'électricité en France*, tome Ier : *1881-1918*, Paris, Fayard, 1991, p. 279 et suivantes.

33 Swyngedauw, R., « L'enseignement technique dans les Universités. L'Institut électrotechnique de l'Université de Lille », in *Revue générale des sciences pures et appliquées*, tome 16, 1905, p. 316-323.

34 Broder, A., « Dépression, enseignement scientifique et recherche : un lien de causalité ? », in Breton, Y., Broder, A. et Lutfalla, M. (dir.), *La longue stagnation en France. L'autre Grande Dépression, 1873-1897*, Paris, Économica, 1997, p. 311-323.

progrès de chaque jour »[35]. L'attention portée par les responsables successifs de l'IDN aux politiques de formation en Belgique et dans quelques grands centres voisins confirme ce point de vue.

Toutefois, suivre les progrès réalisés ailleurs et participer aux innovations techniques sont deux logiques différentes, même si elles sont profondément associées, car l'innovation, en France tout au moins, se développe au plus près de la production[36]. Si l'IDN joue un rôle indéniable dans les transferts de technologie et la circulation des pratiques institutionnelles à l'échelle de l'Europe du Nord-Ouest, sa vocation généraliste le positionne plutôt en relais qu'en véritable foyer d'innovations et de transferts de technologie. Son cas s'insère ainsi dans une interrogation plus large sur les raisons de l'échec de la région du Nord à adopter le tournant technologique qui lui fera tant défaut tout au long du XXe siècle[37].

---

35 Bourdon, H., art. cit., p. 112.

36 Caron, F., *Le résistible déclin des sociétés industrielles*, Paris, Perrin, 1985, et *id.*, *La dynamique de l'innovation. Changement technique et changement social (XVIe-XXe siècle)*, Paris, Gallimard, 2010.

37 Dormard, S., *L'économie du Nord-Pas-de-Calais. Histoire et bilan d'un demi-siècle de transformations*, Villeneuve-d'Ascq, Presses universitaires du Septentrion, 2001.

Formation professionnelle et entreprises

Le modèle allemand dans son cadre européen aux XIXe et XXe siècles*

Klaus HARNEY

Ruhr-Universität Bochum

Le présent article se réfère à la formation professionnelle envisagée sous un angle institutionnel, ce qui permet de formuler des interprétations et de se livrer à une comparaison des processus historiques. Nous considérons avec Durkheim que les institutions sont des faits sociaux qui, dans un ensemble de conditions linguistiques, normatives, organisationnelles et juridiques, répondent aux problèmes fonctionnels posés par une société. Dans les sociétés industrielles, ces problèmes relèvent des États nations parce que les systèmes d'éducation sont eux-mêmes constitutifs de la genèse de ces États. Cette approche tente de resituer le cas allemand dans les systèmes nationaux de formation professionnelle présents en Europe aux XIXe et XXe siècles. Elle se fonde également sur le concept d'idéal-type de Max Weber, cette construction abstraite qui centre la comparaison sur quelques éléments spécifiques et aboutit ainsi à une différenciation contrastée entre les objets examinés. L'élément spécifique de référence sera constitué par les modes d'intégration ou d'exclusion par les entreprises de la formation professionnelle sous la forme de l'apprentissage, un mode de formation répandu dans toute l'Europe durant l'Ancien Régime.

Ces modes ont généré des régimes différents sur le marché de la formation et sur celui de l'emploi. Quand les entreprises réalisent elles-mêmes l'apprentissage dans un système par alternance, on voit alors se constituer un marché de la formation, sur lequel les entreprises peuvent couvrir leurs besoins en futurs apprentis. Quand il n'y a pas d'apprentissage par alternance, les candidats à la formation professionnelle doivent recourir à des établissements scolaires publics ou privés, des universités,

* Traduit de l'allemand par Jean-Luc Malvache.

des centres de formation ou des formations dispensées uniquement par les entreprises. La différenciation entre marché de la formation et marché du travail est alors impossible. On voit coexister des offres publiques et privées en matière de formation professionnelle et les personnes qui ont suivi celle-ci deviennent de futurs salariés sur le marché du travail. Dans notre approche des institutions qui gèrent la formation professionnelle en Europe, nous suivrons les travaux d'H. Steedman qui propose de distinguer deux types de formations, selon qu'ils sont orientés vers l'offre ou vers la demande[1].

1. Deux modèles-types en matière de formation professionnelle

Le trait essentiel du modèle orienté vers l'offre est qu'il place la formation professionnelle en dehors de l'entreprise. Elle fait partie du système général public d'éducation qui gère les modalités d'entrée et de sortie des filières de formation. Les établissements privés qui proposent des formations payantes agissent eux aussi conformément à ce modèle, car leurs efforts de recrutement s'adressent à tous leurs clients éventuels, élèves ou entreprises. Ainsi les mécanismes de régulation s'adressent à l'ensemble des établissements de formation. La transition vers l'emploi s'établit alors sous la forme d'une interface entre les choix individuels des élèves allant dans tel ou tel établissement et les pratiques de recrutement des différentes entreprises.

Dans le modèle orienté vers la demande, les entreprises qui adhèrent à un système de formation par apprentissage procèdent elles-mêmes à cet apprentissage dans un cadre régulatif de caractère universel. C'est donc à elles que s'adresse ce cadre qui fixe notamment les contenus et les conditions de déroulement des formations – cadre dont elles ne peuvent s'affranchir. Les personnes à la recherche d'une formation ne peuvent accéder à celle-ci que si elles ont été recrutées sur la base de choix faits par les entreprises en toute autonomie. Leur non-sélection ne peut donner lieu à contestation auprès des pouvoirs publics, puisqu'il ne s'agit pas d'une procédure officielle. Mais, à la différence du modèle précédent, il existe des liens étroits entre formation, emploi et embauche, ce qui permet aux entreprises de connaître les potentiels des personnes en formation, une connaissance que seule une intégration de l'apprentissage dans l'entreprise leur permet d'obtenir.

Dans le modèle orienté vers l'offre par contre, les entreprises sont tributaires des prestations des établissements scolaires qui ne peuvent

1 Steedman, H., « Adapting to Globalised Product and Labour Markets : New Models for Apprenticeship in Europe », in Gonon, P., Kraus, K., Oelkers, J., Stolz, St. (eds.), *Work, Education and Employability*. Bern, Peter Lang, 2008, p. 147-170.

proposer une formation professionnelle dans les conditions de l'entreprise, ni répondre à leurs exigences. L'attrait suscité par de telles formations et leur degré d'adaptation aux besoins des entreprises sont plus restreints. Lors de l'embauche, l'entreprise doit mener des activités complémentaires pour rechercher et sélectionner les candidats, ce qui occasionne des coûts supplémentaires. Aussi le modèle orienté vers l'offre se caractérise-t-il par des conditions plus difficiles d'accès à l'emploi qui sont illustrées par les taux de chômage des jeunes plus élevés observés dans les pays qui ont adopté ce modèle.

H.P. Blossfeld propose une classification des dispositifs européens de formation professionnelle selon les types d'établissements où celle-ci a lieu : écoles du régime général, écoles techniques, centres de formation rattachés à des branches d'activité, alternance des lieux et formation sur le tas ou en accompagnement du travail[2]. Il souligne les avantages du système dualiste pour assurer une transition entre le système scolaire et celui de l'emploi. Son appréciation repose notamment sur les études plus anciennes de Maurice, Sellier et Silvestre qui portaient sur les effets des différentes options nationales en matière de reproduction des compétences[3]. Les travaux ultérieurs de M. Heidenreich confirment ces constatations, en montrant que les dispositifs de reproduction des compétences reposant exclusivement sur le système scolaire mènent, dans l'entreprise, à une segmentation verticale entre les tâches d'exécution du travail et les tâches d'encadrement[4].

Selon le positionnement de la limite entre formation et emploi, le travail en entreprise apparaît soit comme un élément constitutif des dispositifs intégrés de formation professionnelle (orientation « demande »), soit comme l'objet auquel font référence ces dispositifs, la formation se faisant dans d'autres lieux que l'entreprise (orientation « offre »). La dimension historique des deux modèles et de leurs variantes a été influencée de manière décisive par les conditions dans lesquelles, à l'intérieur des États nations, les traditions corporatives des métiers héritées de l'Ancien Régime qui dépassaient le cadre de la simple entreprise ont été maintenues, transformées ou abandonnées. Alors que les

---

2 Blossfeld, H.-P., « Die berufliche Erstausbildung Jugendlicher im internationalen Vergleich », in Diepold, P., Kell, A. (Hg.), *Entwicklungen in der Berufsausbildung. Deutsche Berufsausbildung zwischen Modernisierung und Modernitätskrise im Kontext der Europäischen Integration.* (Beiheft 11 der *Zeitschrift für Berufs- und Wirtschaftspädagogik*), Stuttgart, Steiner, 1993, p. 23-40.

3 Maurice, M., Sellier, F., Silvestre, J.-J., « Die Entwicklung der Hierarchie in Industrieunternehmen. Ein Vergleich Frankreich-Bundesrepublik », in *Soziale Welt*, 30, 1979, p. 295-327.

4 Heidenreich, M., « Bildungsexpansion und Informatisierungsprozesse – Ein Drei-Länder-Vergleich », in *Soziale Welt*, 42, 1, 1991, p. 46-67.

pays ayant opté pour le modèle orienté vers la demande comme l'Allemagne, l'Autriche ou la Suisse se situent dans la continuité de ces traditions, d'autres ont adopté le modèle orienté vers l'offre, à l'image du Danemark, de la France, de la Grande-Bretagne et des Pays-Bas, et se sont détachés de celles-ci.

Une série d'études générées par les recherches comparatives sur la formation professionnelle fait ressortir que le caractère du rapport entre les espaces scolaires et les espaces pratiques d'acquisition des compétences forme un critère décisif pour définir ces modèles-types de formation. Th. Deißinger les désigne sous le nom de « styles de qualification » nationaux[5]. Le système allemand et le système français constituent deux exemples caractéristiques de ces « styles ». Alors que, dans le système français, ces deux espaces sont nettement séparés, dans le système allemand, le développement d'infrastructures de formation à l'intérieur même des entreprises conduit à faire de la socialisation dans l'entreprise une composante du système de formation professionnelle. Ainsi le modèle de formation orientée vers la demande apparaît-il d'un point de vue historique comme le plus complexe et le plus « transversal ». Si, d'un côté, les candidats à l'apprentissage sont en premier lieu intéressés par une formation professionnelle, celle-ci a lieu, de l'autre côté, par l'intermédiaire d'une socialisation dans une entreprise.

2. La structure de l'apprentissage sous l'Ancien Régime

L'étude du système allemand permet de retracer comment s'est effectuée, dans le cadre d'un modèle national de formation professionnelle orientée vers la demande, la transformation des structures du travail héritées de l'Ancien Régime. Comme le souligne Max Weber, les limites entre entreprise et métier n'étaient alors pas clairement définies. La division du travail était soumise à un cadre fixé par des entités corporatives (confréries, guildes, abbayes) et l'organisation du travail dans l'entreprise, sa structure et ses mécanismes de reproduction et de fonctionnement se trouvaient intégrés dans un système complexe mettant en jeu des liens de propriété, de dépendance territoriale, ainsi que des appartenances sociales, des obligations de loyauté et fidélité. Ils ne disposaient d'aucune autonomie par rapport à ce système. Ce fut avec l'absolutisme et sa conception de l'État nation, qui reposait toutefois toujours sur les formes d'exercice du pouvoir de l'Ancien Régime, que l'administration de l'État, la stimulation de l'économie, l'encouragement apporté aux arts et métiers se développèrent. Les artisans et les commerçants purent alors agir, non seulement en fonction des attentes sociales, mais également en tant que chefs d'entreprise créateurs de

5 Deißinger, Th., *Beruflichkeit als organisierendes Prinzip der deutschen Berufsausbildung*, Markt Schwaben, EUSL, 1998.

valeurs. Cette nouvelle approche, reliant l'image du sujet fidèle et respectueux de la hiérarchie sociale à celle du sujet industrieux et zélé contribuant à l'enrichissement du pays, correspondait au caractère des États nations en voie de constitution en Europe, mais ne traduisait encore pas des options différentes prises par eux en matière de systèmes éducatifs.

Le passage du corporatisme de l'Ancien Régime à une pratique moderne et nationale de l'économie basée sur le droit et la législation peut être considéré comme la ligne de césure entre les différentes démarches d'institutionnalisation de la formation professionnelle en Europe. Ainsi, en Allemagne, les règles nouvelles du droit des professions (*Gewerberecht*) n'ont jamais été remises en cause, même sous leur forme la plus libérale. Comme en France où existaient d'anciennes classes artisanales et commerciales avec leurs corporations, guildes ou corps de métiers, l'objectif principal était d'abolir les privilèges[6]. Toutefois, ces règles nouvelles n'ont pas touché à un élément essentiel de régulation de l'apprentissage révélateur de ses origines corporatives, à savoir le fait que celui-ci ne constituait pas un rapport de travail, mais bien un rapport d'éducation entre le maître et son apprenti.

Au XIXe siècle, selon le droit des professions en vigueur, les apprentis sont soumis au pouvoir paternel du maître d'apprentissage. Ce dernier présente une double identité, celle de maître d'atelier et celle de chef d'un ménage d'artisans ou de commerçants. Pour l'apprenti, il n'existe ainsi aucune différence entre le service à la maison du maître, l'apprentissage du métier et le travail dans l'atelier. Ses obligations dans ces trois domaines découlent du statut que confère la loi au maître d'apprentissage, investi des fonctions de *patria potestas*. Le recours au principe de l'autorité paternelle sur l'apprenti introduit ainsi dans la législation un concept issu du droit familial romain, stipulant que la *patria potestas* peut disposer librement des membres de la famille, y compris des serviteurs. Pour les artisans et commerçants de l'Ancien Régime, la notion de production n'est pas liée à l'entreprise, mais au ménage, et la pérennisation de cette notion est soumise à l'impératif de l'honorabilité professionnelle. La fonctionnalité économique et organisationnelle, liée au concept moderne d'entreprise, ne constitue pas un moteur d'action autonome, mais un élément de reconnaissance sociale de l'activité économique qui repose sur le statut professionnel et sur ses représentations dans le cadre de la division du travail. Les prérogatives de la *patria potestas* sont l'expression de cette fusion des fonctions, qui englobe également les droits découlant de la propriété d'un atelier ou

---

6 Stratmann, K., *Die Krise der Berufserziehung im 18. Jahrhundert als Ursprungsfeld pädagogischen Denken*s. Ratingen, Henn, 1967.

d'un magasin, et notamment celui de contrôler et d'organiser les capacités de production et de définir la qualité des produits fabriqués. Sous l'Ancien Régime, le système de regroupement des ménages d'artisans ou de commerçants dans des corps de métiers structure la vie collective. Il paraît donc normal que le pouvoir de définition en matière d'apprentissage ne soit pas autonome, mais fasse partie des prérogatives rattachées à la double fonction de chef de ménage et de maître d'atelier. On trouve toutefois dans la législation du royaume de Prusse, puis plus tard dans celle du Reich, des modifications du statut de l'apprenti, dans le cadre d'un droit des professions qui conduit à la modernisation progressive de ce statut. La soumission de l'apprenti au pouvoir paternel du maître d'apprentissage est maintenue, mais sa situation sera aussi abordée sous l'angle de la régulation de la formation professionnelle.

Le processus de redéfinition du concept de métier, amorcée dès la fin de l'Ancien Régime, doit attendre le XXe siècle pour trouver sa traduction institutionnelle définitive[7]. On assiste parallèlement à la concrétisation du concept d'entreprise pour définir les activités artisanales et commerciales. Celle-ci se fait notamment via le transfert vers les entreprises de prérogatives décisionnelles qui étaient naguère l'apanage des corporations chargées de les représenter. Ce transfert a des retombées importantes pour la formation professionnelle, car il signifie que les entreprises peuvent désormais opter de manière autonome pour un mode de formation ou pour un autre. Cela leur permettra plus tard d'adhérer à un système général de formation professionnelle reposant sur un apprentissage régulé des métiers, apprentissage lui-même générateur de reconnaissance sociale. Les métiers deviennent autonomes, car ils sont libérés des formes de représentation collective. Ils ne se définissent plus par l'appartenance à un système dont seules les luttes sociales sont susceptibles de modifier les structures, en suscitant par exemple la création de nouvelles corporations. Ils se développent désormais en tant qu'éléments d'un environnement administratif et juridique positif, reposant sur la libre disponibilité des ressources et sur des procédures régulières garanties par la loi[8].

L'adoption par l'industrie d'un mode de division du travail basé sur le principe du métier avec formation par apprentissage correspond à une généralisation de ce principe, hérité des traditions de l'artisanat[9]. Elle est suivie par des modifications dans la codification de celui-ci. Dans la

7 *Ibid.*

8 Axmacher, D., *Widerstand gegen Bildung. Zur Rekonstruktion einer verdrängten Welt des Wissens*, Weinheim, Beltz, 1990.

9 Harney, K., Tenorth, H.-E., « Berufsbildung und industrielles Ausbildungsverhältnis – Zur Genese, Formalisierung und Pädagogisierung beruflicher Ausbildung in Preußen bis 1914 », in *Zeitschrift für Pädagogik*, 32, 1, 1986, p. 91-114.

tradition des corporations artisanales, les documents écrits tels que les chartes ou les règles servaient à fixer les rituels lors des cérémonies de représentation et à l'occasion d'une transmission orale et mimétique du savoir professionnel. Avec la reprise du principe du métier par l'industrie, les documents écrits tels que les cursus professionnels, les règlements d'examens, les cahiers des charges constituent désormais des références pour une transmission du savoir dans le cadre d'une formation professionnelle institutionnalisée. Ainsi cette reprise conduit également à la transformation du contexte de légitimation et de reconnaissance sociétale de l'entreprise dans le cadre du symbolisme corporatif, en un contexte de légitimation par inscription au sein d'un système de formation professionnelle entièrement régulé et formalisé auquel l'entreprise peut choisir d'adhérer ou non.

3. En Allemagne, un système d'apprentissage orienté vers la demande

Avant la constitution généralisée des États nations, les guerres, le règlement des successions et les politiques d'alliances entre familles représentaient les instruments essentiels de modification et de redistribution des territoires. L'enjeu principal était la possession et le contrôle de ces territoires, et non leur appartenance à une nation. Les problèmes d'intégration liés à la souveraineté sur un territoire relèvent de logiques différentes de celles liées à l'appartenance à une nation. Cette dernière peut en effet regrouper un nombre important de petits espaces, possédant des cultures matérielles ou linguistiques différentes, sans que pour autant leur appartenance à un même ensemble soit remise en question[10]. À l'inverse, ce sont les processus de constitution des États nations qui ont posé la question de l'intégration, en insistant notamment sur la notion de collectivité linguistique. Ces processus ont nécessité des espaces institutionnels et des arènes politiques afin de donner substance à l'État nation. La mise en place d'une politique et d'un système scolaire représente l'une de ces arènes. C'est le cas en Allemagne où le système de formation professionnelle qui s'appuie sur la tradition corporatiste du métier, tout en la renouvelant, formule des attentes envers l'entreprise, érigée progressivement comme acteur central de l'apprentissage, et assure ainsi son intégration dans le système lui-même, avec l'appui d'une expertise externe.

Il faut toutefois relever deux éléments décisifs. Les dispositifs de formation professionnelle et d'apprentissage décrits ne sont pas l'œuvre des différents États qui se sont rassemblés pour constituer l'Empire

[10] Besch, W., *Die Entstehung der deutschen Schriftsprache-Bisherige Erklärungsmodelle – neuester Forschungsstand*, Opladen, Westdeutscher Verlag, 1987.

allemand à partir de 1870/1871, mais bien celle du gouvernement du Reich. Dès le départ, ils relèvent du domaine de la législation du travail et du commerce, ainsi que de la politique industrielle et commerciale[11]. Ainsi la formation professionnelle devient un champ autonome, au croisement des politiques de l'industrie, de l'emploi et du social, sans y intégrer toutefois le domaine scolaire. Ce processus, amorcé avant 1914, s'accélère sous la République de Weimar, avec l'intégration des syndicats dans un système de partenariat social reposant sur des négociations portant sur les conventions collectives, le statut de l'entreprise et le droit du travail. Cette place accrue accordée aux syndicats conduit également à une révision définitive du statut des apprentis. En transformant le lien entre formateur et apprenti en un rapport de travail, et non plus d'éducation, le législateur reconnaît le rôle de ces derniers et la présence de difficultés liées au positionnement des contrats d'apprentissage dans la législation du travail[12]. Les liens étroits existant entre syndicats, associations patronales et partis politiques font que les objets de négociations sont souvent identiques à ceux traités au sein du Parlement ou décidés par les gouvernements. Un réseau serré de négociations pluripartites d'inspiration étatique et corporatiste prend forme. Son objet est d'identifier les problèmes situés au confluent de l'économie, du social et de l'emploi et de leur apporter une solution par la régulation et la loi. Le statut des apprentis et les formes et contenus de l'apprentissage font partie de ces problèmes. Ils donnent lieu à de fréquentes discussions. On relève notamment plusieurs tentatives de la part du gouvernement et du Parlement visant à établir une législation spécifique concernant la formation professionnelle. Le succès est limité, car les projets, tels qu'ils sont présentés par les rapporteurs, ne répondent pas à la complexité des intérêts des différentes parties en présence[13]. Leur importance réside dans le fait qu'ils se réfèrent à une pratique d'organisation de la formation mise en place par les grandes entreprises et les syndicats industriels patronaux avant 1914. Cette pratique consiste à envisager la division du travail dans les entreprises de manière générale, dépassant les cas présentés par chacune d'entre elles. Le but est d'identifier des métiers devant faire l'objet d'une formation spécifique et de définir des programmes de formation professionnelle. Ces programmes doivent permettre une division du travail organisée sur la base des métiers et valori-

---

11 Körzel, R., *Berufsbildung zwischen Gesellschafts- und Wirtschaftspolitik*, Francfort-sur-le-Main, Gesellschaft zur Förderung arbeitsorientierter Forschung und Bildung, 1996.

12 Cf. le jugement du Tribunal du Travail du Reich du 14 mars 1928, in Pätzold, G. (Hg.), *Quellen und Dokumente zur betrieblichen Berufsbildung 1918-1945*, Cologne, Böhlau, 1980, p. 74-78.

13 Muth, W., *Berufsausbildung in der Weimarer Republik*, Stuttgart, Steiner, 1985.

ser le statut de l'apprentissage, tant par le contenu des formations que par la reconnaissance sociale[14]. Ainsi le concept de métier hérité des corporations se trouve à la fois pérennisé et recontextualisé. On peut parler de pérennisation, parce qu'il y a maintien de la logique corporatiste, classant les entreprises dans un cadre défini par les métiers et les apprentissages correspondants. Mais il y a aussi recontextualisation, car cette logique est appliquée à l'industrie, et donc généralisée. Ce recours à une démarche consistant à ordonner l'organisation et le fonctionnement de l'entreprise selon le principe du métier génère donc, dès avant 1914, la conception et l'établissement de métiers industriels avec des profils de formation définis et cette pratique, limitée dans un premier temps aux grandes entreprises, se généralise dans les années 1920, conduisant à un processus que l'on peut qualifier de professionnalisation du travail industriel[15].

Les entreprises ont donc élaboré un système de division du travail organisé autour des métiers et du mode de formation professionnelle qui en découle, mode qu'elles ont mis elles-mêmes en application, et ce malgré la problématique spécifique du rapport qui existe entre les logiques de l'entreprise et les logiques des métiers. Cela contribue à asseoir leur influence sur la formation professionnelle après la Seconde Guerre mondiale, dans la mesure où les compétences en matière d'élaboration des cursus de formation et des règlements administratifs pour les différents métiers sont, entre autres, du ressort des syndicats professionnels et des chambres de commerce, d'industrie et de l'artisanat. Dès 1951, ces organisations disposent d'un Bureau pour la formation professionnelle en entreprise (*Arbeitsstelle für betriebliche Berufsausbildung*-ABB) qui est chargé de l'élaboration de profils et cursus de métiers avec formation par apprentissage. Il en est de même pour l'artisanat, dans le cadre d'un institut spécifique fondé à l'Université de Cologne[16]. En 1953 une loi renforce le principe de métier déjà ancré dans la législation sur l'artisanat, en instituant le grand certificat de capacité (*großer Befähigungsnachweis*), ce qui subordonne le droit d'ouvrir une entreprise artisanale à l'obtention préliminaire d'une maîtrise professionnelle. Celle-ci ne peut être obtenue avant d'avoir

---

14 Herkner, V., *Deutscher Ausschuss für Technisches Schulwesen. Untersuchungen unter besonderer Berücksichtigung metalltechnischer Berufe*, Dresde, Kovac, 2003.

15 Lipsmeier, A., « Berufsverwandtschaften und Berufsgeschichte von Metallberufen seit 1877 », in Harney, K. et Pätzold, G. (Hg.), *Arbeit und Ausbildung. Wissenschaft und Politik*, Francfort-sur-le-Main, Gesellschaft zur Förderung arbeitsorientierter Forschung und Bildung, 1990, p. 111-134.

16 Stratmann, K., Schlösser, M., Lier, M.J., *Erfahrungen unter Berücksichtigung der Wandlungen des Begriffs « Dual » und der praktizierten Dualität*. Gutachten für die Enquete-Kommission « Zukünftige Bildungspolitik – Bildung 2000 » des Deutschen Bundestags, Bochum, 1989, p. 50.

suivi les cours de formation des apprentis[17]. La législation sur l'artisanat lie de ce fait la maîtrise professionnelle à des prérogatives exclusives qui rappellent l'ancien pouvoir de disposition du maître artisan traditionnel, tout en étant adaptées au contexte nouveau. Même si, aujourd'hui, ces prérogatives ont été réduites – après la création de la République fédérale, une législation spécifique pour l'artisanat a été adoptée et rattachée à la législation générale sur l'exercice des professions –, il faut souligner que les métiers artisanaux (menuisiers, serruriers, etc.) ne disposent plus de la même légitimité qu'auparavant. Depuis l'industrialisation, ils ont perdu leur représentativité corporative traditionnelle. Afin de les mettre sur un pied d'égalité avec les métiers de l'industrie et des services, il a fallu formaliser et bureaucratiser leurs pratiques. Toutefois, l'artisanat bénéficie toujours en Allemagne, de par sa législation spécifique, d'une situation d'exception dans le cadre de la structure étatiste et corporatiste du système de formation professionnelle, alors que son intégration dans ce système passe par l'intermédiaire de l'entreprise, tout comme dans l'industrie.

L'élément essentiel du système d'apprentissage demeure les dispositifs corporatistes de maintien de l'équilibre du pouvoir entre l'artisanat et l'industrie, entre les organisations professionnelles, les fédérations patronales et les syndicats. Ces organisations se partagent, aujourd'hui encore, les responsabilités en matière d'élaboration et de définition des métiers, produites par les transformations historiques de la gestion de la culture professionnelle. Cette gestion se fait actuellement dans le cadre de l'action commune de l'État fédéral, des chambres de commerce, d'industrie et des métiers (au nom de leurs prérogatives légales en matière d'expression de la volonté publique et des intérêts économiques), ainsi que des fédérations d'employeurs et des syndicats (en vertu du pouvoir de représentation des acteurs sociaux que leur confère la loi). Tous sont réunis dans une structure de décision souveraine. De par l'architecture de ce système, les grandes administrations, services administratifs, corporations de droit privé ou public, dotés d'une autonomie administrative, de même que les entreprises se trouvent liés entre eux par le principe généralisé de formation au métier par apprentissage. Ceci crée du même coup un lien entre différents ensembles qui relèvent de l'économie, de la politique ou du droit, dans le cadre d'un dispositif commun autorégulé d'apprentissage, reposant sur les activités exercées par les entreprises dans ce domaine. Le support technique de ce dispositif est l'Institut fédéral pour la formation professionnelle (*Bundesinstitut für Berufsbildung-BIBB*), installé à Bonn.

---

[17] Ullmann, H.-P., *Interessenverbände in Deutschland*, Francfort-sur-le-Main, Suhrkamp, 1988, p. 260.

Cet Institut, mis en place par la loi sur la formation professionnelle de 1969, qui confiait pour la première fois la gestion des métiers et des formations à un organisme public, constitue une administration gérée paritairement et placée sous l'autorité du ministère fédéral pour l'Éducation, les sciences et la recherche[18]. Sa commission principale, de composition paritaire, réunit des représentants des partenaires sociaux, de l'État fédéral et des Länder. L'industrie et l'artisanat y sont représentés par l'intermédiaire des chambres et des organisations patronales et les salariés par les syndicats et associations professionnelles qui disposent d'un droit de proposition[19]. Ce système de négociations bien établi assure la relève du dispositif qui a fonctionné pendant la République de Weimar et pendant l'après-guerre qui était moins stable et ne bénéficiait pas du soutien de l'État. Il est aujourd'hui intégré à l'appareil de l'État, avec toutefois un statut particulier reposant sur un mode de représentation à la fois étatique (au niveau fédéral et à celui des Länder), corporatiste et relevant de la cogestion entre capital et travail. L'élaboration ou la modification d'un cursus d'apprentissage nécessite des procédures de concertation longues et complexes, orchestrées par la commission principale et des groupes de coordination. Les travaux reposent généralement sur des études préliminaires de l'Institut qui peuvent durer plusieurs années[20]. À cela, s'ajoutent les travaux des commissions paritaires pour la formation professionnelle implantées au niveau des Länder et des chambres de commerce et d'industrie qui regroupent les représentants du patronat et des syndicats. On remarque encore une fois, à ce « niveau inférieur » du système de formation professionnelle, le statut spécial réservé à l'artisanat. La représentation des salariés dans les commissions paritaires des chambres des métiers concerne les compagnons et les ouvriers professionnels et se situe donc dans une tradition corporative (article 43 du Statut de l'artisanat [*Handwerksordnung*], dans sa version du 24 avril 1986) et les commissions de formation ne

---

18 Streeck, W. *et al.*, *Steuerung und Regulierung der beruflichen Bildung*, Berlin, 1987.

19 Benner, H., *Ordnung der staatlich anerkannten Ausbildungsberufe. Bundesinstitut für Berufsbildung*, Berlin, 1982 (Berichte zur beruflichen Bildung, Heft 48) ; Benner, H., « Arbeiten zur Ordnung der Berufsausbildung vom DATSCH bis zum BIBB », in Greinert, W.-D. *et al.* (Hg.) : *Berufsausbildung und Industrie. Zur Herausbildung industrietypischer Lehrlingsausbildung*, Berlin, Bundesinstitut für Berufsbildung, 1987, p. 269-293 ; Streeck, W. *et al. Steuerung und Regulierung der beruflichen Bildung*, *op. cit.* ; Pätzold, G., « Berufsbildung », in Langewiesche, D. et Tenorth, H.-E., *Handbuch der deutschen Bildungsgeschichte*, vol. 5 : *1918-1945, Die Weimarer Republik und die nationalsozialistische Diktatur*, Munich, Beck, 1989, p. 259-287.

20 Greinert, W.D., *Das « deutsche System » der beruflichen Bildung*, Baden-Baden, Nomos, 1993.

sont pas impliquées dans les décisions concernant le budget et les ressources en personnel[21].

4. Conclusion : le concept de système dualiste

L'analyse du dispositif allemand d'apprentissage orchestré par le BIBB montre que la composante structurelle essentielle de ce système dit dualiste ne réside pas dans une répartition des tâches entre l'entreprise et l'école, mais bien dans le rapport entre une logique de division du travail organisée selon les besoins de l'entreprise et une logique des métiers qui génère une autre division du travail. Lorsqu'elles participent au système d'apprentissage en alternance, les entreprises se soumettent à cette seconde logique et deviennent ainsi des unités qui opèrent dans le cadre de ce dispositif. De manière plus générale, celui-ci se compose de deux entités systémiques, celle de l'école orientée vers l'offre et celle de l'entreprise orientée vers la demande.

De fait, pour les écoles du niveau secondaire et pour les établissements supérieurs, une certaine concurrence existe effectivement entre ces entités systémiques. Ceci étant, on constate l'émergence en Allemagne, durant la période qui a suivi la Seconde Guerre mondiale, de parcours scolaires spécifiques aux salariés de l'industrie, y compris l'encadrement, notamment dans les régions industrialisées. Ces parcours débutent avec l'apprentissage d'un métier, continuent par l'obtention de la maîtrise professionnelle, puis mènent, grâce à des passerelles établies dès les années 1930, à des diplômes situés entre la formation professionnelle supérieure et les études d'ingénieurs proprement dites. Ainsi, dans le secteur des mines, on peut relever que le métier d'abatteur possède un cursus d'apprentissage propre, alors que celui de porion nécessite des études dans les écoles techniques supérieures créées au niveau des Länder. Les apprentis particulièrement performants ont la possibilité, en plus de l'école professionnelle à temps partiel, de suivre des cours du soir et du week-end, en vue de l'obtention d'un brevet technique (*Fachschulreife*). Ce dernier leur ouvre les portes vers des formations d'ingénieurs (*ing. grad.*) dans des établissements techniques supérieurs situés à un échelon en dessous des universités. Le développement accéléré de l'université dans le système scolaire facilite l'intégration des écoles techniques supérieures dans ce réseau et la transformation du brevet technique en un baccalauréat technique (*Fachabitur*) que l'on peut obtenir dans les nouvelles filières des grandes classes des écoles professionnelles, des filières assurant un enseignement à plein

[21] Stratmann, K., Schlösser, M., Lier, M.J., *Erfahrungen unter Berücksichtigung der Wandlungen des Begriffs « Dual » und der praktizierten Dualität*, *op. cit.*

temps, comme dans les lycées[22]. Autant d'exemples qui montrent comment la dynamique du système scolaire a pu agir indirectement sur les carrières et les opportunités de recrutement.

Les systèmes orientés vers la demande ont une portée limitée. Ils ne peuvent pas reprendre à leur compte l'ensemble de la logique de l'école. Alors que, pour les ouvriers et les employés qualifiés, l'apprentissage professionnel relève de la normalité et est pleinement reconnu par les entreprises comme indicateur d'aptitude à l'embauche, c'est la logique de la carrière scolaire et universitaire qui domine chez elles au niveau de l'encadrement supérieur. Les écoles professionnelles et techniques ont leur propre histoire au sein de chaque Land, une histoire qui rejoint, vers le haut, celle des universités et, vers le bas, celle de l'enseignement professionnel à temps partiel. Cet enseignement a été progressivement établi comme composante scolaire de l'apprentissage, au terme d'un processus long et difficile de mise en place d'un enseignement professionnel à temps partiel obligatoire pour tous les jeunes ayant terminé leur scolarité (seuls les bacheliers sont dispensés). Ce processus a duré près de quarante ans, entre 1890 et 1930[23].

Le caractère dualiste de l'apprentissage se retrouve toutefois, indépendamment de cette évolution, dans la présence à l'intérieur des entreprises d'une infrastructure de formation professionnelle, à l'origine étrangère à l'entreprise et à son organisation, et dans le fait que les entreprises, en se soumettant à la logique du métier, acceptent ce dualisme. Le fait que le volet scolaire de l'apprentissage (l'école de formation professionnelle à temps partiel) – à l'inverse de son volet pratique (l'apprentissage en entreprise) – ne relève pas du niveau fédéral, ni dans le cadre du Reich, ni dans celui de la République fédérale, mais de celui des Länder, montre que la présence de ces deux volets ne forme pas le trait principal de ce dualisme, mais seulement une composante institutionnelle supplémentaire. La fonction essentielle du système dualiste n'est pas de créer un lien entre l'école et l'entreprise, ni entre la théorie et la pratique, mais des rapports d'équilibre entre les entreprises qui forment des apprentis et celles qui n'en forment pas. Ces rapports relèvent d'un choix d'orientation axé vers le recours à un capital humain de caractère soit général (professionnel), soit spécifique (entreprise). La demande des individus en matière de formation relève du capital humain général. Les entreprises, à l'inverse, recherchent des salariés capables de s'approprier leur capital spécifique. Celles qui ne forment pas d'appren-

22 Drewek, P., Harney, K., « Relative Autonomie, Selektivität und Expansion im modernen Schulsystem », in *Zeitschrift für Pädagogik* 27, 4, 1982, p. 591-608.

23 Karow, W., « Geschichte der gewerblichen Berufsschule in Berlin », in W. Karow, R. Egdmann, H. Wagner, K. Wiese, *Berliner Berufsschulgeschichte. Von den Ursprüngen im 18. Jahrhundert bis zur Gegenwart*, Berlin, Edition Hentrich, 1993.

tis s'intéressent certes aussi au capital humain professionnel général mais, craignant d'être confrontées à des départs de personnels après formation, elles ne veulent généralement pas procéder à cette formation à leur propre compte[24]. Celles qui forment des apprentis le font, en premier lieu, pour couvrir leurs besoins en personnel. Un certain nombre d'entre elles toutefois, aussi bien dans l'industrie que dans l'artisanat, veulent ainsi renforcer leur image, asseoir leur réputation, exporter des compétences spécifiques[25]. Elles sont également sensibles aux critiques quand elles ne s'impliquent pas dans ce domaine ou se bornent à suivre les recommandations des fédérations professionnelles qui insistent – avec succès – auprès des petites entreprises pour qu'elles se consacrent à la formation par l'apprentissage. Le modèle orienté vers la demande favorise la superposition des intérêts. Les entreprises, d'un côté, se soumettent à la régulation institutionnelle en matière de formation professionnelle générale, mais en même temps assurent une formation dans leur sein et à leur profit. En outre, elles disposent de possibilités de choix plus larges que s'il s'agissait de simple formation en interne.

Si l'on revient à la comparaison entre les deux modèles types de formation professionnelle – orientés vers l'offre ou vers la demande – et donc à la comparaison entre France et Allemagne, la présente étude du cas allemand montre bien que la différence essentielle entre eux réside dans la nette réduction du rôle de l'entreprise du côté français, en raison du fait que les systèmes orientés vers l'offre ont tendance à n'accorder à la tradition de l'apprentissage qu'un rôle résiduel, à l'inverse de ceux orientés vers la demande[26]. Ils génèrent ainsi des relations d'un autre type, aboutissant à d'autres équilibres entre le marché de la formation et celui du travail[27]. Mais cette étude fait aussi ressortir que les deux

---

24 Harney, K., vom Haus, M., *The Institutional Logics of Human Capital : Historical Analysis of Vocational Education in Germany*, Recklinghausen, FIAB Verlag, 2010 (FIAB Arbeitspapiere, n° 14), FIAB, disponible sur http:www.ruhr-uni-bochum.de ; berufspaed.

25 Sadowski, D., *Berufliche Bildung und betriebliches Bilddungsbudget*, Stuttgart, Scheffer & Poeschel, 1980.

26 Archan, S., Mayr, T., *Berufsbildung in Österreich*. Luxemburg, Amt für amtliche Veröffentlichungen der Europäischen Gemeinschaft (Cedefop Panorama Series 124), 2004 ; Frommberger, D., « Zur Modernisierung der Berufsbildung in den Niederlanden. Eine landesweite Qualifikationsstruktur als Ergebnis ordnungspolitischer und didaktisch-curricularer Innovationen » et Wolthuis, J., « The Transformation of Private Lower Technical Education in the Netherlands in the 19th and the 20th Century », in Reinisch, H., Santema, M. (Hg.), *Berufliche Bildung zwischen Schule und Betrieb. Stand und Entwicklung in den Niederlanden und in Deutschland*, Markt Schwaben, EUSL, 2001, p. 177-212 et p. 113-132.

27 Greinert, W.D., *Berufliche Breitenausbildung in Europa. Die geschichtliche Entwicklung der klassischen Ausbildungsmodelle im 19. Jahrhundert und ihre Vorbildfunktion. Mit einer Fortsetzung der Berufsbildungsgeschichte der Länder England,*

modèles ne s'opposent pas obligatoirement, puisqu'on assiste en Allemagne à une concurrence entre ces derniers qui couvrent des segments différents du système de la formation professionnelle.

Frankreich und Deutschland in der ersten Hälfte des 20. Jahrhunderts, Cedefop-Amt für amtliche Veröffentlichungen der Europäischen Gemeinschaften, Panorama Series, 114, Luxemburg, 2005.

TROISIÈME PARTIE

HOMMES, ENTREPRISES ET RÉSEAUX DE L'INNOVATION ET DES TRANSFERTS DE TECHNOLOGIE

Les fourneaux fumivores, progrès technologique, recul écologique

France/Grande-Bretagne (1780-1860)

Thomas LE ROUX

Chargé de recherche CNRS, Paris

Dans la longue historiographie croisée des révolutions industrielles en Grande-Bretagne et sur le continent européen, les rythmes et les matières de la production, les échanges commerciaux, les transferts technologiques ont jusqu'à présent prévalu. À ce jour, il n'existe aucune étude comparative relative à la lutte contre la pollution industrielle. On peut facilement le comprendre, mais aussi s'en étonner. Le comprendre, parce que les questions historiques étant bien souvent suscitées par des problématiques contemporaines, le champ récent de l'histoire environnementale n'a pas encore conquis l'étude des dispositifs techniques de dépollution. On peut toutefois s'en étonner, car ces derniers ont bien souvent été concomitants des applications des nouvelles technologies industrielles. À partir de la fin du XVIIIe siècle, les industriels et les pouvoirs publics commencent en effet à imaginer des solutions techniques afin de réduire les effets néfastes de la production artisanale ou industrielle. Ils prennent ainsi à contre-pied les anciens modes de régulation par l'éloignement ou par des réglementations architecturales qui prévalaient jusqu'alors. Sans surprise, la Grande-Bretagne semble motrice quoique, dans l'étude des modèles et des transferts, les concurrences avec leurs secrets et sous-entendus invitent à la précaution. Cet article aborde ces questions à partir d'un moyen de dépollution privilégié dans la première moitié du XIXe siècle : les fourneaux fumivores, dénommés outre-Manche *smokeless furnaces*, censés atténuer fortement les panaches de fumées industrielles en les brûlant ou en les détruisant.

Dans la hiérarchie des pollutions industrielles, les fumées sont longtemps restées loin derrière les mauvaises odeurs, nuisance majoritairement dénoncée par le voisinage et les autorités locales[1]. Toutefois, avec l'industrialisation des sociétés, les fumées envahissent la plupart des villes et deviennent une préoccupation d'hygiène publique notoire. Ce problème change véritablement de nature avec l'emploi, toujours plus fréquent, du charbon de terre dans l'industrie. À ce titre, l'adoption croissante de la technologie des machines à vapeur peut être considérée comme la source principale de pollution par les fumées, toujours plus volumineuses, opaques et malodorantes. Pour tenter de les réduire, de nombreuses initiatives privées et publiques sont prises. En Grande-Bretagne comme en France, ingénieurs, techniciens et hygiénistes s'attachent à innover pour améliorer la combustion du charbon. Leur action participe largement à la frénésie de dispositifs techniques inhérente à la société industrielle et au nouveau paradigme qui place sa confiance dans la technologie pour guérir les maux provoqués par l'industrie[2].

Le premier cycle de lutte contre la pollution par des moyens techniques s'étend sur une grande première moitié du XIXe siècle et reste largement ignoré par une historiographie qui privilégie les années postérieures[3]. De 1780 à 1860, à savoir de la mise au point de la technologie des machines à vapeur aux grands règlements relatifs aux fumées, plusieurs décennies d'expérimentations confiantes en l'avenir s'achèvent sur un bilan en demi-teinte et des décisions vidées des illusions et des espérances du passé. En 1853, le *Smoke Nuisance Abatement Metropolis Act* est promulgué, non sans difficultés, à Londres ; l'année suivante, c'est au tour du préfet de police de Paris de tenter de résoudre le problème des fumées avec une ordonnance de police spécifique, la première du genre. Est-ce à dire qu'au milieu du siècle, les règlements suppléent aux carences de la technique ? Cette relation serait trop simple : incitatifs, les règlements encouragent l'innovation et, s'ils affirment la prédominance du droit sur l'intérêt particulier, ils permettent aussi de légitimer une forme de normalité technologique. À cause de la grande difficulté de leur application, il devient possible, sous couvert des règlements, de s'affranchir de l'obligation de « brûler » journellement la fumée.

---

1 Corbin, A., *Le miasme et la jonquille. L'odorat et l'imaginaire social, XVIIIe-XIXe siècles*, Paris, Aubier, 1982 ; Massard-Guilbaud, G., *Histoire de la pollution industrielle, France 1789-1914*, Paris, Éditions de l'EHESS, 2010, p. 69-79.

2 Le Roux, Th., « Le changement technique comme moyen de lutte contre la pollution industrielle, Paris, 1817-1830 », *Cahiers de RECITS*, n° 6, 2008, p. 171-190.

3 Mosley, S., *The Chimney of the World. A History of Smoke Pollution in Victorian and Edwardian Manchester*, Cambridge, The White Horse Press, 2001 ; Thorsheim, P., *Inventing Pollution. Coal, Smoke and Culture in Britain*, Athens, Ohio University Press, 2006 ; Massard-Guilbaud, G., *Histoire de la pollution industrielle (...)*, *op. cit.*

En suivant le fil des modèles et des transferts, dans lesquels la Grande-Bretagne devance souvent la France, force est de constater, malgré des techniques et des dispositifs juridiques différents, une grande similitude au niveau des résultats : un échec manifeste dans la lutte contre la pollution atmosphérique.

1. En 1800, la fumivorité industrielle : un savoir britannique

Dès sa conception et ses premiers développements par Watt et Boulton, la machine à vapeur vise à une consommation optimale de charbon. La réduction des fumées devient rapidement un objectif connexe de l'économie et de la performance des machines. Efficacité énergétique et réduction des fumées vont alors de pair[4]. Intrinsèquement, les pollutions engendrées par cette nouvelle technologie peuvent être combattues sur le même plan technique que leur matrice conceptuelle. Gage de progrès, ubiquiste, la machine à vapeur fait aussi naître un discours légitimant la possibilité d'amélioration par des moyens techniques futurs, qui se propage aux autres secteurs industriels. Elle représente un instrument efficace pour l'acceptation de l'industrie en ville, malgré des nuisances dont on postule d'emblée la résorption endogène. C'est ainsi que, vers l'extrême fin du XVIIIe siècle, on abandonne l'ancien mode de régulation par l'éloignement des usines fumantes et on envisage sérieusement l'adoption de moyens technologiques pour lutter contre les nuisances. En 1798, dix-sept ans après la mise en fonction de la première machine à vapeur dans une fabrique textile de Manchester, le Board of Health de cette ville dénonce la pollution atmosphérique et préconise une méthode pour supprimer la fumée, inspirée de Boulton et Watt. Deux ans plus tard, le Nuisance Committe nouvellement créé rédige un rapport programmatique dans lequel il est clairement spécifié que les fourneaux peuvent être construits afin de brûler leurs fumées, puis qui recommande à la fois des mesures d'exhaussement des cheminées et la nécessité de brûler leurs fumées[5].

Les modèles de fourneaux fumivores dont s'inspire ce Comité sont essentiellement empruntés aux inventeurs et industriels Watt et Boulton, ainsi qu'aux Écossais John et James Roberton. Leurs premiers essais posent les bases des techniques développées au XIXe siècle : les systèmes qui permettent d'éviter la formation de la fumée à la source et

---

4 Jones, P.M., *Industrial Enlightenment. Science, Technology and Culture in Birmingham and the West Midlands, 1760-1820*, Manchester, Manchester University Press, 2009.

5 Bowler, C., Brimblecombe, P., « Control of Air Pollution in Manchester prior to Public Health Act, 1875 », in *Environment and History*, vol. 6, 2000, 1, p. 71-98.

ceux qui la font disparaître. Appliqués principalement aux machines à vapeur, mais largement étendus à d'autres types de fourneaux consommant beaucoup de combustible, il s'ensuit une grande variété de procédés, souvent empiriques, qui sont tous dépendants du type d'opérations industrielles auxquels ils sont affectés. Quant à l'emploi du coke, c'est-à-dire d'un charbon de terre débarrassé de ses parties bitumineuses et soufrées, il permet également de réduire à la source les fumées. Il est d'ailleurs utilisé dans les foyers secondaires des fourneaux fumivores. Son emploi est toutefois limité par son coût plus élevé et sa relative rareté. De plus, si le procédé de production de coke est connu en Angleterre, les essais du XVIIIe siècle ont tous échoué en France[6]. Le coke ne constitue donc pas une véritable alternative à la fumivorité technique des fourneaux, surtout dans les premières décennies de l'industrialisation.

La prééminence de la Grande-Bretagne sur la France pour la conception et la mise en œuvre des machines à vapeur impliquait-elle une supériorité en matière de connaissance des techniques de combustion et de fumivorité ? De fait, il faut attendre 1808 pour que des essais patronnés par l'État français soient ordonnés à l'Hôtel des Monnaies de Paris et pour que les autorités parisiennes s'y intéressent, dix ans après les recommandations faites à Manchester. Toutefois, il serait faux de ne voir dans ce décalage chronologique qu'un retard et une dépendance vis-à-vis de la technologie britannique. En l'occurrence, les savoirs scientifiques appliqués à la combustion semblent alors maîtrisés sur le continent, notamment en France. Dans les années 1780, sur la base des travaux du Genevois Argand, le Français Quinquet avait en effet développé des modèles de « lampes à quinquet », dans lesquelles la combustion se réalisait sans fumée, grâce à une maîtrise des courants d'air. Le système Argand avait été étudié par Watt et Boulton en 1784[7]. Par ailleurs, le 30 juin 1800, un inventeur, Thilorier, dépose un brevet de « poêle fumivore » qui semble être la première mention française du terme. Son foyer est divisé en plusieurs parties, permettant de varier les combustibles et de faire circuler l'air[8]. De même, des manufacturiers tentent de remédier au problème des fumés sans aucun transfert technologique explicite provenant d'outre-Manche. C'est le cas au début du siècle à la manufacture de sulfates établie près de l'hôpital de la Salpêtrière à Paris et à l'usine d'alun de Verberie, dans l'Aisne, toutes deux successivement dirigées par Clément et Desormes, ou encore à la poudrerie d'Essonne, près de Paris, conduite par Champy fils. En 1808, des

6 Woronoff, D., « Le charbon "épuré" vers 1780 : un essai manqué », in Benoît, P. et Verna, C. (dir.), *Le charbon de terre en Europe occidentale avant l'usage industriel du coke*, Tunrhout, Brépols, 1999, p. 169-175.

7 Jones, P.M., *Industrial Enlightenment (...)*, *op. cit.*, p. 135-139.

8 *Annales des arts et manufactures*, 2, 1800, p. 279.

expérimentations de fumivorité sont réalisées sur la nouvelle machine à vapeur de l'Hôtel de la Monnaie de Paris, établissement industriel d'État sous l'œil attentif du préfet de police, en charge de la salubrité de la capitale. Les savants Prony et Guyton de Morveau, qui rapportent ces expériences à l'Académie des sciences, insistent sur leur héritage purement français ; toutefois, ils ne peuvent occulter entièrement les essais réalisés à une échelle plus industrielle en Grande-Bretagne, qui font l'objet de recensions dans le *Journal des Mines*, puis dans les *Annales de Chimie* et le *Bulletin de la Société d'encouragement pour l'industrie nationale*[9].

2. Darcet, acclimateur des fourneaux fumivores en France

Comme essayeur à l'Hôtel de la Monnaie et témoin privilégié de l'expérimentation de 1808, un homme d'une exceptionnelle ingéniosité marque pendant deux décennies l'introduction des fourneaux fumivores dans l'industrie française : Jean-Pierre Darcet (1777-1844)[10]. Fils d'académicien, innovateur hors norme, volontariste, entreprenant, c'est l'un des plus grands apologistes à la fois de l'industrie et de l'hygiénisme. Durant toute sa carrière, il s'attache à améliorer divers procédés industriels insalubres dont il rassemble avant sa mort les principaux éléments dans un livre au titre évocateur[11]. Bien que sa carrière principale se déroule à l'Hôtel des Monnaies de Paris, où il se crée rapidement un réseau de relations exceptionnel de scientifiques et d'hommes d'État[12], c'est aussi un industriel parisien de premier plan, fabriquant divers produits chimiques, du savon et de la soude. Il s'intègre enfin parfaitement aux réseaux de l'encouragement industriel, en cumulant des places de choix, à la Société d'encouragement pour l'industrie nationale (secrétaire du Comité des arts chimiques), au Conseil général des manufactures (vice-président), enfin au Comité consultatif des arts et manufactures (CCAM) du ministère de l'Intérieur, principal organe de ce type placé auprès du ministre.

---

9 Archives de la Préfecture de police de Paris (désormais APP), Rapport du Conseil de salubrité (désormais RCS), 3 novembre 1808 ; *Procès-verbaux des séances de l'Académie des sciences, tenues depuis la fondation de l'Institut jusqu'au mois d'août 1835*, Hendaye, 1910-1922, t. 3, p. 132, 149, 153-156 ; *Journal des Mines*, 70, 1802, p. 262-271 ; *Annales de Chimie*, 69, 1809, p. 189-203.

10 Lieffroy, C., *Jean-Pierre-Joseph d'Arcet (1777-1844), un chimiste industriel dans la première moitié du XIX*e *siècle*, mémoire de maîtrise sous la direction de Denis Woronoff, Université de Paris I, 2000.

11 Darcet, J.-P., *Collection de mémoires relatifs à l'assainissement des ateliers, des édifices publics et des habitations particulières*, 1843.

12 Darnis, J.-M., *La Monnaie de Paris. Sa création et son histoire, du Consulat et de l'Empire à la Restauration (1795-1826)*, Levallois, Centre d'études napoléoniennes, 1988, p. 61.

Après les essais de 1808, il donne des conseils au chauffeur de la machine à vapeur de la Monnaie[13]. En 1811, ses essais de fumisterie réalisés à la manufacture de la Savonnerie à Chaillot attirent l'attention du Conseil de salubrité de Paris, créé auprès du préfet de police depuis 1802 pour remédier aux nuisances industrielles[14]. Son action en faveur de l'assainissement industriel, et plus particulièrement de l'introduction des fourneaux fumivores, débute réellement en 1812, lorsqu'il étudie les remèdes à apporter aux ateliers mortifères de l'Hôtel des Monnaies, chargés de vapeurs acides qui ont occasionné la mort de trois employés[15]. Utilisant des connaissances sur la combustion acquises dans ses usines, il modifie la ventilation des ateliers et construit un fourneau d'appel d'air[16]. Ses talents le font missionner par le ministère de l'Intérieur pour résorber les fumées de l'usine de cendres gravelées des frères Blanc, industriels à Lyon, en 1813. Le nouveau fourneau qu'il y construit reprend le principe du double foyer imaginé par Watt vingt ans auparavant. Mais aucun symptôme de transfert technologique n'est décelable et il est possible que, du fait de ses compétences, l'influence n'ait été qu'indirecte ou lointaine. Dans le foyer principal, la lie de vin est brûlée pour être transformée en cendre gravelée. L'abondante fumée qui en résulte est ensuite conduite vers un second foyer, situé quelques mètres plus haut ; celui-ci, chauffé au bois et suffisamment fourni en oxygène, est censé brûler la fumée. Plusieurs rapports témoignent du succès de la construction et les fabricants sont autorisés à reprendre leurs travaux en septembre 1813[17].

---

13 Darnis, J.-M., *La Monnaie de Paris (...), op. cit.*, p. 52.

14 APP, RCS 1er juillet 1811.

15 *Bulletin de la Société d'encouragement pour l'industrie nationale* (désormais *BSEIN*), 1814, t. 13, p. 119-123 ; Bret, P., « Des essais de la Monnaie à la recherche et à la certification des métaux : un laboratoire modèle au service de la guerre et de l'industrie (1775-1830) », in *Annales Historiques de la Révolution française*, n° 2, 2000, p. 137-148 ; Darnis, J.-M., *La Monnaie de Paris (...), op. cit.*, p. 140.

16 Darcet, J.-P., *Collection de mémoires relatifs à l'assainissement des ateliers (...), op. cit.*, p. VII, 189-197 et 199-224.

17 *Ibid.*, p. 9-22 ; *BSEIN*, 1815, 14, p. 87-100.

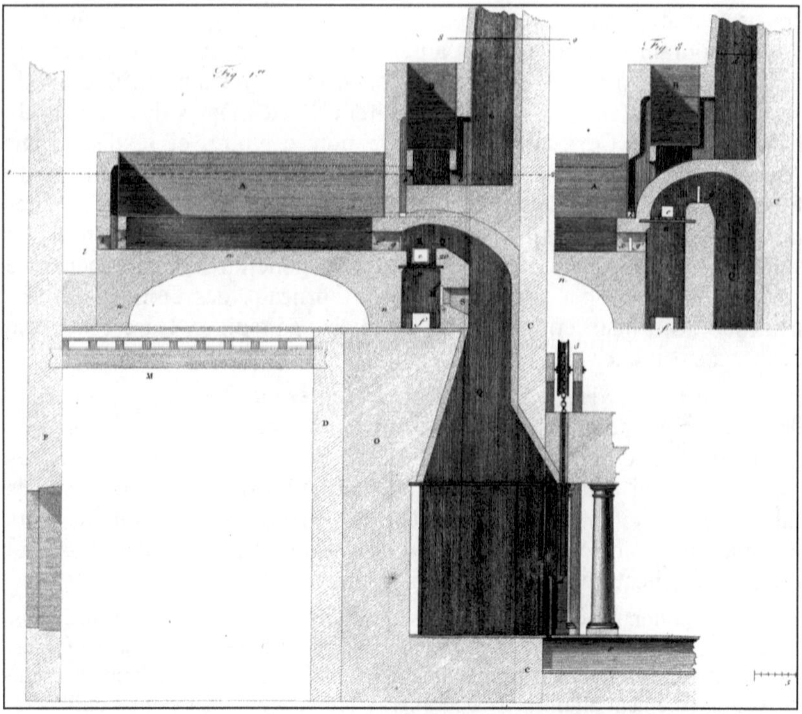

Illustration 1. Fourneau fumivore Darcet, Lyon, 1813[18]. Le second foyer est en *f*

Ces différents succès incitent le préfet de police à le nommer membre du Conseil de salubrité de Paris. Très vite, il en devient le véritable leader, se donnant pour tâche d'assainir les industries insalubres à l'aide de moyens techniques. La loi de 1810 sur les établissements industriels polluants qu'elle répartit en trois classes suivant leur degré de nuisance et qu'elle soumet à autorisation administrative constitue un point d'appui important de la démarche de Darcet, puisque toute amélioration technique permet de faire gagner une classe à l'usine concernée, et donc de la soulager d'une partie des contraintes réglementaires. Dès son premier rapport, en janvier 1814, sur une fabrique de noir animal située à Gentilly, Darcet conseille la construction d'un four qui peut en permettre l'établissement, non seulement dans cette commune, « mais encore dans Paris même »[19]. Son entrée en action coïncide à Paris avec la multiplication des protestations contre les fumées noires,

[18] Darcet, J.-P., *Collection de mémoires relatifs à l'assainissement des ateliers (...)*, *op. cit.*, planches.

[19] APP, RCS, 18 janvier 1814.

épaisses, malodorantes, nuisibles à la santé qui se dégagent de manufactures recourant de plus en plus au charbon : savonneries, manufactures de produits chimiques, teintureries, fonderies de métaux, raffineries de sucre, etc.[20] Certains fabricants s'inspirent d'eux-mêmes des travaux de Darcet, comme Cerf, un fabricant de noir d'ivoire, et le distillateur Aubert[21]. En septembre 1814, Darcet supervise les modifications du fourneau des Bains Vigier, sur la Seine, qui provoquent des plaintes nombreuses à cause de la fumée[22]. Puis, sous sa plume, le Conseil de salubrité propose au préfet une instruction générale « sur la meilleure construction à donner aux fours et aux fourneaux des fabriques et des usines »[23]. Si l'instruction, finalement, n'est pas rédigée, Darcet ne cesse désormais d'inciter les industriels à utiliser un fourneau fumivore.

À partir de 1815, leur construction représente théoriquement l'une des conditions pour obtenir une autorisation préfectorale d'établir une fabrique réputée polluante. Même si ce n'est pas Darcet qui instruit les dossiers, on lui demande de s'occuper du suivi des constructions. Les fabricants sollicitent parfois sa visite pour vérifier la conformité de leurs installations[24]. En 1816, grâce à son action, le Conseil de salubrité peut prédire l'éradication prochaine du problème des fumées industrielles :

> Le perfectionnement des appareils pyrotechniques est assez avancé pour dissiper toutes les craintes que donnaient justement les fours, forges, cheminées et fourneaux des manufactures où l'on a des feux presque continuellement allumés. Si l'on impose toujours aux fabricants l'obligation de construire des fourneaux fumivores, on ne sera plus incommodé par le voisinage des machines à vapeur, des buanderies, raffineries, salpêtreries, brasseries, fonderies, distilleries, etc.[25]

L'action de Darcet part du postulat de la perfectibilité technique et de la confiance en l'avenir. Elle mêle l'ingéniosité d'une démarche personnelle, acquise au progrès industriel et une recherche pilotée par l'État. Il intervient ainsi particulièrement dans les grandes manufactures d'État, comme celles des Tabacs et de la Monnaie, ou sur des sites pilotes, comme les pompes à feu de la Seine. Ses fonctions publiques au Conseil de salubrité et au Comité consultatif lui donnent la légitimité nécessaire

---

20 APP, RCS, 1810-1817.

21 Darcet, J.-P., *Collection de mémoires relatifs à l'assainissement des ateliers (...)*, *op. cit.*, p. 19 ; APP, RCS, 14 août 1816.

22 1814, t. 13, p. 217-218.

23 *Rapports généraux du Conseil de salubrité [pour l'année 1814]* (dorénavant *RG 18xx*), t. 1, p. 77.

24 *RG 1814*, t. 1, p. 77 ; APP, Procès-verbaux des séances du Conseil de salubrité (dorénavant PVSCS), 1814-1816.

25 *RG 1816*, t. 1, p. 97.

pour approfondir ses recherches[26]. Le rôle de cette dernière institution dans la connaissance des techniques de dépollution semble à ce titre encore méconnu. Sous l'impulsion de Darcet, elle a pourtant des fonctions importantes auprès du ministre[27].

3. L'impératif fumivore, modèles et transferts

En France comme en Grande-Bretagne, la fin des années 1810 marque l'époque de l'impératif fumivore. Les similitudes chronologiques s'accompagnent, semble-t-il, de premiers transferts explicites de technologie ou du moins d'une circulation de l'information entre les deux pays. Avec l'industrialisation et l'adoption des machines à vapeur dans maints secteurs industriels, les fumées se multiplient, particulièrement dans les deux capitales. À Paris *intra-muros*, entre 1818 et 1827, la consommation du charbon de terre passe de 437 000 à 939 000 hectolitres. En Angleterre, elle progresse encore plus rapidement[28]. À cette hausse, correspond une quantité de plaintes qui rendent nécessaires des réponses encore plus fortes. À Londres, beaucoup d'habitants réclament la réduction des fumées, arguant que les coûts financiers seraient bien inférieurs aux profits en termes de santé publique pour la population et exigeant des législateurs des mesures énergiques[29]. Ils ont en partie gain de cause : la Chambre des Communes charge un Comité d'enquêter sur les fumées industrielles et l'enquête confirme l'existence de moyens techniques employés dans de nombreuses villes industrielles du pays[30]. En 1821, une loi oblige les industriels s'équipant en machines à vapeur à se munir d'appareils fumivores. Mais son interprétation, laissée à la latitude des polices locales, ne permet pas une application stricte[31]. Elle encourage en revanche de nouveaux perfectionnements techniques.

---

26 Le Roux, Th., *Le laboratoire des pollutions industrielles. Paris, 1770-1830*, Paris, Albin Michel, 2011, chapitre 7.

27 En 1830 par exemple, le CCAM étudia les fourneaux fumivores appliqués aux verreries. Voir sur ce point *BSEIN*, 29, 1830, p. 243.

28 Peclet, J.-C., *Traité de la chaleur*, 1843, t. 1, p. 92 ; *Recherches statistiques sur la ville de Paris et le département de la Seine, 1821-1860*, t. 3, tableau 85 ; Fohlen, Cl., « Charbon et révolution industrielle en France (1815-1850) », in L. Trenard (dir.), *Charbon et sciences humaines*, Paris-La Haye, Mouton, 1966 ; Flinn, M.W. et Stoker, D., *The History of the British Coal Industry*, vol. 2 : *1700-1830 : The Industrial Revolution*, Oxford, Clarendon Press, 1984.

29 Frend, W., *Is it impossible to free the atmosphere of London in a very considerable degree from the smoke and deleterious vapours with which it is hourly impregnated ?*, Londres, 1819.

30 *Parliamentary Papers, House of Commons* (dorénavant *PPs*), 1819 (579).

31 *BSEIN*, 1822, t. 21, p. 165 ; Brimblecombe, P., « Control of Air Pollution in Manchester prior to Public Health Act, 1875 », in *Environment and History*, vol. 6, 2000, 1, p. 71-98 ; Mosley, S., *The Chimney of the World (...)*, *op. cit.*, p. 15-16.

En France également, l'innovation technique est en partie suscitée par la contrainte réglementaire. Au début des années 1820, il est admis que les fourneaux fumivores permettent « de tolérer dans les villes plusieurs genres d'ateliers qui répandaient autrefois une fumée épaisse, sinon insalubre, du moins très incommode »[32]. C'est bien pour ne pas éloigner les ateliers hors des villes que ces fourneaux sont adoptés. La quantité croissante des fumées du charbon de terre rend leur construction encore plus nécessaire. L'exemplarité de certaines fabriques et la notoriété de Darcet sont régulièrement signalées par le Conseil de salubrité et la Société d'encouragement[33]. Comme en Angleterre, les prescriptions réglementaires passent d'une incitation locale à une inscription dans la loi. Par l'ordonnance royale du 29 octobre 1823, l'encouragement à munir les machines à vapeur d'un appareil fumivore est clair : celles à haute pression sont rangées dans la deuxième classe des établissements insalubres si elles sont fumivores, au lieu de la première. Cette disposition permet à tout industriel précautionneux d'établir une machine à vapeur dans une usine mitoyenne d'habitations. De même, les machines à vapeur à basse pression sont rangées dans la troisième classe, au lieu de la deuxième, si elles sont rendues fumivores : la surveillance administrative est alors considérablement allégée[34].

Dans l'analyse des modèles et des transferts de technologie entre les deux pays, il n'est pas facile de tracer précisément les emprunts, tant les fourneaux fumivores sont spécifiques du secteur industriel qui les utilise. Néanmoins, durant les trente années d'innovations qui séparent les premières lois sur les fumées des machines à vapeur (1821-1823) des grands règlements métropolitains de Londres et de Paris (1853-1854), il est possible de dégager quelques grandes tendances. D'une part, aucune des innovations ne rompt avec les principes énoncés à la fin du XVIIIe siècle. Watt et Boulton peuvent toujours être considérés comme les pères fondateurs de la fumivorité. D'autre part, les transferts sont clairement dépendants des technologies anglaises, même si cela n'est presque jamais explicité en France. Ces parcours technologiques concernent les trois grands domaines de la fumivorité industrielle : le fourneau à double foyer, la ventilation forcée, les techniques de chargement.

Le fourneau à double foyer présente l'avantage de pouvoir être relativement facilement appareillé aux fourneaux non liés à une chaudière à

[32] Lachaise, C., *Topographie médicale de Paris*, 1822, p. 135 ; Chaptal, A., *De l'industrie française*, 1819, t. 2, p. 110.

[33] *RG 1820*, 1825, t. 1, p. 161 et 316 ; *BSEIN*, 1822, t. 21, p. 168-169 ; APP, RCS 1821-1825.

[34] Taillandier, A., *Traité de la législation concernant les manufactures et ateliers dangereux, insalubres ou incommodes*, 1827, p. 123.

vapeur. Il a en revanche l'inconvénient d'être difficilement adaptable aux fourneaux déjà existants et d'exiger de fortes dépenses d'investissement. En France, Darcet en est le principal propagateur. En 1827, l'État lui demande d'en construire un de ce type pour la manufacture des Tabacs, une des sources les plus importantes de pollution industrielle à cause de la combustion de centaines de tonnes de résidus du tabac, les côtes, qui sont brûlées en divers points de l'agglomération parisienne. Par un jeu de grilles et de circulation d'air et de flammes et par l'emploi d'un calorifère en fonte, Darcet optimise la combustion de ces côtes. Surtout, il systématise le principe du foyer multiple, puisque la fumée est forcée de traverser un foyer secondaire et, pour ne rien laisser au hasard, il prévoit même un troisième foyer à flamme renversée, avant d'atteindre la cheminée[35]. En Angleterre, les doubles foyers combinés sont surtout employés par Hall et par Fairbairn. Le premier divise le foyer principal, dans le sens de sa longueur, par un mur mince en briques réfractaires : les deux foyers sont ainsi contigus. L'avantage réside dans un gain de place et une moindre dissipation de la chaleur. Il y apporte des améliorations successives, notamment par l'admission contrôlée de l'air. De son côté, Fairbairn, à Manchester, conçoit un principe analogue de doubles foyers incorporés dans une même structure, inclus cette fois dans la chaudière elle-même. Il prend un brevet en 1844. Cette technique, spécifiquement anglaise, encore inconnue sur le continent, est déjà répandue en différents points de l'Angleterre. Ce n'est qu'en 1850 que l'industriel français Buzonnière conçoit un double foyer à l'intérieur d'un même espace : l'innovation principale réside dans la possibilité d'interchanger les rôles des deux foyers en fonction des besoins, une subtilité qui occasionne cependant des frais de manutention et de réparation[36].

La ventilation forcée avec apport d'oxygène est commune à tous les fourneaux, mais ce paramètre prédomine dans un certain nombre d'entre eux. Comme nous l'avons vu, tous les fourneaux de Darcet tiennent compte de la circulation de l'air. En Angleterre, Parkes propose en 1820 un fourneau dans lequel l'air extérieur est amené par un tuyau, ce qui attise le feu, à la manière d'un soufflet de forge. L'introduction de l'air peut varier en fonction des besoins. Selon l'enquête parlementaire de 1843, ce fourneau est très apprécié des industriels. Deux ans plus tard, Chapman a l'idée d'échauffer préalablement l'air en le faisant passer dans les barreaux creux des grilles du foyer ; le modèle n'aura toutefois

---

[35] *Annales d'hygiène publique et de médecine légale* (dorénavant *AHPML*), 1829, t. 1, p. 211-215 et 425-429. *RG 1827*, t. 2, p. 11-13.

[36] *BSEIN*, 54, 1855, p. 9-11 et 139-140 ; Buzonnière, *Fourneau à double foyer pour la combustion de la fumée de la houille*, Orléans, 1851.

pas de postérité[37]. En France, Lefroy, ingénieur en chef des Mines, reprend les principes de ventilation forcée au début des années 1830, en adjoignant à la circulation naturelle de l'air des courants artificiels dont le volume est maîtrisé. Selon ses propres termes, il crée une « colonne à action périodique ou intermittente » qui complète la « colonne à action continue » déjà présente entre les grilles[38]. Puis le système est encore amélioré par Wye Williams, de Liverpool, qui prend plusieurs brevets entre 1838 et 1841. L'air est envoyé par petits jets au cœur de la combustion grâce au tirage de la cheminée. Ce système s'avère l'un des plus populaires en Angleterre, comme le montrent les enquêtes londonienne et parlementaire de 1841 et 1843[39]. C'est ce système que tente d'acclimater en France l'ingénieur des Mines Duméry dans les années 1855-1857, quand l'État rend la pression réglementaire plus présente[40].

Parmi les grands types de techniques adoptés, viennent enfin les différentes manières d'alimenter le foyer en charbon, puisque toute ouverture de portes produit inévitablement une perturbation de la combustion, et donc de la fumée. Les trémies et grilles inclinées des années 1800 sont remplacées progressivement, durant les années 1820, par des grilles mobiles et des trémies de distribution mécanique. L'innovateur originel en est l'ingénieur Brunton, de Birmingham, l'un des témoins de l'enquête parlementaire de 1819, qui dépose alors un brevet permettant une répartition régulière et en petites quantités de la houille sur la surface du foyer, évitant le refroidissement de la température de combustion lors des chargements. La grille du foyer tourne autour d'un axe à mesure du chargement, tandis que l'ouverture de la trémie est guidée mécaniquement par un arbre de transmission vertical.

---

37 *Annales des Mines*, 1826, 2, p. 107-110.

38 *BSEIN*, 1833, p. 179-196.

39 *BSEIN*, 41, 1842, p. 29 ; 54, 1855, p. 144-146. Sur les enquêtes anglaises, voir plus loin.

40 *BSEIN*, 54, 1855, p. 264-275 et 771-786 ; 55, 1856, p. 23-30 et 281-285 ; 56, 1857, p. 690-692.

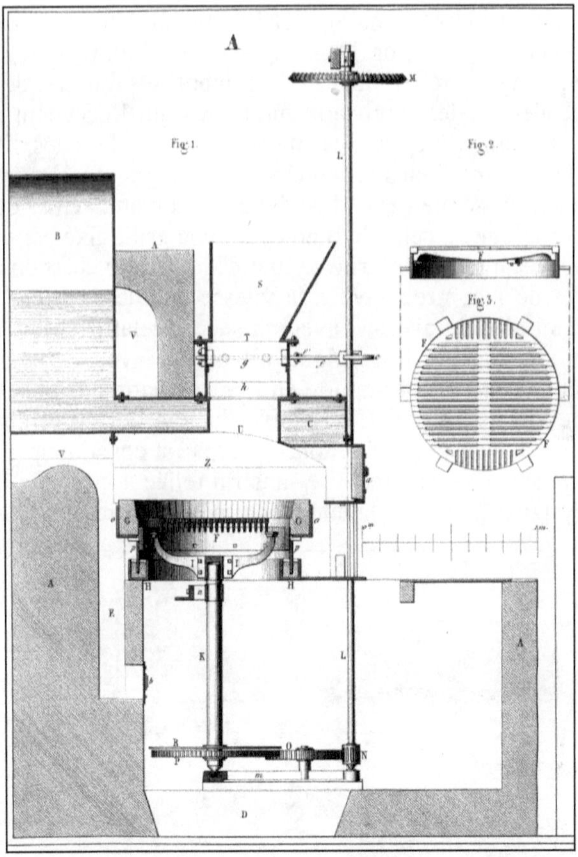

Illustration 2. Appareil à grille tournante de Brunton (*BSEIN*, 64, 1855, pl. 39)

Le système est amélioré en 1822 par Stanley qui y adjoint un système de broiement de la houille à l'issue de la trémie, ce qui permet de supprimer la mobilité de la grille du foyer. Le mécanisme de Brunton est ensuite introduit en France par Caillat, dans les Bains du quai de Gesvres à Paris, et le mécanicien Collier l'adapte ensuite à différents types de fourneaux. Il est utilisé dans une filature de coton de Saint-Denis en 1822. Toutefois, le coût du mécanisme et sa complexité nuisent à sa diffusion[41]. Le transfert technologique de l'Angleterre vers la France est donc ici explicite. Son principal propagateur en France, Collier, est d'ailleurs un Anglais, naturalisé en 1819 par Louis XVIII pour lui permettre de concourir aux récompenses lors de l'exposition

41 *PPs 1819* (579), p. 12-13 et 23-24 ; *BSEIN*, 21, 1822, p. 164-170 ; 54, 1855, p. 154-157.

des produits de l'industrie nationale. Il y reçoit à trois reprises (1819, 1823, 1827) la médaille d'or. Dans les années 1820, il fait de fréquents voyages en Angleterre et diffuse largement ses observations, parmi lesquelles celles sur les fourneaux fumivores qui l'occupent particulièrement. À son initiative, ce système est diffusé dans les filatures de coton du Haut-Rhin[42]. Dans les années 1830, le grand industriel parisien et académicien Anselme Payen installe dans sa manufacture de Grenelle un système analogue à celui de Stanley : à une grille fixe est associée un distributeur mécanique dont trois cylindres broient le charbon et alimentent le foyer de façon régulière à la vitesse voulue. Il utilise cette machine pendant plus de dix ans, avec un succès relatif[43]. Mais le comble du perfectionnement technologique est atteint avec l'Anglais Juckes (1841) dont le système est importé en France quatre ans plus tard par le mécanicien anglais Tailfer. L'ensemble du foyer et du cendrier est ici remplacé par un chariot mobile dont le corps est constitué par une grille entraînée par une chaîne circulaire sans fin reliée à la trémie de chargement. Ce système est testé à la manufacture des Tabacs de Paris[44].

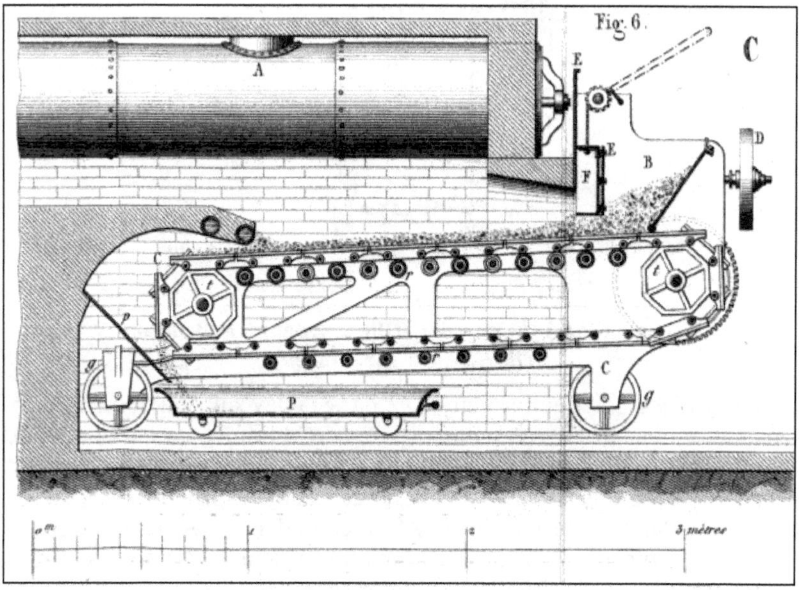

Illustration 3. Appareil à grille mobile de Tailfer (*BSEIN*, 54, 1855, pl. 39)

[42] *BSEIN*, 27, 1828, p. 167-169.

[43] *BSEIN*, 54, 1855, p. 157-158 ; Peclet, J.-C., *Traité de la chaleur*, *op. cit.*, t. 1, p. 259-260.

[44] *BSEIN*, 41, 1842, p. 422-423 ; 47, 1848, p. 667-672 ; 48, 1849, p. 162 ; 54, 1855, p. 158-160.

Ces modèles et transferts, rapidement tracés, montrent qu'au niveau scientifique et industriel, l'information circule entre les deux pays et que les emprunts vont majoritairement des îles Britanniques au continent, même si les travaux de Darcet peuvent être considérés en partie comme endogènes. En tout cas, le *Bulletin de la Société d'encouragement* publie régulièrement des comptes rendus de fourneaux fumivores anglais dans ses colonnes, particulièrement dans les années 1850. De même, l'administration française est très attentive à ce qui se passe dans ce domaine en Grande-Bretagne. L'enquête parlementaire de 1843 est suivie de près. À son issue, la commission centrale des machines à vapeur est consultée par le secrétaire d'État aux Travaux publics qui charge l'ingénieur Combes de réaliser des expériences sur la base de ses conclusions[45].

Au-delà des différents types de fourneaux, les enquêtes sur le terrain soulignent leur grande diversité, en fonction des réalisations empiriques à partir de tel ou tel aspect connu en théorie. Les constructions réalisées dépendent de l'ingéniosité et des connaissances des ingénieurs, mécaniciens et chauffeurs présents dans les manufactures. Ainsi, une inspection des fourneaux industriels de la City de Londres, réalisée en 1853, montre qu'il existe presque autant de systèmes différents que de manufactures[46]. L'ingénieur des Ponts et Chaussées Mille, en mission à Londres, rend compte de cette grande diversité et de l'efficacité relative des fourneaux. Mais, selon lui, même si aucun système n'est parfait, beaucoup permettent de réduire les fumées.

> On voit que rien n'est plus varié que le mode adopté par les industriels anglais pour se conformer aux exigences de la loi. L'un change son foyer, l'autre son combustible et emploie un charbon plus pur, ou du coke ; un troisième adopte l'appareil Lee Stevens, tandis que son voisin préfère l'appareil Godson, ou Juckes, ou bien encore laisse à l'ingénieur de l'établissement le soin d'en remanier les fourneaux. Tous ont-ils également réussi ? Non certainement, mais tous ont fait des efforts et ont agi dans les limites de leurs connaissances personnelles, de leur ressources pécuniaires et, si partout la fumée n'a pas disparu au haut de la cheminée, partout elle a notablement diminué[47].

Ces appréciations optimistes ne peuvent toutefois dissimuler entièrement les échecs rencontrés tout au long du siècle. Ce qui frappe, en effet, c'est la récurrence et l'augmentation des plaintes à l'encontre des fumées dont le volume progresse indéniablement d'année en année. La confiance et l'espérance en la technologie font place au désenchante-

---

45 *Annales des Mines*, 1847, 4e série, XI, p. 149 ; *BSEIN*, 44, 1845, p. 348-355.

46 *BSEIN*, 54, 1855, p. 270-271.

47 *Ibid.*, p. 272.

ment, sans que le paradigme de la civilisation industrielle et de ses technologies palliatives et curatives soit pour autant remis en cause.

4. Des échecs récurrents

Au cours du XIXe siècle, malgré la généralisation des fourneaux fumivores, les fumées industrielles deviennent la première des nuisances, supplantant ainsi les mauvaises odeurs. Elles suscitent un important problème de pollution atmosphérique[48]. La récurrence des plaintes montre que la technologie n'est pas maîtrisée. Même les plus grands entrepreneurs, ceux qui participent aux réseaux de l'encouragement industriel, de la philanthropie ou de l'hygiénisme et qui possèdent des capitaux conséquents, sont accusés de négligence ou doivent avouer leurs échecs. Quelques exemples parisiens des années 1820, au moment même où l'impératif fumivore imprègne les travaux de Darcet et du Conseil de salubrité, permettent de relativiser les espérances technologiques.

Entre 1822 et 1825, les maîtres de forges Manby et Wilson étendent leur fonderie de Charenton, près de Paris. Il s'agit d'une manufacture acclimatée de l'Angleterre, à la pointe du progrès, admirée et donnée en modèle, visitée par des ministres et conseillers d'État. Or, ses fourneaux, quoique d'une « étonnante perfection », ne sont toujours pas fumivores en 1825[49]. Au nord-ouest de Paris, à Clichy, ils ne le sont pas non dans la fabrique de céruse de Roard, pourtant membre actif de la Société d'encouragement et du Comité consultatif des arts et manufactures et proche de Darcet, donc au plus près des connaissances industrielles et de leur diffusion[50]. À Passy, Cavailhon établit en 1818 une fabrique de « revivification » de noir animal. Des plaintes l'obligent à produire en vase clos et à brûler sa fumée. Or, l'année suivante, cette fabrique est fermée à cause de la fumée. Cavailhon n'est pourtant pas un industriel ignorant : il obtient en 1822 le prix de la Société d'encouragement relatif à la revivification du charbon animal, triomphant de quatre autres entrepreneurs célèbres, Payen, Pluvinet, Derosne et Delessert[51]. Ce dernier subit également des déconvenues vis-à-vis de la technologie des fourneaux fumivores dans sa raffinerie de sucre de Passy. Banquier, possédant l'une des plus grosses fortunes de Paris, membre des milieux

48 Pour Paris, Le Roux, Th., *Le laboratoire des pollutions industrielles (...), op. cit.* ; pour Londres, Luckin, B., « Town, Country and Metropolism : The Formation of an Air Pollution Problem in London, 1800-1870 », in Schott, D. (Hg.), *Energie und Stadt in Europa*, Stuttgart, Steiner, 1997, p. 77-91.

49 *Annales de l'industrie nationale et étrangère*, 1826, t. 23, p. 5-16 ; *BSEIN*, 1825, t. 24, p. 123-126 ; APP, RCS, 31 mai 1822 et 22 décembre 1825.

50 APP, RCS, 22 juin 1823.

51 APP, RCS, 17 avril et 26 mai 1818, 18 mars 1819 ; *BSEIN*, 1822, t. 21, p. 318-332.

philanthropiques éclairés, son échec dans ce domaine ne peut être lié à un manque de connaissances ni de moyens. En 1822, son voisin le plus proche se plaint pourtant de fumées noires et épaisses qui pénètrent dans son logement. Delessert lui-même en convient, mais affirme : « J'ai fait quelques essais pour brûler la fumée et je ne demande pas mieux que de continuer à en faire de nouveaux, mais j'observe que, jusqu'à présent, on n'a pas trouvé de procédé qui remplisse ce but pour des fourneaux qui exigent une grande chaleur comme ceux des raffineries ». Malgré une mise en contact avec Darcet, ordonnée par le préfet, les plaintes à son encontre qui redoublent après 1825 montrent que la technologie n'est toujours pas probante[52]. Même les fourneaux fumivores de la manufacture des Tabacs et de la Monnaie, supervisés directement par Darcet, ne sont pas exempts de reproches. La manufacture des Tabacs est « en contravention presque permanente », car « le peu de soin que l'on met à en diriger l'action, pour ne pas dire la négligence complète, même de l'emploi des moyens fumivores qui sont à leur disposition, fait qu'ils ne brûlent point la fumée qu'ils produisent ou ne la brûlent qu'imparfaitement et qu'ils donnent lieu à des plaintes fondées »[53]. Quant à l'Hôtel des Monnaies, le Comité consultatif des arts et manufactures regrette que son fourneau fumivore ne fonctionne que par intermittence, tant les réparations sont fréquentes[54].

La mauvaise volonté qui existait sans aucun doute ne peut expliquer à elle seule la persistance des panaches de fumées. Intrinsèquement, la technologie est imparfaite, coûteuse et contraignante.

Imparfaite ? Elle ne constitue pas une réponse universelle. Darcet lui-même doit se rendre à l'évidence : des meilleurs fourneaux fumivores, il s'échappe toujours un peu de fumée, cela est inévitable[55]. Aussi, ses fourneaux et ceux de Lefroy sont abandonnés au cours des années 1830, car l'injection d'air refroidit trop le foyer lors de la combustion. De même, les trous d'air de Wye Williams sont vite bouchés par les déchets, la chaîne sans fin de Juckes se casse souvent, les barreaux des grilles mobiles s'encrassent et se brûlent, bloquant le système[56].

Coûteuse ? La technologie fait perdre du calorique, donc de l'argent[57]. Dès la fin du XVIIIe siècle, les essais réalisés à Manchester

52 APP, DA 47, Delessert, fol. 2, 7, 13 et 17-21, 1822-1828 ; RCS, 21 février et 31 mai 1822, 15 janvier 1823.

53 *RG 1829*, t. 2, p. 100-104.

54 Taillandier, A., *Traité de la législation concernant les manufactures et ateliers dangereux (...)*, *op. cit.*, p. 125-127.

55 APP, RCS, 20 mars 1821, 3 octobre 1822.

56 Mosley, S., *The Chimney of the World (...)*, *op. cit.*, p. 124 ; *BSEIN*, 44, 1845, p. 348 ; 54, 1855, p. 274.

57 *BSEIN*, 1822, t. 21, p. 168-169.

montrent que la fumivorité entraîne une consommation supplémentaire de 10 % de charbon[58]. Hors des manufactures aux gros capitaux, la plupart des ateliers et fabriques étaient vulnérables, et le moindre coût supplémentaire les dissuadait de réaliser les essais.

Contraignante enfin ? Elle l'est assurément, ce qui explique le « mauvais vouloir ou la coalition tacite des chauffeurs » qui ne veulent pas changer leurs habitudes pour ce type de fourneau, compliqué à manier[59]. La technologie nécessite une surveillance permanente, un entretien régulier et de nombreuses réparations.

Après cinquante ans de recherches et d'expérimentations qui permettent de légitimer l'existence de l'industrie en ville malgré ses fumées, la technologie fumivore se retrouve dans l'impasse. Chaque nouvel appareil n'est qu'une promesse supplémentaire, mais dont on doute de plus en plus du succès, tandis qu'aucun n'apporte d'innovation vraiment significative. Les échecs répétés incitent les autorités à encourager l'emploi du coke et la construction de hautes cheminées afin d'envoyer la fumée plus haut dans l'atmosphère. Ces palliatifs sont équivoques : s'ils protègent le voisinage immédiat des nuisances des usines, ils ne règlent en rien la pollution industrielle d'un point de vue global, ne faisant que la délocaliser. En ce qui concerne le coke, la pollution majeure est reportée dans les usines de carbonisation de la houille, parfois installées aux portes des villes, à Paris par exemple. Quant aux hautes cheminées, elles dilatent les fumées sur une plus grande surface mais, à l'échelle d'une agglomération, n'ont aucun effet protecteur. Ces palliatifs ne constituent en réalité que des déplacements de pollution[60].

Au début des années 1840 en Grande-Bretagne, les pollutions des fumées industrielles atteignent un tel niveau que la population commence à s'organiser pour les dénoncer. La Cour du *Common Council* de Londres commande un rapport sur les fumées industrielles en 1841 qui se conclut par l'intervention du Parlement ; il est également envoyé aux autorités des villes manufacturières[61]. Deux ans plus tard, la Chambre des Communes ordonne une nouvelle enquête. Le *Select Committee on Smoke Prevention* étudie près de soixante modèles d'appareils et estime

---

58 *PPs 1819* (579), p. 18.

59 Péclet, J.-C., *Traité de la chaleur, op. cit.*, p. 255 et 258-259 ; Taillandier, A., *Traité de la législation (...), op. cit.*, p. 125-127 ; APP, RCS 12 avril 1822, 18 septembre 1824.

60 Pour le cas parisien, Le Roux, Th., *Le laboratoire des pollutions industrielles (...), op. cit.*, chapitre 7 ; pour la Grande-Bretagne, Thorsheim, P., « The Paradox of Smokeless Fuels. Gas, Coke and the Environment in Britain, 1813-1949 », in *Environment and History*, 8, 2002, p. 381-401.

61 London Metropolitan Archives, COL/CC/04/01/015, *Minutes of the Court of Common Council and reports of Committees ordered to be printed*, 1841, p. 467-476.

que trente autres verront le jour dans la décennie à venir[62]. L'enquête est suivie à Manchester par un règlement de police pris en 1845, si peu contraignant que les industriels le contournent[63]. À Londres, aucun acte de police locale n'en découle. Mais, au début des années 1850, l'idée d'un règlement métropolitain commence à faire son chemin, battant en brèche l'optimisme technico-économique[64]. En 1851, la City de Londres reçoit l'autorisation de lever des amendes pour cause de fumées, mais seulement dans ses propres quartiers, ce qui exclut une grande partie de la métropole. La ville de Liverpool prend au même moment une orientation plus répressive contre les fumées, sans exclure des mesures d'incitation pour l'adoption d'appareils fumivores connus[65]. Finalement, le *Smoke Nuisance Abatement Metropolis Act* est voté par le Parlement, le 20 août 1853. Applicable à partir du 1er août 1854, il ordonne à tous les propriétaires de fourneaux industriels de Londres (et pas seulement à ceux de machines à vapeur) de brûler leur fumée, sous peine d'amendes[66].

La Ville de Paris suit un chemin identique. Après un rapport circonstancié de Vernois au Conseil d'hygiène de la Seine, une ordonnance de police du 11 novembre 1854 prend acte des « vives réclamations » quotidiennes des citadins, de l'obscurcissement de l'air, des dégâts que la fumée provoque pour les habitations, les monuments, la santé publique. Elle spécifie que les propriétaires d'usines faisant usage d'appareils à vapeur sont tenus « de brûler complètement la fumée produite par les fourneaux de ces appareils ou d'alimenter ces fourneaux avec des combustibles ne donnant pas plus de fumée que le coke ou le bois ». Les poursuites judiciaires et sanctions administratives applicables en vertu de cette ordonnance sont cependant si vagues que le Conseil d'hygiène doit rédiger une instruction en avril 1855 pour répondre aux questions des industriels. Mais celle-ci, loin de préciser les domaines d'application de l'ordonnance, renforçait les possibilités d'interprétation :

> L'administration n'a point à prescrire, ni à recommander de préférence certains appareils ou procédés fumivores. Elle engagerait ainsi sa

[62] *PPs, 1843* (583) VII, q. 1001 ; Anderson, M. et Ashby, E., « Studies in the Politics of Environmental Protection : The Historical Roots of the British Clean Air Act, 1956 : The Awakening of Public Opinion over Industrial Smoke, 1843-1853 », in *Interdisciplinary Science Review*, 1, 1976, p. 283.

[63] Mosley, S., *The Chimney of the World (...), op. cit.*, p. 144.

[64] Keld, W., Whytehead, *The City Smoke Prevention Act, with Suggestions of the use of Smoke-Consuming Furnaces*, London, John-Weale, 1851.

[65] Hawes, R., « The Municipal Reform of Smoke Pollution in Liverpool, 1853-1866 », in *Environment and History*, vol. 4, 1998, 1, p. 75-90.

[66] *BSEIN*, 54, 1855, note 2, p. 133.

responsabilité et risquerait de toucher à des intérêts privés auxquels elle doit et veut rester étrangère. D'ailleurs, les moyens de prévenir ou de brûler la fumée sont nombreux et variés ; ils doivent être modifiés non seulement dans les dimensions, mais dans les parties essentielles des appareils qu'ils comportent, suivant les fourneaux auxquels on les applique.

La Ville laisse donc toute liberté aux industriels pour trouver le dispositif adéquat à leurs opérations. Ils seront jugés sur leurs résultats, l'important étant qu'ils aient mis en œuvre des moyens de réduction des fumées[67].

Comme à Paris, l'application du règlement de 1853 à Londres est d'autant plus compliquée que l'Act précise, dans son titre III, que les mots « consumer ou brûler la fumée » ne signifient pas, dans tous les cas, « consumer ou brûler toute la fumée » et que les juges ont la faculté de faire remise des amendes s'ils estiment que le prévenu a construit ou modifié son fourneau, de manière à consumer ou brûler autant que possible la fumée. Ce précepte « *consume or burn as far as possible all the smoke* » entraîne un flou dont bénéficient aisément les fabricants. Pour se soustraire aux sanctions, il leur suffit de montrer qu'ils ont réalisé quelques essais. Il s'agit d'un règlement d'intentions et non d'un texte permettant d'obtenir des résultats précis. Ainsi, après quelques mois d'une application zélée de l'Act, durant lesquels la justice prononce 124 condamnations au terme de 147 procès, les industriels réussissent à faire interpréter le règlement en leur faveur[68].

La police répressive est certes velléitaire. Mais peut-il en être autrement ? En Angleterre comme en France, il est difficile d'identifier les coupables, d'estimer les dommages, de rendre des expertises fiables. Au principe réglementaire normé, répond une si grande variété de procédés, d'ateliers, de produits, de combustibles et de volumes de production qu'il devient très difficile d'assigner un fabricant en toute objectivité. Pour les règlements, c'est le niveau de fumée qui est incriminé, non le type d'appareil antifumée utilisé. Il est ainsi possible de mettre en parallèle deux échelles de nuisances et deux niveaux d'expertise que l'on peut considérer comme similaires, destinées à aider le jugement des autorités, en 1819 et 1901. Un siècle les sépare.

---

67 Tardieu, A., *Dictionnaire d'hygiène publique et de salubrité*, 1862, t. 2, p. 323-327.

68 Anderson, M. et Ashby, E., *The Politics of Clean Air*, Oxford, Clarendon Press, 1981, p. 16-18.

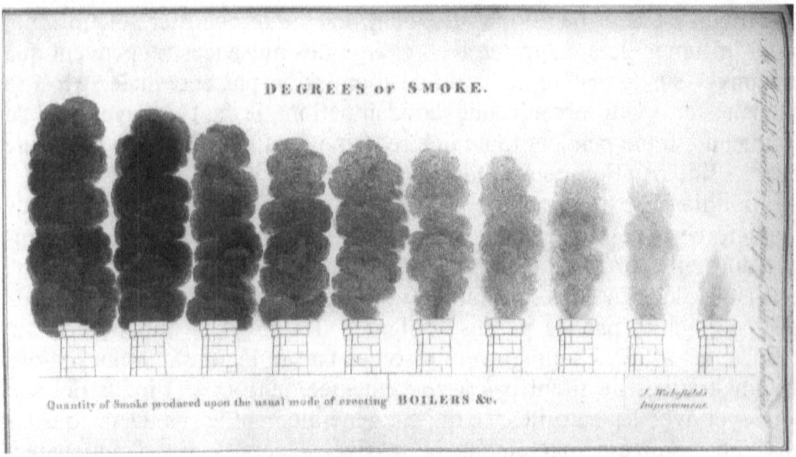

Illustration 4. 1819[69]

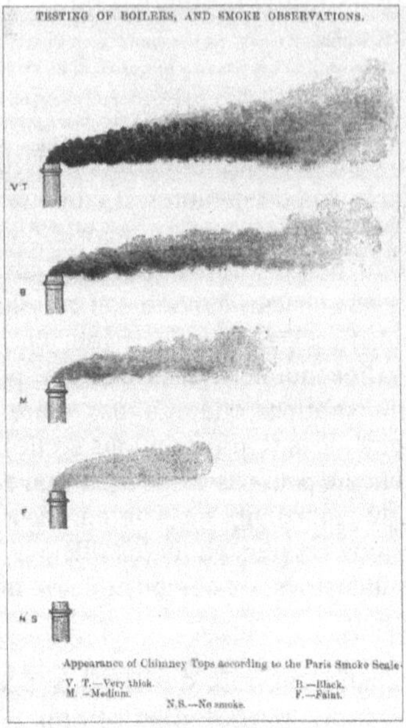

Illustration 5. 1901[70]

69 *PPs 1819* (579), annexe.

70 Popplewell, W., *The Prevention of Smoke, Combined with the Economical Combustion of Fuel*, 1901.

Aucun élément ne permet de quantifier ou de qualifier scientifiquement la fumée. Les inspecteurs en charge des nuisances ne peuvent que s'appuyer sur le critère de la durée d'émission par cheminée. Ainsi, à Manchester, pour obtenir une condamnation, il faut prouver que le fourneau a fumé pendant toute une semaine sans interruption ; une seule heure d'interruption peut rendre la preuve inopérante. Et, lorsqu'il y a du brouillard ou beaucoup de pollution, il est impossible de désigner de manière certaine la source des fumées, d'identifier quelle est la cheminée dont elles proviennent[71]. De plus, quand un industriel est poursuivi en justice, les pénalités sont faibles en Angleterre, tandis que les frais de justice engagés par les parties atteignent des sommes importantes. En France, les affaires sont souvent résolues par de légères admonestations administratives ne tirant pas à conséquence, surtout si l'industriel sait louvoyer avec les autorités, ce qui est généralement le cas. Dans tous les cas, une police exagérément répressive gênerait le développement industriel, ce qui serait incompatible avec les politiques d'encouragement menées par les deux gouvernements, dans un contexte de concurrence commerciale exacerbé[72].

5. Conclusion

> En résumé, doit-on conclure des imperfections réelles des procédés en usage, qu'avant d'agir, avant d'améliorer, il faut attendre une découverte qui satisfasse à toutes les exigences de la théorie, et qui soit excellente en pratique ? Ce serait le moyen de ne jamais y arriver. Le plus sage est d'imiter nos voisins : que chacun apporte son contingent d'efforts et sa part de volonté, car le but n'est pas loin et, le jour où il sera atteint, il y aura autant à gagner pour l'économie industrielle que pour l'hygiène publique. [...] Quant à l'administration, elle n'a pas autre chose à faire que de maintenir la simplicité de ses prescriptions ; elle peut défendre que les cheminées fument ; elle ne peut pas exiger que l'on adopte tel ou tel appareil fumivore parce que, le lendemain, on peut en découvrir un meilleur, parce que, d'ailleurs, le résultat est plus ou moins difficile, plus ou moins coûteux suivant la nature des industries, du combustible ou même suivant la position topographique de l'usine[73].

En concluant ainsi son rapport devant les académiciens en 1855, l'ingénieur Duméry résume parfaitement l'état d'esprit qui guide les industriels, de concert avec les autorités, durant plus d'un demi-siècle de

---

[71] *PPs, 1846* (194), XLIII, p. 4-5 ; *PPs, 1843* (583), VII, annexe 6 ; Mosley, S., *The Chimney of the World (...)*, *op. cit.*, p. 120-130.

[72] Le Roux, Th., *Le laboratoire des pollutions industrielles (...)*, *op. cit.* ; Mosley, S., *The Chimney of the World (...)*, *op. cit.* ; Thorsheim, P., *Inventing Pollution (...)*, *op. cit.* ; Anderson, M. et Ashby, E., *The Politics of Clean Air*, *op. cit.*, p. 283-287.

[73] *BSEIN*, 54, 1855, p. 274.

développement de la technologie fumivore. Il reste « encore beaucoup à faire à cet égard »[74] et les pollutions se sont considérablement accrues, mais on continue à faire confiance à la technologie pour guérir les effets néfastes de l'industrie. La philosophie du dispositif privilégie l'impératif d'intention plutôt que l'obtention de résultats, car le précepte « *consume or burn as far as possible all the smoke* » guide les autorités et permet aux industriels de s'affranchir de l'obligation de « brûler » journellement la fumée, grâce à la grande difficulté d'appliquer les règlements et d'estimer la réalité des délits. Ainsi, malgré tous les efforts déployés, tant réglementaires que techniques, le bilan écologique des améliorations peut être fortement critiqué. Les innovations permettent surtout l'autorisation d'usines dont la légitimité repose sur une promesse d'assainissement ; quand on se rend compte ensuite des limites des moyens fumivores mis en œuvre, il est trop tard pour interdire les fabriques. Dans la deuxième moitié du siècle, le problème des fumées culmine, surtout dans les villes anglaises, provoquant des problèmes de santé publique considérables. Ce désastre sanitaire est bien rendu possible grâce à l'argumentation fumivore : en année n, l'imperfection (et la réalité des fumées) de l'année n-1 est toujours reconnue, mais est surtout affirmée la certitude d'y remédier dans l'année n+1. Et, à chaque déplacement du curseur, la récurrence temporelle du raisonnement est remarquable. Autrement dit, un droit à polluer (temporairement, dit-on) est accordé aux industriels. Quand le fameux *Public Health Act* est édicté en Grande-Bretagne en 1875, la même philosophie du « *best practicable mean* » pour résoudre les fumées continue à perdurer. En France, un rapport présenté à la Société d'encouragement en 1894 affirme que le problème de la fumivorité des fourneaux industriels « n'a encore reçu aucune solution générale et véritablement pratique »[75]. Ce qui permet finalement aux fumées d'être en partie résorbées, ce n'est pas l'amélioration miraculeuse des systèmes techniques de fumivorité, mais le remplacement du charbon par le gaz ou par l'électricité. Cette substitution à grande échelle annonce en elle-même d'autres pollutions, et de nouveaux risques[76].

---

74 Tardieu, A., *Dictionnaire d'hygiène (...), op. cit.*, t. 2, p. 323-324.

75 *BSEIN*, 93, 1894, p. 380.

76 Thorsheim, P., « The Paradox of Smokeless Fuels (…) », *art. cit.* ; *id.*, *Inventing Pollution (...), op. cit.*

Les échantillons, un vecteur d'innovations dans l'industrie textile en France au XIXe siècle

Thierry MAILLET

Centre de recherche historique – EHESS

Introduction : L'échantillon, un objet encore mal identifié

> En 1840, Monsieur Bilbille allait de Paris à Leipzig en passant par Mulhouse et Saint-Gall et, à chaque fois, il vendait et achetait des échantillons de tissus.

Prononcés en 2009 par André Heget[1], un ancien salarié de la société Bilbille et Cie[2], ces propos faisaient remonter à la surface toute une période, le XIXe siècle, et toute une activité, l'échantillonnage, ignorées jusqu'à présent des meilleurs spécialistes de l'histoire des entreprises textiles de cette période[3], mais aussi de sa sociologie, de la plus traditionnelle à la plus actuelle[4].

Si cette activité reste souvent méconnue, les différentes significations du mot échantillon se rejoignent à l'appui de notre étude[5]. La première qui remonterait à 1636 fait de l'échantillon un « étalon de mesure ». Elle trouve ici à s'appliquer car l'échantillon textile répond en effet à des critères de taille particuliers. La seconde définition, attestée dès 1407, signifie une « petite quantité d'une marchandise que l'on montre pour

1 Entretien du 8 novembre 2009 (Paris).

2 Cette société établie à Paris a été cédée en 1991.

3 Chassagne, S., *Le coton et ses patrons, 1760-1840*, Paris, Éditions de l'EHESS, 1991 ; Hirsch, J.-P., *Les deux rêves du commerce. Entreprise et institution dans la région lilloise (1780-1860)*, Paris, Éditions de l'EHESS, 1991 ; Gayot, G., *Les draps de Sedan, 1646-1870*, Paris, Éditions de l'EHESS, 1998 ; Daumas, J.C., *L'amour du drap, Blin et Blin*, Besançon, Presses universitaires de Franche-Comté, 1999.

4 Simmel, G., « Fashion [1904] », in *The American Journal of Sociology*, vol. 62, n° 6 (mai 1957), p. 541-558 ; König, R., *Sociologie de la mode*, Paris, Payot, 1969 ; Lipovetsky, G., *L'empire de l'éphémère*, Paris, Gallimard, 1991 ; Godart, F., *Sociologie de la mode*, Paris, La Découverte, coll. Repères, 2010.

5 Rey, A. (dir.), *Dictionnaire culturel de la langue française*, Paris, Le Robert, 2005.

donner une idée de l'ensemble ». L'échantillon est « un petit morceau d'étoffe détaché à cet effet de la pièce principale ». La troisième définition proposée est la mise en avant d'un « spécimen remarquable ». Enfin deux cas particuliers sont évoqués : celui de l'échantillon « aperçu » ou encore, dans une perspective quantitative, « fraction d'une population ».

Les quatre définitions proposées convergent. L'échantillon évoqué ici est bien une petite quantité de marchandise qui, homogénéisée, sert d'étalon de mesure (définitions 1 et 2) et qui représente aussi un spécimen remarquable, destiné à donner un aperçu particulier d'une production (définitions 3 et 4). Dès lors, la sélection retenue peut effectivement donner lieu à la confection d'un panel ou à la réalisation d'une étude statistique lorsqu'une vaste quantité d'échantillons aura été rassemblée, comme ce sera le cas dans l'étude ici présentée.

Bien que les définitions ne fassent pas défaut, les termes d'échantillons et plus encore d'échantillonneurs et d'échantillonnage ne sont pas mentionnés dans la plupart des ouvrages sur l'histoire de la mode et du vêtement à propos de la fin du XVIIIe et le début du XIXe siècle. Seuls quelques travaux pionniers (français, anglais et américains) ont souligné le rôle de l'échantillon comme objet de représentation dans une perspective d'établissement d'une preuve ou d'aide à la vente.

Avant la Révolution française, l'objet pouvait être un échantillon-démonstration voire un échantillon-apprentissage. Ainsi les marchands piémontais furent-ils encouragés (obligés ?) à les rassembler par les autorités.

Les services étatiques sont particulièrement à la recherche de « praticiens » décidés à collaborer pour des missions de renseignement. (...) Gian Battista Xaverio Moccafy, auteur d'une « relation de voyage » donnée au roi du Piémont en 1767 (...), détaillait avec force détail et échantillons à l'appui les productions, les méthodes de fabrication et de vente, les techniques des principaux centres lainiers européens[6]. L'historien Gérard Gayot insistait sur l'importance à accorder à cet artefact, même si sa place exacte dans la structuration de l'industrie textile restait à écrire.

De la conformité aux échantillons, on juge de la conformité aux règlements de fabrication, et de conformité en conformité, on appose la marque de la perfection, c'est-à-dire les armes du roi de France. C'est le crédit de Sa Majesté qui est engagé lorsqu'un drap est muni des plombs

[6] Maitte, C., « De l'espionnage à la copie : voyages d'Italiens en Europe, XVIIIe-XIXe siècles », *Colloque Van Loo*. Rouen, 15-16 mars 2002.

réglementaires ! On comprend, dans ces conditions, que toutes les précautions soient prises en matière d'échantillonnage[7].

L'échantillon était aussi une composante essentielle de l'aide à la vente pour des commissionnaires établis à Paris dès la fin du XVIIIe siècle[8]. À compter de ce moment, le propos sera bien « d'adopter la culture du marché selon le goût du client, changer le statut de l'échantillon, lui faire accomplir, à lui aussi, une révolution »[9]. La voie était tracée, mais les acteurs de cette « révolution de l'objet » restaient à deviner.

Ce ne furent pas les fabricants eux-mêmes, tisseurs régionaux établis en leurs usines, ni les marchands, commissionnaires et grossistes installés dans les centres urbains et situés majoritairement à Paris[10]. Les premiers étaient accaparés par la production, les seconds par la vente. Dans ces conditions, pour trouver les acteurs de l'échantillonnage, il faut se tourner vers d'autres catégories. Une première piste suggère d'examiner les pratiques suivies pour le tissu considéré comme le plus noble, la soie.

> Pour comprendre l'activité économique de la soie, la seule étude du processus de production est insuffisante et doit inclure un discours plus complexe qui comprend les marchands-merciers[11] et les dessinateurs. Il est nécessaire de revaloriser le rôle de la nouveauté et le rôle des marchands-merciers[12].

Selon ces auteurs, la pratique d'envoyer des livres d'échantillons commença autour des années 1740.

> Les consommateurs pouvaient acheter à Paris des tissus d'occasion et redessinés, car Paris pourvoyait non seulement les tissus eux-mêmes, mais les compétences qui pouvaient les dessiner, les maquiller et les embellir[13].

Ainsi, non seulement l'échantillon-objet servait bien de preuve avant la Révolution, mais aussi de source d'inspiration pour les dessinateurs

---

7 Gayot, G., « Different Uses of Cloth Samples in the Manufactures of Elbeuf, Sedan and Verviers in the 18th Century », University of Southampton and School of Arts and Design (Winchester), Southampton, 2000.

8 Hafter, D., « Silk and Sales in XVIIIth century France », Milan, *Fashion & Business, European History Business Association*, 2009.

9 Gayot, G., « Different Uses of Cloth Samples (...) », *op. cit.*

10 Folhen, C., *L'industrie textile au temps du Second Empire*, Paris, Plon, 1956, p. 445.

11 Définis par l'auteur comme « *a dealer in textile fabrics, esp. silks, velvets and other fine materials* ».

12 Sargentson, C., *Merchants and Luxury Markets. The Marchands Merciers of the Eighteenth Century Paris*, Londres/Malibu, The Victoria and Albert Museum/The Paul Getty Museum, 1996, p. 248.

13 *Ibid.*, p. 257.

dont le rôle était crucial pour l'industrie de la soie[14]. Il est donc possible d'y voir un outil, sinon de transfert de technologie, du moins d'innovations dans le domaine des fabrications.

En 1970, François Crouzet, s'inspirant du *package of skills* mis en valeur par le Britannique Peter Mathias, insistait sur l'importance des réservoirs de savoir-faire résultant des interactions entre les différents univers professionnels ou industriels.

> L'élément à privilégier est la formation d'un réservoir de *skills*, c'est-à-dire d'adresses, de compétences, de dextérités, à la fois techniques, commerciales et financières, en particulier dans les couches inférieures et moyennes de la société économique, parmi les petits marchands-fabricants et les artisans. [...] C'est dans les cadres moyens de l'économie que l'on trouve les groupes qui ont joué le rôle essentiel dans les débuts de l'industrialisation[15].

Cette approche s'applique particulièrement bien, semble-t-il, aux échantillons qui, au cours de quatre phases successives, se sont imposés dans la fabrication et la vente des articles textiles, puis ont été systématiquement collectés par des institutions, notamment la Société de dessin industriel de Mulhouse, affirmant ainsi un rôle qui atteint son apogée au milieu du siècle, avant de se voir progressivement remis en cause par d'autres formes de promotion des innovations.

1. 1820-1857 : les échantillons, élément de promotion des innovations textiles

Trois entités interviennent dans le processus qui permet aux échantillons de tenir ce rôle durant la première moitié du siècle.

La première est matérielle : il s'agit des échantillons eux-mêmes

Le plus ancien livre d'échantillons adressés par une société d'échantillonnage et connu à ce jour est conservé au Musée des tissus de Saint-Gall en Suisse. Selon une note en allemand collée sur sa première page intérieure, « ce livre a été trouvé dans les armoires de l'école textile de Richteswill (à proximité de Zurich) et apporté à la bibliothèque du Musée des textiles de Saint-Gall par le professeur Bergantini, le 12 décembre 1985 »[16]. Le livre a été relié à nouveau et il porte en haut des pages 2, 4 et 6 la mention « mars 1829 ».

---

14 Hafter, D., « Silk and Sales in XVIIIth century France », *op. cit.*

15 Crouzet, F., [1970]. « En guise de post-face », Colloque *L'industrialisation en Europe au XIXe siècle*, Paris, Éditions du CNRS, 1972, p. 603.

16 « Musterbuch im Lehrerzimmer (Schrank) gefunden. Herr Bergantini brachte es am 12.12.1985 in die Bibliothek. Angaben : März 1829 ; Richteswill (?) 1815-? ». Référence ADRU B 004, Musée des textiles de Saint-Gall (Suisse).

D'après la bibliothécaire consultée[17], ces livres étaient destinés aux élèves des écoles techniques de la région de St-Gall/Zurich. Les échantillons de coton imprimés y sont collés suivant différents formats :

- 24 échantillons par page, en 8 lignes de 3 échantillons ;
- 42 échantillons par page, en 13 lignes de 4 échantillons ;
- 4 échantillons par page ;
- 10 échantillons par page en 2 colonnes de 5 échantillons.

Dans la base de données de la bibliothèque du Musée textile de Saint-Gall, les livres sont notés comme venant de Mulhouse : (« Mülhauser Druckmuster »). La centralité de cette ville dans la croissance de l'industrie du textile à partir du milieu du XIXe siècle va s'affirmer.

La deuxième entité est humaine : ce sont les échantillonneurs

Les premiers entrepreneurs faisant profession de vendre des abonnements à des échantillons textiles sont parisiens. Les familles Bilbille et Claude y sont identifiées dès la fin du XVIIIe siècle[18]. La société Claude Frères est fondée en 1834[19]. Son origine reste à discuter. S'agit-il d'un cabinet de dessins établi à Paris, comme le pense un spécialiste de l'histoire industrielle mulhousienne[20] ? Ou bien a-t-elle une origine marchande ? Dans cette hypothèse, le métier d'échantillonneur trouverait son origine dans une activité de marchandage, comme l'ouvrier d'usine procéderait du travailleur à domicile, ce qui suggère l'existence d'éléments de continuité culturelle, aussi bien parmi les entrepreneurs que parmi les ouvriers[21]. Cette piste est confirmée par certains historiens qui situent l'origine de la confection vers 1820 et soulignent le rôle qu'aurait joué un marché du rebut situé à Paris, le marché Saint-Jacques.

> Quelques fripiers entreprenants eurent à Paris, en 1820, l'idée d'acheter à bas prix, des « laissés pour compte » des tailleurs et de les revendre sur le marché Saint-Jacques, aménagé dans ce but et bientôt centre de ce nouveau commerce. Encouragés par le gain […], ils recrutèrent des ouvriers tailleurs

---

17 Madame Luscher, le 4 novembre 2010.

18 Archives départementales de Paris.

19 L'année de création est certaine, à défaut de la date précise, car un livre d'échantillons de Claude Frères inventorié au Musée des textiles de Saint-Gall en 1984 mentionne en-tête sur la première page, « 149e année » (Musée des textiles de Saint-Gall, cote ADRU c 022).

20 Jonas, S., *Le Mulhouse industriel : un siècle d'histoire urbaine 1740-1848*, Paris, L'Harmattan, 1994.

21 Deyon, P., préface à Terrier, D., *Les deux âges de la proto-industrie*, Paris, Éditions de l'EHESS. 1996, p. 10.

> pour réaliser dans leurs ateliers des vêtements neufs. [...] La confection était née[22].

Cette période aurait marqué les véritables débuts de la confection, modifiant ainsi en profondeur la structuration du recueil de l'information.

L'échantillonnage prend alors une place nouvelle : il s'agit de faire connaître aux clients finaux, essentiellement les tisseurs, les nouvelles contraintes esthétiques de la production. La recherche du nouveau s'imposerait comme raison d'être de la mode à compter du milieu du XIXe siècle. Elle requiert une organisation adaptée de la collecte de l'information[23].

> Le fractionnement que l'on constate dans la plupart des centres lainiers, à partir des années 1830-1840, est lié à la substitution progressive de la nouveauté au drap uni [...]. La nouveauté exigeait un effort constant d'adaptation à la mode, tant pour les dessins que pour les couleurs[24].

Quant à la troisième entité intervenant dans le processus, également humaine, elle est constituée par les récepteurs des échantillons

Les premiers sont les fabricants, destinataires initiaux des envois d'échantillons faits par messageries[25], même s'il ne reste que des traces éparses de ces expéditions dans les fonds conservés[26]. On y trouve aussi les écoles textiles nouvellement créées, comme celles de Saint-Gall et de Zurich, et surtout les sociétés industrielles, notamment à Roubaix et à Mulhouse[27].

La quête de la nouveauté par l'industrie mulhousienne trouve son explication dans la technique développée. L'impression permet de (re)produire à moindre coût les créations les plus originales faites avec d'autres tissus, dont les plus onéreux comme la soie.

---

22 Latour, A., *Les magiciens de la mode*, Paris, Julliard, 1961, p. 78.

23 Lipovetsky, G., *L'empire de l'éphémère*, *op. cit.*

24 Daumas, J.C., *L'amour du drap (...)*, *op. cit.*, p. 44 et 105.

25 Inventaire Musée du dessin industriel (Mulhouse) : « 29 mars 1858, n° 28, Reçu un paquet par les Messageries, contenant Rubans ».

26 Quelques fonds d'entreprises (Bucol, Bonnet, à Jujurieux dans l'Ain), conservent les livres acquis au XIXe siècle. Ils sont minoritaires par rapport aux fonds des musées. Ceux de Gand et d'Anvers, en Belgique, de Lyon, Paris, Roubaix et Saint-Étienne, en France, de Saint-Gall en Suisse ont été visités. Il existerait aussi des livres d'échantillons aux États-Unis (Philadelphie, Chicago), au Royaume-Uni (Londres, Manchester) et en Allemagne (Leipzig).

27 Gaudichon, B., « Du textile russe comme un patrimoine roubaisien », in *La Russie textile*, Roubaix, Éditions Invenit & La Piscine, 2009, p. 6-7.

Par son importance, la collecte des échantillons par les sociétés industrielles est aussi révélatrice d'un autre phénomène caractéristique de cette première moitié du siècle : l'esprit saint-simonien qui ambitionne de réunir science et industrie[28].

2. 1857-1862 : l'établissement de collections d'échantillons

La première collection a été rassemblée par la Société de dessin industriel de Mulhouse, présentée en ces termes dans un ouvrage récent :

> Plusieurs dessinateurs de Mulhouse [...] se réunissent en 1857 pour former une Société de dessin industriel, en vue d'en développer la pratique et de créer un musée destiné à renseigner les dessinateurs et les industriels du pays sur les nouveautés qui paraissent chaque année dans le domaine de l'impression sur tissus. La société fut autorisée par arrêté du préfet du Haut-Rhin du 22 décembre 1858[29].

Cette création vient asseoir et consolider une domination. « Dès cette deuxième période [vers 1800], la majorité des dessinateurs de renom est d'origine alsacienne et mulhousienne »[30]. Au-delà des seuls dessinateurs, la création de la Société de dessin industriel et de son musée intéresse les fabricants pour lesquels travaillent des cabinets de dessins dont certains comptent jusqu'à 50 employés, répartis entre Mulhouse et Paris[31].

L'accroissement de la variété des tissus recueillis dans ce cadre collectif participe de la puissance économique et des vertus créatives de l'industrie de l'impression mulhousienne.

> Il serait utile, sinon indispensable, de prendre des mesures pour continuer ce qui avait été fait jusqu'en 1860, c.à.d. [*sic*] un résumé en vitrines des principales inventions et des gens ayant marqué aux différentes époques de l'impression, ceci afin de faciliter les recherches dans les volumes de nos collections. En un mot, ce qui existe déjà de 1747 à 1860 doit être continué : [...] une vitrine pour les plus beaux types de dessin[32].

Huit catégories différentes de tissus sont relevées dans « l'inventaire général depuis la fondation de la Société de dessin industriel, 1er janvier

---

28 Jonas, S., *Le Mulhouse industriel (...)*, *op. cit.*, p. 173.

29 Ott, F., *La société industrielle de Mulhouse, 1826-1876, ses membres, son action, ses réseaux*, Strasbourg, Presses universitaires de Strasbourg, 1999, p. 562.

30 Jonas, S., *Le Mulhouse industriel (...)*, *op. cit.*, p. 155.

31 Liste des principaux cabinets de dessins, *op. cit.*, p. 158.

32 Procès-verbal du comité du dessin industriel (non daté, probablement 1858-1862).

1858-1er janvier 1862 : robes de soies, rubans, laines, gilets, jacomas, indiennes, Rouen, chemises »[33].

La diversité des types de tissus commandés par la Société de dessin industriel nous renseigne sur l'importance accordée à ce que l'on pourrait qualifier de veille concurrentielle[34].

> Vu l'état prospère de la Société, il est décidé que l'on mette 500 francs de plus pour augmentation d'abonnement aux échantillons. Il sera proposé à Messieurs Hoffman & Herzog de nous envoyer pour 500 francs d'échantillons de gilets et pour 200 francs d'échantillons de tissus pour robes[35].

Comme l'explique Alain Cottereau à propos d'une autre branche de l'industrie textile, celle de la soie, et d'autres centres de production, Lyon et Londres, « les marchés basés sur l'échantillonnage étaient une solution particulièrement appropriée aux contraintes de la mode et du système des commissionnaires »[36].

Le développement de l'échantillonnage suscite en effet une nouvelle catégorie d'entreprises qui se développent à partir du milieu du XIXe siècle. Nombre d'entre elles sont connues : Jean Claude Frères, Hoffman & Herzog, Homo & Cie (héritiers de Gerlioz), Balliman[37], Bilbille, Société des nouveautés textiles.

La Société de dessin industriel de Mulhouse est abonnée en 1858 aux services de la société Jean Claude Frères, puis, de 1859 à 1872, à Hoffman & Herzog et de nouveau à Camille Claude (la même famille), successeur de Jean Claude Frères. Il n'a pas été possible d'identifier les raisons des changements de fournisseurs. Toutefois, le fait que la bibliothèque de Roubaix procède la même année à ce changement peut laisser supposer que la maison Jean Claude Frères avait cessé ses activités ou demandé à la maison Hoffman & Herzog de la remplacer.

---

33 Fonds Société de dessin industriel, bibliothèque du Musée des tissus et étoffes de Mulhouse (Fds SDI, Mulhouse).

34 Herr, C., *Outils d'hier, Archives d'aujourd'hui, les documents contenant des échantillons textiles*, Mulhouse, Université de Haute Alsace, 2004.

35 Procès-verbal du comité de la Société de dessin industriel, séance du 15 mars 1859 (Fds SDI, Mulhouse).

36 Cottereau, A., « The Fate of Collective Manufactures in the Industrial World : the Silk Industries of Lyons and London 1800-1850 », in Sabel, Ch.-F. and Zeitlin, J. (eds.), *World of Possibilities : Flexibility and Mass Production in Western Industrialization*, Cambridge, Cambridge University Press, 1997, p. 103.

37 Mention dans le compte rendu de la Société de dessin industriel : « Claude Frères & Balliman, abonnement : 2 000 F » (Fds SDI, Mulhouse).

Le retour du fournisseur Camille Claude a lieu à Mulhouse en 1875 et à Roubaix au plus tard en 1877[38].

Les prix de l'abonnement sont indiqués pour l'année et des compléments peuvent être demandés en cours d'exercice.

Les entreprises d'échantillonnage participent de la nouvelle économie de la variété. Les premiers envois concernaient huit catégories d'échantillons envoyés toutes les deux semaines en moyenne soit un nombre très élevé attesté par le tableau ci-dessous.

Année	Fournisseurs	Références	Abonnement annuel
1858	Jean Claude Frères	Robes soies, rubans, laines, gilets, jacomats, indiennes, Rouen, chemises	2 000 F, puis ajout de 500 F
1859 à 1873	Hoffman & Herzog	Robes soies, rubans, indiennes et meubles	2 000 F, puis ajout de 900 F en 1859. Tous les ans, de 1860 à 1873 inclus, le budget est de 2000 F
1874	Idem	Idem + robes façonnées et foulards	2 600 F
1875 à 1877	Camille Claude Successeur	Idem	2 600 F
1878	Idem	Idem - robes façonnées et foulards	2 000 F
1879	Idem	Idem + une partie robes façonnées et foulards	2 500 F
1879	Idem	Échantillons anglais et une partie robes façonnées	316,15 F
1880 à 1889	Idem	Robes soies : impression Rubans, meubles, foulards et quelques robes façonnées	2 400 F
1890	Idem	Idem sans les foulards	2 000 F

38 Leuridan, T., « Rapport au comité d'inspection », 1877 in *Mémoires de la Société d'émulation de Roubaix*, tome VI, 1879-1882, Roubaix, Imprimerie Lesguillon, BNF Cote Per 8°-12200, p. 111.

3. 1862-1878 : l'apogée du rôle des échantillons

La périodicité régulière des envois apparaît dans le relevé des réceptions de paquets par le Musée du dessin industriel à Mulhouse. Les paquets semblent arriver deux fois par mois par l'intermédiaire des « Messageries », nom commun donné aux services postaux assurés jusqu'au milieu du XIXe siècle à cheval, par diligence et relais-poste. Toutefois la première ligne de chemin de fer étant ouverte en Alsace en 1839, de Mulhouse à Thann, il est probable que les échantillons sont aussi adressés par voie ferroviaire[39].

À titre d'exemple, dans le courant des mois de janvier et février de l'année 1860, voici les relevés d'envois effectués.

3 janvier 1860	Paquet n° 1	Soieries : 49
	Paquet n° 2	Soieries : 32
	Paquet n° 3	Soieries : 25
16 janvier 1860	Paquet n° 4	Soieries : 52 Rubans : 37
4 février 1860	Paquet n° 5	Rubans : 68

Chaque réception de paquet est enregistrée dans le livre d'inventaire[40]. À la fin de chaque année, la somme de ces réceptions est inventoriée dans des livres d'échantillons qui sont présentés comme suit, pour l'année 1862 par exemple.

Types de tissus	Nombre de livres	Numéro de début de l'échantillonnage	Numéro de fin de l'échantillonnage	Observations
Robes de soie	5	1	1386	Manquent les numéros 31, 348, 367, 494, 596
Robes de soie	13	1387	2360	Manquent en échantillons 4 pages de n° 1709 à n° 1759 non codé. Mal numéroté du n° 1800 au n° 1885.
Rubans	4	1	1324	Par erreur, inscription au catalogue le n° 1147 à 1324 double.
Rubans	4	1	1324	Par erreur, inscription au catalogue le n° 1147 à 1324 double.

39 Jung, L., « Les convoyeurs de la ligne de chemin de fer de Mulhouse à Wesserling : intérêt postal et impact économique », *Diligence d'Alsace*, 75, 2006/2, p. 49-59.

40 Inventaire général de la Société de dessin industriel, Musée des tissus et étoffes de Mulhouse.

Laines	3	1	710	En collant ont manqué n° 223 et 312, soit au catalogue n° 200.
Gilets	6	1	1321	« Je trouve enlevés les numéros 339 et 370 ».
Jaconas	1	1	1197	« En collant a manqué le n° 318. Ont été enlevés les n° 225, 338, 339, 609, 649 ».

Cet extrait d'inventaire prend sa place dans la perspective de l'adoption de la codification alphanumérique par les entreprises, une innovation importante[41], car elle modifie le rapport à l'échantillon sous plusieurs aspects : patrimonial, spatial et temporel et éclaire le constat selon lequel « les premières robes établies sur des mesures standard n'apparaîtront qu'après 1870 »[42].

Ainsi le livre d'échantillon a évolué, passant d'un rôle statique qui en faisait un titre de propriété intellectuelle ou d'antériorité par les fabricants de tissus à une fonction dynamique, lui donnant une place importante dans la politique de commercialisation du fabricant, par l'intermédiaire des commissionnaires, à partir de la fin du XVIIIe siècle.

Le livre d'échantillon n'est plus seulement conservé chez le fabricant, au syndicat ou à la chambre de commerce, mais aussi chez l'utilisateur-client (société de dessin industriel, cabinets de dessinateurs). L'échantillon est reproduit dans la presse. L'artefact est devenu une source de création organisée.

Enfin, alors que le livre d'échantillon n'avait pas de périodicité particulière, l'abonnement à la société d'échantillons lui en impose une, calée sur la saisonnalité de la mode : de la mi-décembre à fin mars pour les tissus de l'été, de la fin juin à mi-septembre pour les tissus de l'hiver.

L'importance accrue de l'échantillonnage pour les dessinateurs textiles et les fabricants incite les administrateurs du Musée des tissus et étoffes de Mulhouse à se doter d'un règlement, adopté en septembre 1872 et comportant quatorze articles[43]. Les plus significatifs sont les suivants.

---

41 Cf. Gardey, D., *Écrire, calculer, classer : Comment une révolution de papier a transformé les sociétés contemporaines (1800-1940)*, Paris, La Découverte, 2008.

42 Lipovetsky, G., *L'empire de l'éphémère*, *op. cit.*, p. 119.

43 Le règlement complet est disponible dans le fonds de la Société de dessin industriel (bibliothèque, Musée des tissus et étoffes de Mulhouse).

Article 1 : Le Musée de dessin industriel, organisé sous le patronage de la Société industrielle, a pour but de former à Mulhouse les archives de l'industrie des toiles peintes et de concourir par là au progrès de tout ce qui se rattache au dessin industriel.

Article 2 : Les moyens d'y arriver sont :

– l'abonnement aux échantillons des plus grandes nouveautés en tissus et impressions

– la réunion de toute espèce de matériaux.

Article 8 : La cotisation annuelle est fixée à quinze francs

Article 9 : Toute personne payant une cotisation de quinze francs par an sera considérée comme membre ordinaire et recevra une carte d'entrée.

Article 10 : Toutefois, les fabricants d'impression et les dessinateurs ne faisant pas partie de la Société industrielle auront à payer par maison ou par atelier une somme annuelle de soixante francs en dehors de celle de quinze francs par carte.

Article 12 : Aucun livre ou objet faisant partie de la collection ne pourra sous aucun prétexte être emporté du local du Musée.

Article 14 : Le Musée sera ouvert tous les jours pour les membres ordinaires et le dimanche pour le public.

Le point le plus important de ce règlement est son ouverture aux catégories de personnes extérieures à la Société industrielle de Mulhouse (fabricants et dessinateurs), et même au public le plus large (article 14).

L'activité de l'échantillonnage donne aussi naissance à un nouveau métier, celui de colleur d'échantillons. Dans le livre de comptabilité de la Société de dessin industriel pour 1858-1860, il est fait état de leur coût : deux journées à 2 F 50 et une semaine à 8 F.

Les sociétés d'échantillonnage forment alors des acteurs importants dans la filière textile. Cette situation est reconnue lors des expositions universelles. Ainsi, à celle qui se tient à Paris en 1878, la société Claude Frères est présente. Elle figure au catalogue officiel, sous la mention suivante :

> Claude Frères, à Paris, rue du Sentier, 2. Échantillons classés de tous les tissus de soie, de laine et de coton, depuis 1830 jusqu'à 1877.

C'est la seule société d'échantillonnage à figurer parmi les 271 exposants dans la classe 11 qui comprend les « applications usuelles des arts du dessin et de la plastique ». Elle obtient la mention honorable.

Mais cette récompense intervient au moment où le rôle des échantillons connaît une nouvelle mutation.

4. Après 1878 : la remise en cause des échantillons

Les trois protagonistes qui, depuis le début du XIXe siècle, ont fait des échantillons un élément majeur dans les processus d'innovations de la filière textile, les échantillons eux-mêmes, les échantillonneurs et les sociétés industrielles, au premier rang desquelles celle de Mulhouse, voient leurs positions respectives se transformer à la fin du siècle.

L'échantillon n'est plus la seule source de la création. Dès 1864, la publication de dessins et de croquis par la presse périodique devient pour les dessinateurs et les fabricants une source complémentaire et adaptée d'information.

Les sociétés d'échantillonnage comme Claude Frères ne parviennent pas à conserver leur domination, concurrencées directement par des sociétés d'un genre nouveau qui pénètrent sur ce nouveau marché de l'information de mode.

Enfin de nouveaux clients coexistent avec les structures organisées de réception d'échantillons telles que la Société de dessin industriel de Mulhouse.

Le dessin de mode détrône l'échantillon

> Ces nouvelles pratiques des modélistes nous sont parfaitement expliquées par un brodeur entreprenant, Léon Sault […]. En 1864, il dépose un modèle de périodique détachable, *L'Aquarelle de mode*, qui comprend un modèle de mode et sa description. Le magazine présente la reproduction de ses *trimmings*[44] qui peuvent être adressés sous dix jours pour cent francs en indiquant le numéro de modèle. L'envoi vient avec une lithographie en couleur et une courte description en allemand, anglais, italien et français[45].

La méthode mise au point par le système mulhousien de production de l'impression textile avec des dessinateurs « encastrés » dans la production ne résistera pas à la proximité des dessinateurs parisiens auprès des nouveaux confectionneurs qui commençaient à apparaître dans l'autre système, celui de la mode à Paris. Ce système raccourcissait les délais de conception et de mise sur le marché des produits, comme en atteste le rôle de Léon Sault dans la commercialisation des patrons auprès des couturières.

---

[44] On peut traduire par garnitures, parures, patrons de mode.

[45] Tétart-Vittu, F., « The French-English Go-Between, "Le Modèle de Paris" or the Beginning of the Designer, 1820-1880 », in *Costumes*, 1992, p. 43.

Le lancement des cabinets de dessin par « un brodeur entreprenant »

> Le 25 octobre 1869, son magazine [*L'Aquarelle de mode*, de Léon Sault] annonce que les consommateurs peuvent trouver une large sélection de *unpublished water-colours*, vêtements de la ville et du soir, et une large palette de vêtements à 15 francs (5 francs pour les abonnés). Ces *water-colours*, qu'il avait entièrement vendues à 5 francs pièce en avril 1870, avaient probablement été achetées par des couturières[46].

L'ancienne conservatrice du Musée de la mode à Paris (Musée Galliera) nous confirme que l'entreprise de Léon Sault est bien

> le premier exemple assuré des cabinets de modélistes et de tendances, l'agence (Générale de la mode) de Léon Sault offrant tout à la fois, à côté de ses propres hebdomadaires, *La Figurine* et *l'Aquarelle de mode*, ses services de commissionnaires pour une vingtaine de journaux de mode, la réalisation de publicités, la préparation de patrons et la composition de modèles exclusifs de vêtements[47].

Finalement, Léon Sault, qui fonde en 1874 un cabinet de dessin, l'Agence générale de mode, est le créateur de ce qui peut apparaître comme un prédécesseur des bureaux de style familiers à l'industrie à partir du milieu des années 1960[48].

Les échantillonneurs avaient concentré leurs efforts sur l'un des aspects du tissu tout en omettant sa destination première, le vêtement. En remettant la forme, le dessin, au cœur de son offre, Léon Sault bouleverse les positions acquises par les échantillonneurs entre le centre de la création parisienne et les fabriques mulhousiennes.

La haute couture et la confection remplacent la Société de dessin industriel de Mulhouse

> Les classes laborieuses fourniront désormais la grande majorité des acheteurs ; ceux-ci paraissent préférer payer beaucoup moins cher et avoir plus souvent des vêtements neufs, au lieu de payer plus cher, comme autrefois, des vêtements plus durables.

Cette constatation, faite par les promoteurs de l'Exposition internationale de Paris en 1867, citée dans un ouvrage sur la mode paru

46 *Ibid.*

47 Tétart-Vittu, F., « Des Menus plaisirs au studio de couture », in *Le dessin sous toutes ses couleurs*, Paris, Paris-Musées, 1995, p. 35.

48 Nous nous permettons de renvoyer sur ce point à notre mémoire de master 2e année, « Trois femmes de tête, trois femmes de style », EHESS, 2006.

au début des années 1960[49], est caractéristique de la naissance d'un monde nouveau.

La chambre syndicale de la haute couture est créée à Paris en 1868. Parallèlement, l'industrie de la confection s'affirme, simultanément au développement des grands magasins. Deux nouveaux modes de distribution modifient en profondeur la chaîne d'approvisionnement des vêtements : les salons de la haute couture d'une part, avec des vêtements sur mesure vendus dans des boutiques de luxe ; les grands magasins d'autre part, qui assurent la vente en masse d'articles fabriqués industriellement[50].

Conclusion

Aux alentours de la fin du Second Empire, plusieurs transformations bouleversent profondément les structures de commercialisation dans le monde du textile français. Elles sont liées à divers phénomènes. Les uns sont de nature politique : il s'agit de la faiblesse nouvelle de l'industrie textile alsacienne, désormais enrôlée de force dans l'espace économique allemand. Les autres concernent l'économie et la société. L'émergence à Paris d'autres médiateurs du textile et de la mode, la confirmation de nouveaux artefacts comme les croquis en couleurs, la montée en puissance de la presse périodique forment autant de symptômes signalant l'apparition d'autres configurations entre les principaux acteurs de la filière textile. En contribuant puissamment à l'innovation, l'échantillonnage a représenté un moment de transfert technologique dans la chaîne qui reliait Paris à Mulhouse, au milieu du XIXe siècle.

---

49 Vannier, H., *La mode et ses métiers, Frivolités et lutte des classes 1830-1870*, Paris, Armand Colin, 1960, p. 247-248, note 221.

50 Brachet, F., « La mode et les grands magasins », *Les cathédrales du commerce parisien. Grands Magasins et enseignes*, Éditions de l'Action Artistique de la Ville de Paris, 2006.

Adolphe Stoclet et l'introduction du procédé Leclaire en Belgique (1845-1855)

Pierre-Olivier LALOUX et Arnaud PETERS

CEHEC, Université catholique de Louvain (Belgique) et
CHST, Université de Liège (Belgique)

Née de l'essor industriel que connaissent la plupart des États européens dans la première moitié du XIXe siècle et de l'affirmation de la propriété industrielle qui l'accompagne, la profession d'agent de brevets a suscité, ces trente dernières années, une série de travaux qui traitent principalement des cas américains, anglais et français[1]. Tous soulignent le rôle de premier plan, dépassant largement le conseil juridique, qu'ont joué les agents de brevets dans le contexte de cette industrialisation. Assurant aux inventeurs, outre la protection juridique, la possibilité de valoriser leurs technologies, ces juristes de formation – pour la plupart – favorisent la circulation et la construction des savoirs techniques[2]. En attirant l'attention des investisseurs et industriels sur les

1 Voir par exemple Lamoreaux, N.R., Sokoloff, K.L., « Intermediaries in the US Market of Technologies, 1870-1920 », in Engerman, S.L. *et al.* (eds.), *Finance, intermediaries and economic development*, New-York, Cambridge University Press, 2003, p. 209-246 ; Lamoreaux, N.R., Sokoloff, K.L., « The Decline of the Independant Inventor : A Schumpeterian Story », in *National Bureau of Economic Research Working Paper*, n° 11654, 2005 ; Dunlop, H.J., « Early patent agents – and other », in *The Journal of the Chartered Institute of Patent Agents*, n° 11, Londres, 1982, p. 484-498 ; Peyre, P., « Les Armengaud, la "Petite École" et le développement de l'innovation », in *Les cahiers d'histoire du CNAM*, n° 4, Paris, juillet 1994, p. 93-142 ; Beltran, A. *et al.*, *Des brevets et des marques, une histoire de la propriété industrielle*, Paris, Fayard, 2001 ; et surtout Galvez-Behar, G., « Des médiateurs au cœur du système d'innovation. Les agents de brevets en France entre 1870 et 1914 », in Corcy, M.-S., Douyere-Demeulenaere, C., Hilaire-Perez, L. (dir.), *Les archives de l'invention, Écrits, objets et images de l'activité inventive*, Toulouse, CNRS-Université Toulouse-le-Mirail, 2006, p. 437-447 ; Guagnini, A., « Patent agents, legal advisers and Guglielmo Marconi's breakthrough in wireless telegraphy », in *History of Technology*, 24, 2002, p. 171-201 ; etc.

2 Ils sont aussi, souvent, des dessinateurs hors pair comme en atteste leur production de dessins annexés aux brevets d'invention (voir illustration 2).

inventions aux mérites techniques les plus évidents, ils se profilent du reste comme de véritables médiateurs ou intermédiaires. Les questions de leur contribution à l'innovation, de leur rôle au cœur de ses mécanismes complexes, de leur place au centre de réseaux d'industriels, etc. restent l'objet de bien des interrogations.

Le cas belge, qui présente l'intérêt d'une industrialisation précoce, reste totalement méconnu[3]. Le présent texte, fruit d'une collaboration entre les deux auteurs, constitue une première contribution dans ce domaine. Elle repose sur la confrontation de deux approches tout à fait complémentaires, l'une propre à l'histoire des techniques, la seconde s'inscrivant dans une démarche biographique. L'ambition est double : reconstituer le cas d'un transfert de technologie majeur – tant au regard de l'histoire des techniques que de l'histoire industrielle de la jeune Belgique – et appréhender l'action, remarquable à bien des égards, d'un agent de brevets belge du nom d'Adolphe Stoclet (1814-1892).

1. Les brevets Leclaire et la production industrielle du blanc de zinc

Le Français Edme-Jean Leclaire (1801-1872), entrepreneur de peintures établi à Paris[4], met au point, au début des années 1840, un nouveau procédé de production de blanc de zinc. Ce dernier est un oxyde qui se présente sous la forme d'une poudre blanche produite par la combustion des vapeurs de zinc. Tandis que les procédés antérieurs prévoyaient d'oxyder les gaz de zinc à l'intérieur des cornues, ouvertes des deux côtés[5], le procédé Leclaire permet l'oxydation, dans un four de type silésien, par courant d'air à la sortie des cornues, désormais

[3] Une des explications de ce silence historiographique réside dans l'absence d'archives de bureaux de brevets.

[4] Le nom d'E.-J. Leclaire reste d'abord et surtout associé à l'histoire sociale et ouvrière. Originaire d'Aisy-sur-Armançon, il « monte » à Paris à dix-sept ans et, grâce à ses qualités et son travail, se crée progressivement une situation, ouvrant une entreprise de peinture à son propre compte après quelques années. Notons qu'il crée une Société de secours mutuels pour ses ouvriers en 1838 et, quatre ans plus tard, permet leur participation dans les bénéfices de l'entreprise. Voir Lami, E.-O., Tharel, A. (dir.), *Dictionnaire encyclopédique et biographique de l'industrie et des arts industriels*, Paris, Lami, Tharel et Cie, 1881-1891, vol. 6, p. 88 ; Allan Michaud, D., *L'avenir de la société alternative. Les idées : 1968-1990*, Paris, L'Harmattan, 1989, p. 271-272.

[5] Courtois à Dijon ou le grand chimiste Guyton de Morveau, par exemple, mettent au point des procédés de production de blanc de zinc dès la fin du XVIIIe siècle (voir Barruel, G., *Traité de chimie technique appliquée aux arts et à l'industrie*, Paris, Firmin Didot frères, 1857, p. 80 et suivantes). En Angleterre, les travaux de l'inventeur patenté Atkinson pour la préparation du blanc de zinc par un procédé spécial peuvent également être cités.

ouvertes d'un seul côté. Le blanc de zinc de Leclaire est d'une grande qualité et résiste mieux au temps. Surtout, cette amélioration technologique diminue considérablement les coûts de production et semble ouvrir la voie à une production industrielle du blanc.

Au-delà de ces réalités technologiques et économiques, transparaît également un enjeu de santé publique. L'ambition de Leclaire, soucieux de la santé de ses ouvriers, est en effet de remplacer par le blanc de zinc, produit inoffensif, la céruse (ou blanc de plomb), alors largement utilisée à l'époque dans l'industrie de la peinture malgré sa toxicité avérée[6]. La réussite de son entreprise représente donc une avancée considérable en matière de salubrité. On peut ainsi considérer que l'invention du procédé Leclaire est bien à l'origine de la production de « peintures inoffensives »[7]. C'est ainsi que, dès l'Exposition universelle de Paris de 1855, un hommage lui sera rendu au nom de « l'immense mérite de ses inventions et son intérêt majeur en termes d'hygiène publique »[8]. En France surtout, où l'industrie de la céruse s'est développée au début du XIXe siècle, la réussite de Leclaire est à l'origine d'un long conflit sur fond de rivalité commerciale entre producteurs de blanc de zinc et de blanc de plomb[9].

Lorsque Leclaire, après plusieurs années d'expérimentations, prend le 31 décembre 1845, à Paris, un brevet d'invention de quinze ans « pour un procédé servant à composer une matière propre à remplacer le blanc de plomb » (voir illustration 1), il dispose déjà d'une usine en région parisienne où son procédé est mis en œuvre depuis plusieurs mois[10]. Un mois plus tard, le 27 janvier 1846, il se voit concéder un brevet en Belgique pour le même procédé. Il s'agit d'un brevet d'importation dont la vocation, affirmée par les législations française de 1791 et belgo-hollandaise de 1817, est de permettre l'introduction sur le

---

6 Sur l'ambition de Leclaire : Chevalier, A., *Sur la substitution du blanc de zinc et des couleurs à base de zinc au blanc de plomb et aux couleurs à base de plomb et de cuivre, par M. Leclaire, entrepreneur de peintures*, Paris, 1849. À propos de cette toxicité avérée, la céruse (carbonate de plomb) est décrite, au milieu du XIXe siècle, comme « éminemment dangereuse » par de nombreux hygiénistes. Voir Tardieu, A., *Dictionnaire d'hygiène publique et de salubrité ou répertoire de toutes les questions relatives à la santé publique*, t. IV, Paris, Baillière et fils, 1852, p. 434.

7 Beltzer, F., *La chimie industrielle moderne*, t. II, Paris, Société d'éditions techniques, 1911, p. 320.

8 *Exposition universelle de Paris, Rapports du Jury mixte international publiés sous la direction de S.A.I. le Prince Napoléon*, t. I, Paris, Imprimerie Impériale, 1855, p. 598 et suivantes.

9 Lestel, L., « La production de céruse en France au 19e siècle. Évolution d'une industrie dangereuse », in *Techniques & Cultures* [en ligne], 38, 2002, mis en ligne le 10 février 2006.

10 Il s'agit du site de Mousseaux-sur-Seine.

marché belge d'une technologie ayant été brevetée à l'étranger[11]. Aux fins d'éviter les contrefaçons à l'étranger et de s'y ménager d'éventuels marchés, la pratique est alors répandue de breveter dans plusieurs États, chacun possédant son régime juridique propre[12]. Rapidement d'ailleurs, des brevets « concurrents » sont concédés en Angleterre[13].

Ce marché belge, où Leclaire veut introduire son procédé a connu, durant la première moitié du XIXe siècle, un essor remarquable dans le domaine de la métallurgie thermique du zinc. Il est favorisé par une expertise technologique locale ainsi que par la richesse des gisements de zinc. En y protégeant très rapidement son invention, Leclaire, qui brevette également plus tard en Hollande[14], entreprend une démarche stratégique. C'est ici que l'agent de Leclaire, Adolphe Stoclet, rentre en scène et, à ce titre, mérite une introduction.

Né à Gembloux en 1814 dans un milieu de couteliers, Stoclet s'inscrit à dix-sept ans à la faculté des sciences de l'Université de Liège, mais interrompt cette orientation après un an en faveur d'études de droit qu'il termine au printemps 1835. Il s'installe alors à Bruxelles où il est nommé avocat au barreau en juillet 1838 après deux ans et demi de stage. En seulement quelques années, il semble se forger une solide réputation de juriste dans le monde des affaires. Ainsi, Ginette Kurgan nous apprend qu'il « traite de nombreuses affaires pour le compte de la Société Générale »[15] et Louis Richtenberger, représentant des Rothschild à Bruxelles, évoque dans une lettre du 29 mars 1846 l'élaboration visiblement complexe de statuts en vue de la création d'une société anonyme, et conseille à son interlocuteur « de voir à cet égard M. l'avocat Stoklet [*sic*] qui a une connaissance parfaite de ces sortes

11 Rappelons, à propos des brevets d'importation, que les travaux de François Caron ont débouché sur les constats suivants : « Les brevets constituent le principal instrument des transferts de technologie entre les nations. » (Caron, F., « Introduction : Pour une économie de l'innovation », in Caron, F. (dir.), *Les brevets : leur utilisation en Histoire des techniques et de l'économie*, Paris, Table Ronde CNRS, 6-7 décembre 1984, p. 13.

12 Il faut attendre la fin du XIXe siècle et la Convention d'Union de Paris (1883) pour assister aux premières manifestations d'une volonté d'harmoniser ces régimes juridiques de propriété industrielle parfois très différents.

13 Des brevets sont délivrés en Angleterre le 11 février 1846 à James Murdoch « pour la fabrication de l'oxyde de zinc », et, le 10 mars 1846, « pour un procédé perfectionné pour préparer et employer certaines matières dans la peinture ».

14 Un brevet d'importation est concédé au nom de Leclaire en Hollande le 22 mai 1846 (Archives de l'État à Bruxelles (AEB), fonds notariat, minutes de Me J.-B. Rommel, acte du 14 juin 1848).

15 Kurgan-van Hentenryk, G., *Gouverner la Générale de Belgique : essai de biographie collective*, Bruxelles, De Boeck Université, 1996, p. 89.

d'affaires »[16]. Une brève allusion est en outre faite par René Brion et Jean-Louis Moreau sur le rôle d'agent que Stoclet a joué pour la *Société de Commerce* dans l'achat des forges d'Anzin (à proximité de Valenciennes) à l'automne 1841[17].

Adolphe Stoclet ne tarde pas à consolider cette expertise juridique avérée par une excellente alliance matrimoniale puisqu'il épouse – précisément en septembre 1841 – la fille aînée de François-Jacques Demunck (1780-1853), un notable bruxellois de premier plan. Premier échevin de la ville de Bruxelles de 1830 à 1840[18], Demunck fut commissaire (1831-1841), puis directeur (1841-1848) à la *Société Générale*, ainsi qu'administrateur de ladite *Société de Commerce*, holding de la *Générale* créée en 1835 et essentiellement consacrée au développement des charbonnages[19].

Edme-Jean Leclaire peut donc s'appuyer, en janvier 1846, sur un mandataire entreprenant et talentueux. Adolphe Stoclet semble éminemment compétent sur le plan juridique et nourrit tout au moins un intérêt pour le domaine des sciences. Tant le brevet d'importation du procédé Leclaire que les deux brevets ultérieurs[20] de perfectionnement sont accompagnés d'un mémoire descriptif à valeur légale, rédigé et signé à chaque fois par Stoclet, témoignage des compétences à la fois juridiques et techniques de l'agent.

Si nous ne savons pas précisément comment Leclaire rentre en contact avec son agent, il est en revanche indéniable qu'Adolphe Stoclet est, à l'époque, déjà bien introduit dans les milieux d'affaires bruxellois et parisiens. Il dispose en effet d'un solide réseau professionnel et social, en témoigne son affiliation, à partir de 1844, à la *Société du Commerce* (à ne pas confondre avec la *Société de Commerce* évoquée plus haut),

---

16 Gille, B., *Lettres adressées à la Maison Rothschild de Paris par son représentant à Bruxelles*, volume II (1843-1853), Cahiers du Centre interuniversitaire d'histoire contemporaine, n° 33, Louvain-Paris, Nauwelaerts, 1963, p. 195.

17 Brion, R., Moreau, J.-L., *La Société Générale de Belgique, 1822-1997*, Anvers, Fonds Mercator, 1998, p. 100.

18 F.-J. Demunck continue de siéger au conseil communal de Bruxelles jusqu'en 1845. À la mort du bourgmestre Nicolas-Jean Rouppe, le 3 août 1838, Demunck est nommé bourgmestre par intérim. Il renonce toutefois à ce poste un mois plus tard, devant régulièrement s'absenter de la capitale pour conduire ses affaires (Archives de la Ville de Bruxelles, fonds « Corps communal », liasse n° 11 : « Le Bourgmestre. Élections, prestation de serment 1830-1909 »).

19 Brion, R., Moreau, J.-L., *op. cit.*, p. 61-70.

20 Le 14 août 1846, pour une addition au procédé servant à préparer une substance propre à remplacer le blanc de plomb, procédé breveté en sa faveur le 27 janvier 1846, pour 14 ans et 10 mois ; le 15 mars 1847, pour des perfectionnements au procédé servant à composer une matière propre à remplacer le blanc de plomb dans la peinture à l'huile, pour 14 ans et 10 mois.

sorte de club sélect fondé par la Chambre de Commerce de Bruxelles en 1809 et dont François-Jacques Demunck compte d'ailleurs parmi les membres fondateurs[21].

À cela s'ajoute le fait que l'invention de Leclaire ne passe pas inaperçue, tant au point de vue de la santé publique qu'au niveau des perspectives économiques qu'elle ouvre à l'industrie belge riche en minerais de zinc, comme indiqué précédemment, mais plus encore en charbon, indispensable à la combustion des vapeurs de zinc. Ces considérations industrielles n'échappent pas[22] au très attentif Stoclet dont – précision non négligeable – le beau-père siège au conseil d'administration de quatorze des seize charbonnages patronnés par la *Société de Commerce.*

Parallèlement à Leclaire et Stoclet, un troisième acteur – et non des moindres – se positionne sur cet échiquier de la production industrielle du blanc de zinc. Il s'agit de la société anonyme liégeoise des *Mines et Fonderies de zinc de la Vieille-Montagne*, fondée en 1837 et souvent considérée comme la première multinationale d'Europe[23]. Propriétaire de nombreux sites de production en région de Liège, elle est, dès son origine, présente en Angleterre et en France, disposant d'ailleurs d'un siège à Paris[24]. Au moment du transfert de technologie qui nous occupe, elle se profile comme le leader incontesté du marché européen du zinc. Aussi, nul doute que c'est avec grand intérêt qu'elle apprend qu'un peintre parisien expérimente depuis plusieurs années un nouveau procédé de production du blanc de zinc.

---

21 Voir le *Règlement de la Société du Commerce*, Bruxelles, Imprimerie J. Delfosse, 1845.

22 Voir le « mémoire explicatif » du 1er août 1847 rédigé par Stoclet : « [...] L'industrie de notre pays est en outre gravement intéressée dans cette question. La Belgique compte de si nombreux et riches gisements de minerais de zinc. Favoriser le développement de cette industrie en lui créant de nouveaux débouchés, c'est faire à la fois les exploits [?] de nombreuses usines à zinc, procurer aux charbonnages un important débouché à cause de l'énorme quantité de charbons qu'exige le traitement des minerais de zinc et procurer du travail à un grand nombre d'ouvriers. [...] » (Archives du ministère des Affaires étrangères (AAE), fonds des sociétés anonymes, dossier n° 3385).

23 La longue histoire de cette société est abordée dans l'ouvrage de Brion, R., Moreau, J.-L., *De la Mine à Mars : la genèse d'Umicore*, Tielt, Lannoo, 2006. Pour l'histoire de l'industrie du zinc dans la première moitié du XIXe siècle, voir l'intéressante contribution d'Oris, M., « Un enfant du siècle : la fabrication du zinc », in van der Herten, B., Oris, M., Roegiers, J. (dir.), *La Belgique industrielle en 1850 : deux cents images d'un monde nouveau*, Deurne, MIM, 1995, p. 225-245.

24 Au Hon puis à Bray (France) et à Dartford (Angleterre), le zinc brut était acheminé pour être laminé à proximité des clientèles étrangères afin d'éviter les obstacles douaniers.

Par ailleurs, le corps dirigeant de la *Vieille-Montagne* se compose de personnages de premier plan, avec d'une part des personnalités parisiennes telles que les grands banquiers Charles-Édouard Pasteur (1797-1860), Adolphe d'Eichthal[25] (1805-1895) et Adrien Delahante[26] (1815-1884), ainsi que le célèbre Auguste de Morny[27] (1811-1865), demi-frère et futur ministre de l'Intérieur de Napoléon III ; d'autre part, l'on constate une présence belge non moins prestigieuse avec Alfred Mosselman[28] (1810-1867), dont la famille possède à l'époque la grande majorité des actions *Vieille-Montagne ;* le comte Charles Le Hon[29] (1792-1868), beau-frère de Mosselman, ancien ministre plénipotentiaire de Léopold Ier à Paris et membre de la Chambre belge des représentants, ainsi que le comte Philippe Vilain XIIII[30] (1778-1856), ancien chambellan de Guillaume Ier des Pays-Bas et premier vice-président du Sénat belge.

2. L'éphémère *Société du Blanc de zinc* (1847-1853)

C'est visiblement Leclaire qui, le premier, soumet une proposition d'affaire à la *Vieille-Montagne*[31]. Est-ce à l'instigation de son agent ? En tant que gestionnaire du portefeuille de Leclaire, il est plus que probable que Stoclet ait été mêlé de près à la convention verbale qui intervient le 27 juillet 1847[32] entre Leclaire et la *Vieille-Montagne* pour la construction d'une fabrique en Belgique, à proximité de ses mines. Cet accord prévoit la formation d'une société anonyme à laquelle Leclaire apporte la propriété pleine et entière de ses brevets[33] en échange d'une

---

25 Voir Stoskopf, N., *Les patrons du Second Empire, 7. Banquiers et financiers parisiens*, Paris, Éditions Cénomane, 2002, p. 158-162.

26 *Id.*, p. 124-127.

27 Voir Brion, R., Moreau, J.-L., *De la mine à Mars,* p. 28. Voir aussi Dufresne, C., *Morny : l'homme du Second Empire*, Paris, Perrin, 1983.

28 Son père, l'homme d'affaires François-Dominique Mosselman (1754-1840), joua un rôle-clé dans la fondation de la *Vieille-Montagne* (Brion, R., Moreau, J.-L., *De la mine à Mars*, p. 18-23). Voir aussi baron d'Anethan, R., vicomte de Jonghe d'Ardoye, *La famille Mosselman à Bruxelles*, Bruxelles, OGHB, 2000.

29 Juste, Th., « Lehon Charles », in *Biographie nationale*, XI, Bruxelles, Bruylant, 1890-1891, col. 715-717.

30 van Kalken, F., « Vilain XIIII Philippe », in *Biographie nationale*, XXVI, Bruxelles, Bruylant, 1936-1938, col. 749-751.

31 Voir le *Mémoire explicatif* de Stoclet du 1er août 1847 (cf. note 21).

32 Voir l'acte constitutif du 8 octobre 1847 (AEB, minutes de Me J.-B. Rommel).

33 Selon l'acte constitutif du 8 octobre 1847, « Il [Leclaire] apporte [...] tous les brevets qui lui ont été accordés pour les dites inventions, sans aucune exception ni réserve, déclarant investir la société dans la propriété des dites inventions et des brevets qui lui auraient été concédés et de tous ceux qu'elle jugerait à propos de demander dans

participation immédiate de 600 actions de 500 francs chacune, suivies de 1 400 actions supplémentaires dès que les bénéfices de la société auront atteint 10 % et 15 %[34], le capital social de la future société devant s'élever à six millions de francs répartis en 12 000 actions de 500 francs. Bref, il est évident que le projet de nouvelle société repose, avant tout, sur une association entre Leclaire et la *Vieille-Montagne*.

Un examen des trop maigres archives conservées sur la *Société du Blanc de zinc* montre en tout cas qu'Adolphe Stoclet joue véritablement un rôle-clé dans la constitution de la nouvelle société. C'est lui qui, mandaté tant par Leclaire que par les dirigeants de la *Vieille-Montagne*, écrit le 4 août 1847 aux autorités belges pour obtenir l'autorisation de créer une société aux fins d'appliquer industriellement le procédé Leclaire. À cet effet, il rédige un projet de statuts ainsi qu'un « mémoire explicatif » de plusieurs pages dans lequel il explicite le contexte qui a amené Leclaire à inventer un nouveau procédé de production du blanc de zinc et à prendre contact avec la *Vieille-Montagne*. Il s'agit d'augmenter l'offre en blanc de zinc, la demande n'ayant pas manqué de croître de manière fulgurante alors que la production dont Leclaire est capable reste fort modeste et repose sur la seule usine de Mousseaux-sur-Seine. Et Stoclet de constater que « [l]a Société anonyme de la *Vieille-Montagne* pourrait seule répondre aux besoins de cette production. »

On retrouve Stoclet aux étapes ultérieures puisqu'il s'impose comme l'interlocuteur principal auprès du ministère belge compétent – celui des Affaires étrangères à l'époque – dans les négociations de statuts qui durent environ deux mois. L'acte constitutif est finalement dressé devant notaire le 8 octobre 1847 et, à cette occasion, Stoclet se présente à nouveau comme mandataire de toutes les parties concernées. L'objet de la société est « la fabrication et la vente, tant en Belgique que dans d'autres pays du blanc de zinc, de diverses couleurs, non à base de plomb ni de cuivre, d'un siccatif propre à les faire sécher, ainsi que toutes les opérations se rattachant directement et nécessairement à cette fabrication »[35].

---

quelque pays que ce soit. » Un acte ultérieur, datant du 14 juin 1848, détaille la nature de ces neuf brevets.

34 « Il est en outre convenu que M. Leclaire recevra : 1° Six cents actions libérées de cinq cents francs chacune, aussitôt que les versements effectués sur les actions auront produit un bénéfice annuel de dix pour cent y compris le dividende d'intérêt ; 2° huit cents actions libérées de cinq cents francs chacune aussitôt que le bénéfice annuel de ces versements y compris le dividende d'intérêts atteindra quinze pour cent [...] » (Acte constitutif du 8 octobre 1847).

35 Acte constitutif du 8 octobre 1847.

Comme de juste, Stoclet fait partie des sept administrateurs de la nouvelle société. Alfred Mosselman et lui sont les seuls Belges du conseil, aux côtés de Leclaire, de Morny, Pasteur, d'Eichthal et Delahante, ce qui témoigne de l'ancrage parisien du groupe. Du côté des cinq commissaires, on retrouve notamment les comtes Vilain XIIII et Le Hon. On le voit, la *Vieille-Montagne* est très bien représentée au sein du conseil d'administration de cette société amie qui a tout d'une filiale. Enfin, il convient de souligner le sens aigu de la famille que possède manifestement Stoclet puisque le directeur de la société n'est autre que son beau-frère, Alexandre Demunck, fils de François-Jacques Demunck.

Établi à l'origine à Liège, le siège de la *Blanc de zinc* est successivement déplacé à Molenbeek-Saint-Jean[36] – où une usine est construite et fonctionne à partir de la fin de l'année 1848[37] – puis place du Grand Sablon n° 20 à Bruxelles, adresse qui n'est autre que celle du domicile privé d'Adolphe Stoclet. Ces changements de siège social sont effectués à la faveur de modifications de statuts[38] à l'occasion desquelles Adolphe Stoclet est toujours le représentant de la société.

Si, comme nous le constatons, il fait profiter la *Blanc de zinc* de ses compétences juridiques et managériales, Stoclet ne s'arrête pas en si bon chemin et tente également de renforcer l'expertise technologique de la société en déposant une série de brevets dans la foulée de la naissance de la société. Le plus important, du point de vue de l'impact industriel, est celui qu'il prend le 4 décembre 1847 en son nom propre (mais pour

---

36 Modifications de statuts par acte du 18 février 1850 (AEB, minutes de Me J.-B. Rommel).

37 Cet emplacement peut paraître assez surprenant pour une usine. Les activités de production cesseront très rapidement sur ce site à l'existence particulièrement méconnue. C'est dans le cadre d'un accord avec *Valentin-Cocq*, filiale de la *Vieille-Montagne*, que cette décision fut prise. On trouve toutefois dans les archives de la *Vieille-Montagne* une explication quant à cette localisation bruxelloise : « Lorsqu'il s'est agit de créer une usine de blanc de zinc en Belgique il a été admis en principe que toute industrie dont les produits se consomment dans les grands centres de propagation, a intérêt à se poser au milieu de ses consommateurs et Bruxelles étant le grand centre où aboutissent les grandes lignes du chemin de fer, il s'en suit que les acheteurs s'y rendent pour y faire de préférence aux autres localités leurs approvisionnements. Il s'agissait aussi alors de faire connaître un nouveau produit et dès lors n'était-il pas rationnel de prendre pour point de départ, la Capitale, d'où la convenance qu'il y a d'établir à ses portes, une usine de blanc de zinc. » (*Rapport sur l'usine de Bruxelles*, 1er février 1852, Archives de la *S.A. des Mines et Fonderies de zinc de la Vieille-Montagne* (AVM), conservées par le CHST aux Archives de l'État à Liège).

38 Respectivement établies dans des actes du 18 février 1850 et 24 février 1851 (AEB, minutes de Me J.-B. Rommel). Mentionnons que la *Blanc de zinc* a connu trois modifications de statuts au cours de sa brève existence, la première ayant été établie dans un acte du 31 décembre 1847.

la société)[39]. Il s'agit d'un brevet d'invention de quinze années pour des procédés et des appareils destinés à la fabrication en grand de l'oxyde de zinc (voir illustration 2).

Sur le plan de l'histoire des techniques, ce brevet revêt un intérêt majeur puisqu'il postule la possibilité de produire le blanc de zinc non seulement à partir du métal, mais aussi à partir du minerai de zinc. Il précède ainsi de quelques mois l'affirmation, aux États-Unis, du procédé Wetherill, dit de « fabrication directe » du blanc de zinc par traitement des minerais[40]. Un rapport de 1852 sur la technologie du blanc de zinc attribue ce brevet de 1847 à Leclaire, ce qui démontre à nouveau les liens étroits qui unissent l'inventeur parisien à son mandataire bruxellois[41]. Par ailleurs, si dans la description technique du brevet, Stoclet nomme le four silésien, il propose également l'application d'un procédé adapté aux hauts-fourneaux, aux fours à distillation de la houille (cokerie) ou aux fours à réverbère.

En 1852, un ingénieur de la *Vieille-Montagne* estimera, à propos de ce brevet « qui suit celui de M. Leclaire à une distance de près de deux ans, [qu'il] est d'une importance majeure du point de vue de l'industrie. Il présente des appareils qui depuis ont été mis en activité et doit être considéré comme le point de départ [!] de la production régulière de blanc de zinc »[42]. Cet enthousiasme doit toutefois être tempéré. Contrairement aux États-Unis, où le procédé Wetherill se généralisera, la fabrication directe n'eut jamais une grande importance en Europe. La méthode indirecte, inventée par Leclaire, devint la norme.

Après cet important brevet de 1847, quatre autres brevets seront pris par Stoclet en un an[43]. La technologie protégée par l'ensemble de ces brevets est appliquée dans ses deux nouveaux sites de production :

---

39 Il est à l'époque plus fréquent qu'un brevet soit pris au nom d'un responsable plutôt qu'au nom de la société elle-même.

40 Ce procédé, qui connaitra une longue application outre-Atlantique, est à l'origine de la « méthode américaine ». Lodin, A., *Métallurgie du zinc*, Paris, Dunod, 1905, p. 776 et suivantes.

41 Brognet, C., *Rapport sur les brevets et la fabrication du blanc de zinc au point de vue du procès Degée*, 18 mai 1852 (AVM).

42 Lénor, *Sur les brevets d'invention sur la fabrication du blanc de zinc*, 25 avril 1852 (AVM).

43 Le 9 décembre 1847, un brevet d'invention pour un procédé de préparation du carbonate de zinc ; le 20 janvier 1848, un brevet de perfectionnement pour le procédé de préparation de l'oxyde de zinc breveté le 4 décembre ; le 4 février 1848, un brevet de perfectionnement pour le mode de préparation breveté en sa faveur le 9 décembre ; le 22 décembre 1848, un brevet de perfectionnement pris cette fois par la *Société du Blanc de zinc* pour des modifications apportées au four destiné à fabriquer de l'oxyde de zinc, breveté le 4 décembre par Stoclet et dont elle est devenue cessionnaire.

Molenbeek, dès mars 1849, et Asnières-sur-Seine (Paris, voir illustration 3). Elle est également appliquée en région liégeoise dès 1850, après qu'une convention soit intervenue entre la *Blanc de zinc* et la *Société des Mines et Fonderies de zinc de Valentin-Cocq* (voir illustration 4), véritable filiale de la *Vieille-Montagne*, qui allait se spécialiser dans la production de blanc[44].

Cette dernière société sera au centre d'un retentissant procès en contrefaçon intenté par Louis Degée, un producteur de blanc de zinc dont l'usine est installée à Ougrée près de Liège. Degée brevette le 6 mai 1850 « pour un procédé propre à la fabrication du blanc de zinc ». À l'hiver 1850, il attaque *Valentin-Cocq* à laquelle il reproche d'avoir introduit dans les fours silésiens de son usine liégeoise des procédés protégés par ses propres brevets[45]. Malgré le soutien de la *Blanc de zinc* et de la *Vieille-Montagne*, *Valentin-Cocq* verra Degée obtenir gain de cause par jugement du 14 février 1852[46].

3. L'absorption au sein de la *Vieille-Montagne*

Après à peine cinq années, en juin 1853, la *Société du Blanc de zinc* est dissoute. Née d'un accord entre Leclaire et la *Vieille-Montagne*, la nouvelle société est trop dépendante, tant pour le métal que pour le minerai, de sa puissante alliée. En effet, l'acheminement des matières premières (zinc en lingots ou minerais) depuis les gisements de la *Vieille-Montagne*[47] vers la fabrique bruxelloise s'avère contraignant. On comprend dès lors que la *Vieille-Montagne* avait tout intérêt à rapatrier la production du blanc de zinc à proximité immédiate de ses propres implantations.

Par ailleurs, l'analyse des archives de la *Vieille-Montagne* démontre sa vive préoccupation par rapport à la santé financière de la *Blanc de zinc*[48]. Dans l'histoire de la *Vieille-Montagne*, le début des années 1850

---

44 Créée en 1846, elle sera absorbée par la *Vieille-Montagne* en 1853. Son usine est située à Hollogne-aux-Pierres, en région liégeoise. Voir Laureyssens, J., *Industriële naamloze vennootschappen in Belgïe, 1819-1857*, Cahiers du CIHC, n° 78, Louvain-Paris, Nauwelaerts, 1975, p. 290-292.

45 *La Belgique judiciaire, Gazette des Tribunaux belges et étrangers*, t. 12, n° 52, jeudi 29 juin 1854. Sur la défense de *Valentin-Cocq*, à laquelle contribuèrent activement la *Blanc de Zinc* et la *Vieille-Montagne*, voir Brognet, C., *Rapport sur les brevets et la fabrication du blanc de zinc au point de vue du procès Degée*, 18 mai 1852 (AVM).

46 *Valentin-Cocq* et la *Blanc de zinc* interjetteront un appel qui ne sera pas entendu par la cour de Liège, confirmant le premier jugement le 29 janvier 1853. Le pourvoi en cassation, sans succès pour les deux sociétés, donnera lieu à un arrêt du 3 mars 1854.

47 Le plus important de ces gisements est celui dit de l'*Altenberg*, qui, situé sur le territoire neutre de Moresnet, donna son nom à la société.

48 Les débuts furent difficiles et la crise de 1848 n'a rien arrangé : « Les débuts de la société anonyme du blanc de zinc ont été entravés par des circonstances vraiment

– marqué pourtant par des difficultés conjoncturelles pour le secteur du zinc – correspond à une phase d'expansion importante symbolisée par plusieurs opérations de fusions avec d'autres sociétés[49]. Dès octobre 1850, des rapports témoignent d'une volonté de la *Vieille-Montagne* de prendre le contrôle direct de la production belge de ce nouveau produit[50].

Stoclet est un acteur du rapprochement entre les deux sociétés. En janvier 1851, il fait allusion, dans une lettre adressée au ministre des Affaires étrangères, à un « traité mutuellement avantageux » intervenu entre la *Blanc de zinc* et la *Vieille-Montagne*[51]. La dissolution de la *Blanc de zinc*, puis sa fusion – devenue inéluctable – avec la *Vieille-Montagne*, sont décidées lors d'une assemblée générale extraordinaire tenue le 18 juin 1853 au domicile de Stoclet. La dissolution est actée le 25 juin 1853[52] et la fusion le 19 avril 1854[53].

Si, à l'occasion de cette fusion, c'est encore une fois Adolphe Stoclet qui joue les intermédiaires et « apporte [...] au nom de la Société

---

exceptionnelles. Vous savez toutes les difficultés que rencontre une industrie qui en déplace une autre. Il faut tout à la fois : 1° perfectionner des fabrications nouvelles ce qui ne s'obtient qu'après des essais et des tâtonnements longs et couteux 2° former l'esprit public, c'est-à-dire appeler l'attention des consommateurs sur ce nouveau produit, par la publicité, par des démarches, des expériences, des expositions 3° suivre une lutte de concurrence et vendre à de bas prix sans pouvoir faire comprendre encore que les qualités inhérentes du nouveau produit mériterait un préférence. À cet embarras inévitable d'un premier établissement est venue se joindre la crise de 1848 qui a rendu déplorables toutes les mesures par lesquelles cette société avait cru devoir s'assurer ses approvisionnements de zinc brut [...] » *Rapport sur la position de la sa du Blanc de zinc*, 2 octobre 1850 (AVM).

49 En avril 1853, soit quelques mois avant l'absorption de la *Blanc de Zinc*, la *Vieille-Montagne* absorbe trois sociétés amies : la *Prusse Rhénane*, la *Meuse* et *Valentin-Cocq*.

50 « Elle nous demande un appui et nous offre diverses combinaisons. Incontestablement nous avons intérêt à ce qu'il se fabrique beaucoup de blanc de zinc le plus tôt possible [...]. Devons-nous prendre la direction de cette affaire, nous charger de la fabrication et de la vente, en faisant les apports de zinc brut à un prix déterminé, exploitant les brevets, les usines et les stocks actuels de la Société du Blanc de zinc moyennant quote-part que nous lui attribuerions dans les bénéfices ? Faut-il plutôt acheter à forfait ses brevets ses usines ? [...] » AVM, *Rapport sur la position de la Société du Blanc de zinc*, 2 octobre 1850. Ajoutons que l'absorption de la *Blanc de zinc* constitue la dernière étape d'un large mouvement de concentration industrielle qui marque l'année 1853 et constitue une étape déterminante dans l'essor de la *Vieille-Montagne* (cf. note précédente).

51 AAE, fonds des sociétés anonymes, dossier n° 3385, lettre d'A. Stoclet au ministre des Affaires étrangères, 28 janvier 1851.

52 AEB, minutes de Me J.-B. Rommel.

53 *Acte de fusion entre la S.A. du Blanc de zinc et la S.A. des Mines et fonderies de zinc de la Vieille-Montagne*, 19 avril 1853 (AVM).

du blanc de zinc et des couleurs à base de zinc, tous les brevets et droits de cette société, ses usines et immeubles de Belgique et de France[54], ses mines, son matériel, ses approvisionnements… », il semble définitivement prendre ses distances par rapport aux affaires de la *Vieille-Montagne* en 1855 et, bien plus, du système belge des brevets dans son ensemble. À part une dernière trace datant de 1857, son nom n'apparaît plus jamais comme agent. Ses préoccupations professionnelles sont désormais ailleurs.

Quant au procédé Leclaire, amélioré par Stoclet en 1847, il va permettre à la *Vieille-Montagne* de devenir le leader mondial de la production du blanc de zinc dans son site de *Valentin-Cocq* à Hollogne-aux-Pierres[55]. Dans plusieurs traités de chimie, on évoquera désormais le « procédé Vieille-Montagne » à propos de cette expertise technologique.

4. Bilan et conclusion

Au plan industriel, l'introduction du procédé Leclaire semble être un modèle de transfert de technologie. Par le biais d'un brevet d'importation, perfectionné par la suite, puis de la création d'une société à laquelle Leclaire confie l'exploitation de ses brevets, une technologie française fait l'objet d'une production industrielle nouvelle en Belgique où se trouvent minerai et charbon. L'application du procédé Leclaire se poursuivra jusqu'au XXe siècle. Il constituera une des deux méthodes de production industrielle du blanc de zinc[56]. Enfin, comme cette étude l'a démontré, un transfert de technologie est aussi et surtout une affaire de réseaux d'hommes d'affaires et d'industriels.

Quel bilan peut-on tirer de l'action d'Adolphe Stoclet ? D'abord, son association avec l'inventeur Leclaire est exemplaire. Non content de lui permettre de breveter son invention sur le sol belge, il se fait son agent pour toute une série de brevets concernant également l'industrie du zinc[57]. S'il est véritablement le gestionnaire du portefeuille de brevets de

[54] Il s'agit de l'usine d'Asnières-sur-Seine.

[55] Le site de Molenbeek semble abandonné au moment de la fusion. Après l'absorption de 1853, la *Vieille-Montagne* produit près de 8 000 tonnes réparties en trois sites (Valentin-Cocq, Asnières – abandonnée au milieu du XXe siècle – et Mülheim, dans la Ruhr). Au début du XXe siècle, on produit sur le seul site de Valentin-Cocq 7 000 tonnes de blanc en poudre et 3 000 tonnes de blanc broyé.

[56] Les débouchés du blanc de zinc se diversifieront. Outre la peinture industrielle, l'industrie du verre (pour le polissage), la céramique et surtout l'industrie pharmaceutique l'utiliseront.

[57] Outre ceux que nous avons relevés dans la présente contribution, sont à mentionner les brevets suivants : 15 mars 1847, « pour des procédés servant à fabriquer et à composer des couleurs propres à la peinture et pour leur application à la peinture » ; 20 janvier 1848, « pour des modifications dans les procédés de fabrication des chro-

Leclaire, force est de constater que Stoclet dépasse toutefois largement son rôle d'agent : d'une part, grâce à son réseau professionnel et social, qui lui permet de manœuvrer aisément dans les milieux d'affaires tantôt bruxellois, tantôt parisiens ; d'autre part, par ses incontestables compétences juridiques et techniques, appréciées tant par Leclaire que sans doute aussi par ces messieurs de la *Vieille-Montagne* et qui, *in fine*, lui valent d'ailleurs probablement sa place au conseil d'administration de la *Blanc de zinc*[58]. Car, de fait, il reste un homme précieux à bien des égards après 1847. En témoignent les inventions et perfectionnements qu'il brevette pour la société ainsi que les modifications de statuts qu'il établit, sans parler de son rôle d'interlocuteur auprès des autorités belges.

En résumé, il est évident que cette heureuse conjugaison de facteurs propres à Stoclet exemplifie à merveille l'extrême polyvalence des agents de brevets du XIXe siècle. Comme nous avons tenté de le montrer, Stoclet semble passer avec un égal bonheur des statuts d'agent de brevets et de technicien à celui d'administrateur. C'est cette dernière occupation qu'il privilégiera d'ailleurs au cours de sa longue et fructueuse carrière puisqu'il siégera dans plus de quinze conseils d'administration de sociétés anonymes, essentiellement des sociétés de chemins de fer, parmi lesquelles la société du *Grand Central Belge* dont il fut le président pendant près de trente ans, jusqu'à sa mort en 1892. Du reste, cette reconversion dans les transports ferroviaires ne surprend pas au regard de ce que nous avons exposé. À toutes les facettes déjà mentionnées chez Stoclet s'ajoute clairement celle d'un acteur visionnaire à une époque où l'essor des techniques s'accompagne d'une expansion économique et industrielle sans précédent. À cet égard, Stoclet fait bien plus que simplement illustrer ce qu'il convient d'identifier comme l'une des vocations majeures de l'agent de brevets, à savoir établir le lien entre l'inventeur et le capitaliste.

---

mates de zinc et de baryte » ; 10 avril 1849, « pour des perfectionnements dans la fabrication du zinc ».

58 Stoclet ne figure manifestement pas parmi les plus gros actionnaires de la Société, ne possédant que 300 actions en 1849. Ceci dit, son portefeuille de titres s'accroîtra puisqu'au moment de la dissolution, il en possède 1 062. Doit-on y voir le résultat de ce qu'il a lui-même décrit comme un « traité mutuellement avantageux » ?

Illustrations

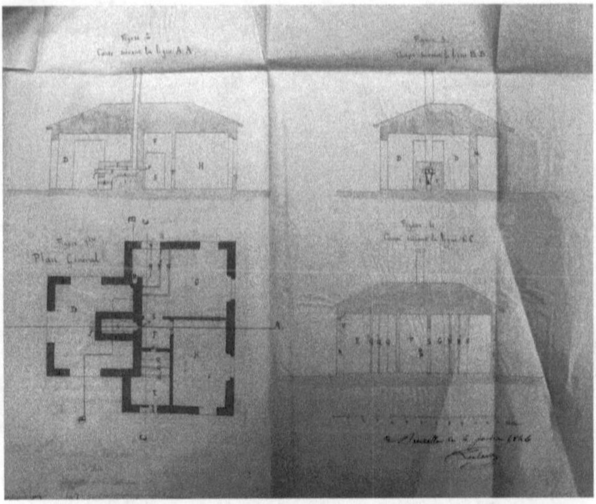

Illustration 1 : brevet Leclaire du 31 décembre 1845 (Archives de l'OPRI (SPF Économie), Bruxelles)

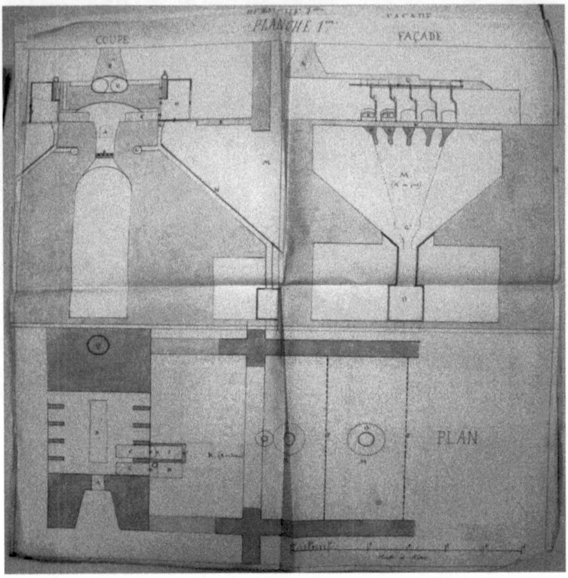

Illustration 2 : brevet Stoclet du 4 décembre 1847 (Archives de l'OPRI (SPF Économie), Bruxelles)

Illustration 3 : lithographie d'A. Maugendre (vers 1852), Usine d'Asnières-sur-Seine (Fonds CHST)

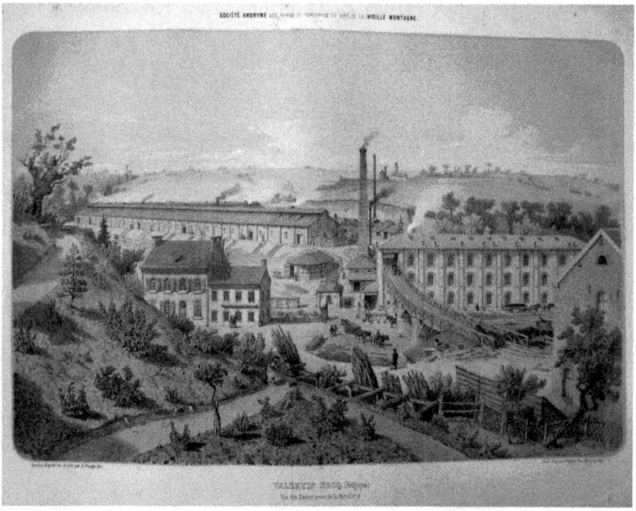

Illustration 4 : lithographie d'A. Maugendre (vers 1852), Usine de Valentin-Cocq (Fonds CHST)

Jules Aron, ingénieur-conseil de la Maison Rothschild (1872-1913)

Pierre JALOUSTRE

Doctorant à l'Université de Genève

Au tournant des XIXe et XXe siècles, le secteur pétrolier est particulièrement propice aux innovations de toutes sortes. Elles se situent aux différentes étapes de la filière : forage, raffinage et transport. En ce qui concerne le forage, le problème est d'empêcher les pertes dues aux fuites et aux infiltrations d'eau. Dans le secteur du transport, il s'agit de créer des pipe-lines, oléoducs, wagons-citernes et navires pétroliers. Dans celui du raffinage, il faut pouvoir extraire du brut différents produits comme le pétrole lampant, le mazout (ou fioul) et les huiles de graissage.

C'est à cette époque que la Maison Rothschild décide d'investir dans le secteur pétrolier, non seulement dans le domaine de la distribution, mais aussi dans celui de la production[1]. Nouvelle venue, n'ayant que peu d'expérience dans ce domaine, elle charge un ingénieur des mines, Jules Aron, d'acheter une société russe, la Société commerciale et industrielle de naphte de la Caspienne et de la mer Noire, une société anonyme connue sous ses initiales russes, Bnito. Néanmoins, Aron et ses correspondants écrivent simplement Bnito[2].

Les raisons de l'engagement des Rothschild dans les affaires du pétrole s'expliquent essentiellement par les difficultés rencontrées par la banque dans le domaine des finances publiques (le placement des emprunts d'État). La concurrence est en effet devenue plus difficile dans les années 1860[3].

À partir des années 1830, les Rothschild avaient commencé à s'intéresser au négoce et à la production de certains métaux non ferreux,

1 Jaloustre, P., *Les investissements pétroliers des Rothschild en Russie 1883-1912*, mémoire de master 2, Université de Lille III, 2005, dir. J.F. Eck.

2 Jaloustre, P., *Les investissements pétroliers (...)*, *op. cit.*, p. 29-57.

3 Bouvier, J., *Les Rothschild*, Paris, Fayard, 1967, p. 258-259.

tels que le cuivre, le mercure, le plomb et le nickel. Ces expériences accumulées dans l'industrie et la distribution leur donnent une grande expertise dans des entreprises et des marchés complexes. À partir des années 1860, en partenariat avec leurs associés, les Deutsch de la Meurthe, leur implication dans le pétrole se fait plus forte, jusqu'à ce que la Maison devienne en même temps grand distributeur et grand producteur. Bnito et la société Mazout[4] sont dans la première décennie du XXe siècle, en Russie, leurs deux plus importantes entreprises dans le pétrole. Le secteur pétrolier finit par représenter 83 % de l'ensemble des investissements industriels des Rothschild.

La stratégie est commune à celle adoptée pour les non ferreux. Au mieux, il s'agit d'acquérir un monopole ; au moins, un segment du marché, avec le nombre le plus réduit possible de partenaires. Pour y parvenir, il est nécessaire d'accéder d'abord à la taille critique et c'est ce qu'entreprennent les Rothschild dans les années 1880.

À partir de 1884, un an après le financement par la Maison du chemin de fer transcaucasien, Jules Aron est en situation de discuter avec la Standard Oil du partage des exportations mondiales : 25 % pour la Maison, le reste pour la puissante entreprise américaine. En vain. Des accords ont finalement lieu, après de nombreuses difficultés. En 1902, intervient la création de l'Asiatic Petroleum Company, en association principalement avec la Royal Dutch et la Shell, qui est un cartel de distribution de kérosène pour l'Orient. En 1906, la Maison s'unit avec la Deutsche Bank et la société Nobel pour distribuer le pétrole russe sur la plus grande partie du continent. En Russie, la Maison partage le marché russe avec les Nobel[5].

Le retrait de l'industrie du pétrole est dû au fait que les Rothschild ne réussissent pas à atteindre l'objectif de leur stratégie. Les résultats obtenus[6] (6 % du marché européen, un tiers du marché oriental) sont décevants, bien loin de ceux espérés (25 % des exportations mondiales). En outre, la production russe commence à baisser à partir de 1901[7]. Il

---

4 Il s'agit de la société de distribution de pétrole achetée en 1898 par les Rothschild à Pollack et Cie. Voir sur cette création Girault, R., *Emprunts russes et investissements français en Russie 1887-1914*, Paris, Publications de la Sorbonne/Armand Colin, 1973, p. 276-278 ; Jaloustre, P., *Les investissements pétroliers (...)*, *op. cit.*, p. 66-77.

5 Jaloustre, P., *Les investissements pétroliers (...)*, *op. cit.*, p. 66-77 et 89-102 ; Sartor, W., « International and Multilateral Companies in the Russian Empire before 1914 : The Integration of Russia into the World Economy », *XIIIe congrès d'histoire économique*, Buenos-Aires, 2002, http://www.eh.net/XIIICongress/French/ index.html.

6 Jaloustre, P., *Les investissements pétroliers (...)*, *op. cit.*

7 Kelly, W.J. et Kano, T., « Crude oil Production in the Russian Empire, 1818-1919 », *Journal of European Economic history*, 1977, n° 6, p. 307-338.

devient alors impossible d'atteindre l'objectif affiché avec une base productive en retrait.

Surtout, en 1905, la mort d'Alphonse de Rothschild marque un tournant. Le baron Edmond devient le seul maître à bord. La même année, il offre Bnito et la société Mazout à Nobel ; l'année suivante, à la Deutsche Bank. Nobel et la Deutsche Bank ne donnent pas suite. Lorsqu'un acheteur résolu apparaît, la Maison n'attend pas. Les intérêts de Grozny (en 1911) et ceux de Bakou (en 1912) sont vendus à la Royal Dutch Shell, dont le directeur, Henry Deterding, poursuit une politique expansionniste, avec une compétence et une volonté exceptionnelles[8].

Les auteurs français se sont peu emparés du sujet. René Girault consacre quelques pages au pétrole des Rothschild[9], Jean Bouvier choisit de ne pas l'évoquer[10]. Seul Bertrand Gille consacre un volumineux article à la question[11]. Les auteurs de langues anglaise et russe sont plus prolixes à ce sujet. Il faut citer ici de nombreux noms : Gerretson[12], Yergin[13], Henriques[14], McKay[15], Tolf[16], Van der Leeuw[17], Bovykin[18],

---

8 Jaloustre, P., *Les investissements pétroliers (...), op. cit.*, p. 124-134.

9 Girault, R., *Emprunts russes et investissements français (...), op. cit.*, p. 183-184, 190-192, 272-278, 372-373.

10 Bouvier, J., *Les Rothschild, op. cit.*, p. 258-259. L'historien se borne à relever la fondation de la Bnito, mais sans développer, consacrant tout son passage sur les affaires russes (p. 268-273) aux emprunts d'État.

11 Gille, B., « Capitaux français et pétroles russes (1884-94) », in *Revue d'histoire des entreprises*, n° 12, novembre 1963.

12 Gerretson, F.C., *History of the Royal Dutch*, 4 vols., Leide, E.J. Brill, 1953-1957.

13 Yergin, D., *The Prize : the Epic Quest for Oil, Money and Power*, New York, Free Press, 2003.

14 Henriques, R., *Marcus Samuel, First Viscount Bearsted and Founder of the « Shell » Transport and Trading Company 1853-1927*, Londres, Barrie and Rockliff, 1960.

15 McKay, J.P., « The House of Rothschild (Paris) as a Multinational Industrial Enterprise, 1875-1913 », in Teichova, A., Lévy-Leboyer, M. & Nussbaum, H. (eds.), *Multinational Enterprise in Historical Perspective*, Cambridge, Cambridge University Press, 1986, p. 74-82 ; *id.*, « Baku Oil and the Transcaucasian Pipelines, 1883-1891 : A Study in Tsarist Economic Policy », in *Slavic Review*, 43, 1984, p. 604-623.

16 Tolf, R.W., *The Russian Rockefellers : the Saga of the Nobel Family and the Russian Oil Industry*, Stanford, Hoover Institution Press, 1976.

17 Van der Leeuw, Ch., *Oil and Gas in the Caucasus & Caspian : A History*, New York, Palgrave Macmillan, 2000.

18 Bovykin, V.I., « Rossiyskaya Neft'i Rothshil'dy' », in *Voprosy Istorii*, 1978, n° 4, p. 27-41 ; « Foreign Banks and Foreign Investment in Russia », in Cameron, R. et Bovykin, V.I. (eds.), *International Banking 1870-1914*, Oxford, Oxford University Press, 1991, p. 253-290.

Fursenko[19]. Tous accordent une large place à la Maison dans ses rapports avec les compagnies pétrolières ou à propos des sujets qui les occupent.

À la fin du XIXe siècle, la Maison Rothschild bénéficie de toutes les technologies alors existantes et, grâce à Jules Aron, se montre capable de les maîtriser en un temps record pour monter de toutes pièces deux des plus grosses firmes de production et de distribution de pétrole du début du XXe siècle. Assurément, il s'agit là d'une vraie prouesse.

Jules Aron utilise des technologies russes pour le forage, le raffinage, le transport du pétrole à travers le Caucase, des procédés anglais pour le transport du pétrole en Méditerranée et dans l'océan Indien. En Russie, la Maison bénéficie de l'expertise des producteurs et raffineurs russes, en particulier de la Compagnie Nobel Frères qui constitue de loin, dans ce domaine, la première compagnie de l'Empire.

La Maison apporte à cette région du Caucase, y compris à Nobel, une expertise très poussée dans ce domaine, héritée en partie de son expérience dans la production et le commerce des métaux non ferreux. On peut considérer que c'est elle qui ouvre la Russie au commerce mondial du pétrole.

Jules Aron prend en charge tous ces éléments, qu'il s'agisse des aspects technologiques de la production et de la distribution ou bien de ceux qui concernent le commerce des produits pétroliers, la mise en place de sociétés. Il entretient des rapports étroits, fonde des partenariats avec les grands noms de l'époque, les Nobel, les Deutsch de la Meurthe, avec Frederick Lane, l'homme des Rothschild au Royaume-Uni[20], Marcus Samuel[21] (le fondateur de la Shell), mais aussi avec Henry Deterding[22] (l'un des fondateurs de la Royal Dutch Petroleum Company)

---

19 Fursenko, A.A., « Les Rothschild de Paris et le pétrole russe », in *Voprosy Istorii*, 1962, n° 8, p. 29-42 ; *id.*, *Neftianye tresty i mirovaia politikia 1880-e gody-1918 g*, Moscou-Léningrad, 1965 ; *id.*, *The Battle for Oil : The Economics and Politics of International Corporate Conflict over Petroleum, 1860-1930*, Greenwich, Conn. Jai Press, 1990 ; *id.*, « The Oil Industry », in Cameron, R. et Bovykin, V.I. (ed.), *International Banking 1870-1914*, *op. cit.*, p. 443-467.

20 Sur Lane, voir Yergin, D., *The Prize (...)*, *op. cit.*, p. 124-125 et 132-133 ; Henriques, R., *Marcus Samuel (...)*, *op. cit.*, p. 130-131 ; Jones, G., notice « Frederick Lane », in Jeremy, D. (ed.), *Dictionary of Business Biography : A Biographical Dictionary of Business Leaders Active in Britain in the Period 1860-1980*, 5 vols., Londres, Butterworth, 1984-1986 ; Gerretson, F.C., *History of the Royal Dutch*, *op. cit.*, *passim*.

21 Sur Marcus Samuel, voir la biographie de Henriques, R., *Marcus Samuel (...)*, *op. cit.*

22 Sur Deterding, voir Gerretson, F.C., *History of the Royal Dutch*, *op. cit.*, *passim* ; Hendrix, P., *Sir Henry Deterding and Royal Dutch Shell : Changing Control of World Oil 1900-1940*, Bristol, Bristol Academic, 2002 ; Howarth, S., *A Century in Oil : The Shell Transport and Trading Company 1897-1997*, Londres, Weidenfeld & Nicolson, 1997 ; Howarth, S., Luiten van Zanden, J., Jonker, J. et Sluijterman, K., *A*

et avec les dirigeants de la Deutsche Bank. Avec la Standard Oil de John D. Rockefeller, en revanche, la concurrence reste toujours très vive, malgré les vœux des Rothschild, et plus particulièrement ceux de Jules Aron[23].

L'homme clé des Rothschild dans le domaine du pétrole, Jules Aron, acquiert une position enviable au sein de la banque qui fait des ingénieurs les principaux artisans de sa stratégie de conquête.

1. Jules Aron, l'homme de confiance

Jules Aron est l'homme clé des Rothschild pour les affaires de pétrole et la politique industrielle en général. Il est l'exemple d'un ingénieur qui acquiert une importance prééminente au sein d'une banque, célèbre pour ses investissements industriels. Ses compétences techniques lui sont d'une grande utilité pour obtenir un poste managérial au sein de la banque.

Cet ingénieur de formation est un ancien élève de l'École supérieure des mines de Paris (promotion 1868). Il entre au service des Rothschild en 1872, chez qui il fait toute sa carrière jusqu'à sa mort, en 1913. Tout en se consacrant plus spécialement aux affaires du pétrole, il s'occupe aussi des exploitations minières dans lesquelles la Maison possède de puissants intérêts : charbon de Decazeville, mercure d'Almaden, cuivre de Rio-Tinto et de Boleo, plomb de Penarroya, nickel de Nouvelle-Calédonie. Il est directeur de la Mineralöl Raffinerie et de la Photogen, en Hongrie, administrateur de la Société d'armement, d'industrie et de commerce (souvent appelée Compagnie des huiles de graissage), de l'Asiatic Petroleum Company et de la quasi totalité des compagnies du secteur pétrolier dans lesquelles, en Europe, la Maison possède des participations. Il contribue en outre au développement du transport de l'électricité en France[24]. À partir de 1900, il dirige toute la politique industrielle de la Maison, laissant en partie à Maurice Baer[25], par ailleurs russophone, le pétrole. Il n'en demeure pas moins administrateur de Bnito[26]. C'est ce moment particulier, celui de l'apogée des affaires pétrolières des Rothschild, que je propose d'éclairer ici, en me limitant

History of Royal Dutch Shell, Amsterdam/Oxford, Boom Publishers/Oxford University Press, 2007.

23 Tarbell, I.M., *History of the Standard Oil* (1904), rééd., Peter Smith Pub., 1987 ; Yergin, D., *The Prize (...)*, *op. cit.*, p. 35-55.

24 « Jules Aron », *Bulletin de l'Association des anciens élèves de l'École des mines de Paris*, juillet-août 1913, consultable sur le site http://www.annales.com/archives/x/aron3.html.

25 Maurice Baer était aussi un ingénieur des mines. Cette qualité a vraisemblablement compté dans son engagement par les Rothschild.

26 Tolf, R.W., *The Russian Rockefellers (...)*, *op. cit.*, p. 129-130.

aux toutes premières années du XXe siècle, telles qu'elles ressortent de la correspondance de Jules Aron, incluse en partie dans le fonds Rothschild conservé aux Archives nationales du monde du travail à Roubaix[27].

Aron est un homme de confiance, un « ingénieur-conseil » comme il aime à se présenter lui-même. Il dispose d'un compte particulier chez de Rothschild Frères, un incontestable privilège qui lui a été accordé par le baron Alphonse. C'est un homme méticuleux et attentif qui réclame à ses correspondants des rapports complets, d'une périodicité au moins mensuelle, sur les sociétés dont il est administrateur[28]. Il entretient des relations quotidiennes avec celles que la Maison administre directement, comme Bnito, la société de production de pétrole possédée par les Rothschild et les Deutsch de la Meurthe, active dans le Caucase, ou des relations plus espacées, mais néanmoins régulières, avec les sociétés que la Maison gère indirectement, comme la Société commerciale et industrielle de naphte Mazout.

2. Un employé fortuné

Dans les archives de la Maison Rothschild conservées à Roubaix, aux Archives nationales du monde du travail, la « succession Aron » indique que Jules Aron réside au 33, avenue Henri Martin, puis au 20, avenue de Wagram, à Paris. Sa mort demeure en quelque sorte l'affaire des Rothschild : le décès est rapporté par Théophile Weill, ingénieur des mines, et Louis Derougement, tous deux employés chez de Rothschild Frères ; l'exécuteur testamentaire n'est autre que le chef du contentieux de la Maison, Frédéric Schneider[29].

Le portefeuille en actions possédé par Jules Aron peut être considéré comme représentatif de l'étendue des intérêts des Rothschild dans le monde à la veille de la Première Guerre mondiale. On y trouve des actions, des obligations, des parts de nombreuses sociétés minières, métallurgiques et pétrolières ainsi que des obligations émises par des sociétés industrielles d'autres secteurs et des collectivités publiques. Elles attestent, à tout le moins, qu'Aron croit beaucoup en l'avenir du moteur Diesel[30].

Au total, son patrimoine en valeurs mobilières représente à sa mort un peu plus de 450 000 francs, un chiffre considérable pour un employé, fût-il au service des Rothschild. Ce sont les seuls éléments qui peuvent

27 Archives nationales du monde du travail, à Roubaix (désormais ANMT), fonds Banque Rothschild, 132 AQ.

28 ANMT, 132 AQ 865, lettre d'Aron à la Naphta-Import, 9 août 1900.

29 ANMT, 132 AQ T2, « succession Aron ».

30 *Ibid.*

être pris en compte, car on ne connaît pas le reste de son patrimoine. Toujours est-il que cette fortune mobilière est comparable à la fortune globale léguée par les hauts fonctionnaires de la capitale qui ne le cèdent eux-mêmes que devant les négociants et les industriels. Bref, Aron se situe nettement dans les catégories dirigeantes de la société de son temps. Plus précisément, son niveau de fortune le rattache aux franges inférieures de la grande bourgeoisie, un exploit rare dans le monde des ingénieurs : ceux-ci gagnent au maximum 25 000 francs par an à la Compagnie du chemin de fer du Nord, ce qui, en l'absence de biens personnels d'origine familiale, leur interdit tout espoir d'accéder aux catégories dirigeantes[31].

À cette aisance financière, s'ajoute un capital relationnel étendu. Jules Aron entretient par exemple des rapports particulièrement cordiaux avec les deux fils d'Alexandre Deutsch de la Meurthe, Emile et Henry[32]. Qu'Aron soit un intime des Deutsch de la Meurthe démontre que la position sociale de l'ingénieur était très élevée. Il est aussi invité à participer à des événements mondains par Henry Deterding, de la Royal Dutch Shell. Il est en relation avec d'importants banquiers, pour affaires, mais aussi, si l'on en croit ses lettres, par amitié, notamment avec des hommes comme Herman Spitzer et Adolphe Rothstein, de la Banque internationale de Saint-Pétersbourg, de même que Gustav Mauthner, de la Credit Anstalt de Vienne, Adolf von Ullmann et Zsigmund Kornfeld, de la Credit Bank de Budapest.

Ce qui est frappant dans son cas, c'est que, chez lui, les qualités d'ingénieur se doublent d'un remarquable sens de la direction et du *management*. Il occupe des fonctions qui seraient équivalentes, aujourd'hui, à celles de directeur général, de *chief executive officer* dans le monde anglo-saxon.

Jules Aron s'entretient de vive voix et par courrier avec les trois barons Rothschild successifs, Alphonse, Edmond et Edouard, fils d'Alphonse. Il semble avoir quelque peine à suivre leurs trois avis simultanément et, dans ses lettres, justifie parfois les choix de l'un auprès des autres. Leur fréquence indique que son principal interlocuteur est le baron Alphonse qui, à travers cette correspondance comme dans la littérature disponible sur le sujet, apparaît comme le principal membre de la famille Rothschild s'occupant des affaires pétrolières, alors que son frère Edmond s'y implique à un moindre degré.

---

31 Daumard, A., « Puissance et inquiétudes de la société bourgeoise », in Braudel, F. et Labrousse, E. (dir.), *Histoire économique et sociale de la France*, Paris, PUF, 1979, tome IV, vol. 1, p. 420 et suivantes.

32 Sur les Deutsch de la Meurthe, voir Mouton, S., *Industriels et mécènes, la famille Deutsch de la Meurthe (1845-1924)*, mémoire de master 1, Université de Paris IV-Sorbonne, sous la direction de Jean-Pierre Bardet et Cyril Grange, 2006.

Pour gérer ces affaires, la Maison crée un Comité de Paris, situé au 13, rue Lafayette, dans le IXe arrondissement, dirigé par Maurice Baer, avec le titre d'agent général[33]. Baer, sur lequel on ne dispose malheureusement que de rares renseignements, avait d'abord dirigé l'agence de Bakou avant d'être promu à la direction du pétrole à Paris en 1900. L'adresse télégraphique, significativement, est *Kérosène – Paris.* Les employés placés directement au service de Jules Aron ne semblent pas très nombreux. Maurice Baer est secondé par Cambefort, directeur du bureau marchandises de la Maison et successeur de Tambour , un juriste. Avant de regagner Paris, Cambefort a été directeur du comptoir de Batoum, sur la mer Noire, où il s'occupait surtout du chargement des vapeurs, de la réception des matériaux et des commandes de la clientèle. Il était alors en liaison télégraphique et épistolaire avec Baer qui discutait avec lui des prix, de l'ordre de chargement des navires, des affaires en cours avec les autres producteurs du Caucase[34].

Par la suite, l'ingénieur Isidore Braun, beau-frère de Jules Aron[35], et un autre ingénieur, Arnold Feigl, rejoignent le groupe. En juin 1887, le Comité devient une Agence générale qui déménage au 26, rue Laffitte, à proximité immédiate du siège précédent[36]. Le Comité, puis l'Agence sont chargés de faire le lien entre les Rothschild et les comptoirs de Bakou et de Batoum. Ce lien peut se résumer à une simple surveillance. Bnito-Bakou, où est installée la direction du Caucase, informe Paris de ses activités et de ses besoins, en général financiers. Les Rothschild, souvent par l'intermédiaire de Jules Aron, ou bien ce dernier directement, passent par le Comité pour que leurs décisions soient répercutées dans le Caucase. Aucun exemple de lettres adressées directement par Jules Aron à Bnito-Bakou n'a été retrouvé. Tout semble passer par l'agent général, Maurice Baer, jusqu'à sa mort en 1908.

L'organigramme de ce qu'on peut appeler la division Production de pétrole de la Maison Rothschild est donc extrêmement simple et prend la forme d'une structure pyramidale. Les ordres sont transmis de haut en bas et les relations entre les étages se font en général en fonction de leur proximité. Jules Aron est en relation directe avec les barons Rothschild et avec Maurice Baer, mais n'a que peu de contacts avec Guyon, le directeur à Batoum, puis à Bakou, de 1902 à 1908, et avec Feigl, si ce n'est pour leur adresser des reproches et se servir d'eux dans les relations avec les producteurs du Caucase. Maurice Baer, au contraire,

33 ANMT, 132 AQ 12 P 229, en-têtes de la correspondance Bnito.

34 ANMT, 132 AQ 277, lettre de Baer à Cambefort, 16 août 1891.

35 ANMT, 132 AQ 878, lettre d'Aron à Lane, 29 septembre 1908. Il n'est pas indiqué dans la documentation si c'est Jules Aron qui a fait entrer Braun dans la Maison.

36 *Ibid.*

entretient une correspondance régulière avec les deux directeurs, mais plus rare avec les barons. La hiérarchie est donc stricte. Si Baer et Braun ont le malheur de prendre des décisions sans en référer à Jules Aron, les récriminations de ce dernier sont immédiates, notamment lorsque le nom des Rothschild risque d'être livré en pâture au public[37].

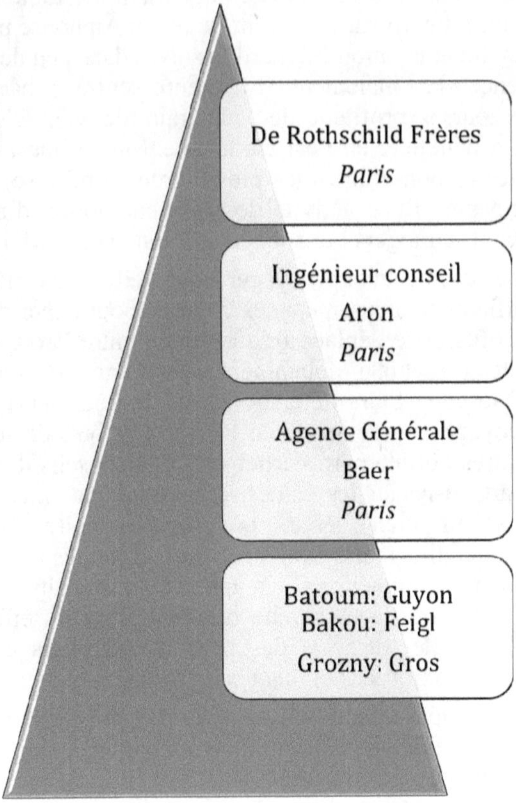

Figure 1. L'organisation de la division pétrole

Aron, qui signe en moyenne dix lettres par jour, dispose d'un secrétaire, Fudalski, et d'une « jeune fille dactylographe »[38] pour l'aider et surtout, il est permis d'y songer, pour pallier les inconvénients de son écriture parfois presque illisible. La Maison est d'ailleurs à la pointe du progrès dans le domaine de la transmission de l'information : la première machine à écrire introduite en France a été acquise à New York

[37] ANMT, 132 AQ 865, lettre d'Aron à Baer, 28 juillet 1900.

[38] ANMT, 132 AQ 865, lettre d'Aron à Spitzer, 20 mars 1900.

par le bureau local de la Maison et mise en service à Paris dès 1878[39]. Les bureaux sont équipés du téléphone. Aron et Baer, qui correspondent par ailleurs énormément par écrit, l'utilisent aussi très fréquemment[40].

Il arrive à Jules Aron de se sentir seul au bureau, notamment l'été : « Il fait ici, écrit-il à l'un de ses correspondants, une chaleur épouvantable et il faut un vrai courage pour travailler toute la journée. Le baron Edmond est parti sur son yacht, le baron Alphonse part demain jeudi pour Trouville et le baron Édouard le suivra dans peu de jours pour la même résidence »[41]. Finalement, il demeure seul à la barre pendant que « ces Messieurs » profitent de leur train de vie. C'est dire la confiance dont il bénéficie et c'est évidemment aussi une façon de lui faire endosser les responsabilités les plus lourdes. Enfin, son travail au bureau s'accompagne d'une activité de représentation et d'accueil des émissaires et clients étrangers qui sont en relation avec la Maison.

Il doit en tout cas beaucoup voyager pour veiller aux intérêts de la Maison. Il planifie méticuleusement ses voyages pour tenter d'en tirer le maximum de profits et se déplace fréquemment entre Paris, Londres et l'Europe centrale et orientale, notamment vers Vienne, Berlin, Lemberg (en Galicie), Moscou, Saint-Pétersbourg et Bakou, au rythme par exemple d'un voyage chaque année en Russie. Les buts de ces voyages sont de deux ordres : d'une part, participer à des conseils d'administration ; d'autre part, inspecter les usines, car il veille attentivement à ce que celles-ci soient bien gérées et propose, voire impose des changements à leurs directeurs, comme la mise en boîtes métalliques du kérosène à Batoum, des améliorations apportées aux puits de forage et aux raffineries à Bakou, la recherche de solutions plus efficaces aux problèmes posés par le transport des produits pétroliers en wagons-citernes, péniches automotrices ou barges remorquées.

Il attache beaucoup d'attention à disposer de plans des exploitations pétrolifères tenus régulièrement à jour, notamment en ce qui concerne la disposition des couches géologiques[42]. Par là même, il reste fidèle à la formation qu'il a reçue. C'est d'abord un ingénieur qui, par expérience acquise, est devenu un homme d'affaires.

---

39 Delmas, B., « Révolution industrielle et mutation administrative : l'innovation dans l'administration française au XIXe siècle », in *Histoire, économie et société*, 1945, n° 4, p. 222.

40 ANMT, 132 AQ 865, lettre d'Aron à Baer, 9 août 1900.

41 ANMY, 132 AQ 865, lettre d'Aron à Spitzer, 3 août 1900.

42 ANMT, 132 AQ 865, lettre d'Aron à Csonké, 31 août 1900.

3. Jules Aron, un ingénieur modèle

Il est difficile d'évaluer à quel point le recours à la technologie fait partie de la stratégie de la Maison. Les cartons regorgent de notes techniques, de prospectus sur des machines nouvelles. Si Nobel est réputé posséder les équipements les plus perfectionnés de Russie, voire du monde[43], les installations de Bnito ne sont aucunement archaïques, loin s'en faut. Jules Aron, Maurice Baer, Isidore Braun, Lanet[44] sont autant d'ingénieurs qualifiés aptes à résoudre des problèmes techniques délicats, ce qui les amène à compter de manière cruciale dans le processus décisionnel de la Maison. Les barons les consultent toujours ainsi qu'Ernest Tambour, Sartiaux, Griolet, sur l'opportunité d'acheter des brevets[45]. Ils questionnent plus particulièrement Jules Aron. Les rapports produits dans de telles occasions sont nombreux et les avis des ingénieurs toujours suivis, qu'il s'agisse d'abandonner l'exploitation pétrolière au Texas – ce qui fut indubitablement un choix malencontreux –, en Crimée ou au Kouban ou au contraire de mettre en exploitation les terrains pétrolifères de Bakou.

Le rachat de Bnito est suivi de la complète reconstruction de la raffinerie et de la mise en place d'une autre unité de production dans la Ville Blanche, à la périphérie de Bakou. Les machines sont d'origine russe, anglaise ou américaine. Les problèmes à résoudre concernent les fuites dans les puits et les infiltrations d'eau. Jules Aron s'y attache jusqu'à la fin de son activité. Les exemples de ses interventions, nombreux, font ressortir plusieurs traits de sa personnalité.

Son ouverture aux innovations étrangères est remarquable. Ainsi, en 1900, il passe un contrat avec la société Raky pour essayer une nouvelle méthode de forage sur les champs pétrolifères de Bnito[46]. Il s'intéresse au procédé de la firme *American Stoker* qui permet d'absorber les fumées industrielles. En effet, la Préfecture de police de la Seine fait « des difficultés » à la Maison à propos de la fumée générée par l'« une de [ses] usines d'électricité »[47]. Jules Aron veut étudier à ce sujet, avec Frederick Lane, les brevets exploités sur place pour le raffinage du pétrole et demande à visiter directement l'usine pour se rendre compte sur place de la valeur de la nouvelle technologie[48].

---

43 Tolf, R.W., *The Russian Rockefellers (...)*, *op. cit.*, p. 183 ; 132 AQ 140, *Kaspy*, n° 121 du 30 mai 1904.

44 Il s'agit d'un géologue.

45 ANMT, 132 AQ 865, lettre d'Aron au baron Edmond de Rothschild, 31 août 1900.

46 ANMT, 132 AQ 865, lettre d'Aron à Spitzer, 29 mars 1900.

47 ANMT, 132 AQ 865, lettre d'Aron à Belmont, 16 mai 1900.

48 ANMT, 132 AQ 865, lettre d'Aron à Walther de Rothschild, 27 juillet 1900.

Pour diminuer les pertes et augmenter les rendements, il n'hésite pas à jeter un coup d'œil chez les concurrents. Quand sa curiosité est attisée, il fait procéder à des enquêtes par les ingénieurs de Bnito. Ainsi, l'usage du sable comprimé pour empêcher les fuites d'eau sur l'exploitation du prince Toumanoff et le pompage à air comprimé, à la Bakou Oil C°, suscitent son intérêt. Les pertes occasionnées par les fuites paraissent assez considérables, puisqu'elles correspondent à 8 % du pétrole extrait. Feigl est chargé d'arriver à de meilleurs résultats en mettant en œuvre les méthodes d'un ingénieur russe, Gourchmann, qui est l'un des directeurs de la raffinerie de Bakou[49]. Cependant, quand Maurice Baer propose à Jules Aron de remplacer les derricks en bois par des derricks en fer, ce dernier marque son hostilité en raison du coût supérieur que cela entraînerait[50]. Il n'est pas pour autant favorable au maintien des techniques d'extraction héritées du passé, bien au contraire. En témoigne l'appui qu'il donne à l'utilisation de l'électricité. Au début du XXe siècle, avec l'aide de la Banque internationale de Saint-Pétersbourg, la Maison Rothschild, fortement encouragée dans cette voie par Jules Aron, fonde une société, la Force Électrique, qui se propose de remplacer les machines à vapeur par des moteurs électriques pour pomper l'eau des puits de pétrole[51]. Les débuts sont difficiles car, en 1901, les revenus des producteurs ont diminué du fait de la surproduction et ces derniers ne sont donc guère enclins à investir dans cette nouvelle technologie. Mais les progrès sont ensuite rapides. La firme Bnito devient le premier client de la Force Électrique, poussée en ce sens par Aron[52].

Ouvert aux innovations, Jules Aron reste cependant prudent vis-à-vis de celles qu'il connaît seulement à travers des rumeurs flatteuses, surtout lorsqu'elles proviennent de personnages qui n'ont pas son estime. Recevant de Walter de Rothschild, le fils de lord Rothschild, une documentation sur un nouveau procédé de raffinage du pétrole jugé intéressant par Baer et Frederick Lane, il écrit, après examen du texte du brevet avec Braun, qu'il « n'y vo[it] goutte »[53] et fait part, le même jour, à Walter de Rothschild de son impression défavorable face à un procédé qui, selon lui, s'appliquerait davantage au pétrole américain dont les caractéristiques techniques, notamment pour l'obtention d'huile lampante, diffèrent de celles du pétrole russe[54]. Son interlocuteur revenant à

49 ANMT, 132 AQ 865, lettre d'Aron aux directeurs de la Mineralöl, 9 août 1900.

50 ANMT, 132 AQ 865, lettre d'Aron à Baer, 8 août 1900.

51 ANMT, 132 AQ 291-309.

52 ANMT, 132 AQ 867, lettre d'Aron à Spitzer, 7 octobre 1901.

53 ANMT, 132 AQ 865, lettre d'Aron à Baer, 16 août 1900.

54 ANMT, 132 AQ 865, lettre d'Aron à Walther de Rothschild, 16 août 1900.

la charge quelque temps plus tard, il consent à réexaminer la question, visiblement agacé, suggérant que Lane aille voir directement l'inventeur en Angleterre. Lane, chargé de l'expertise, réclame 200 guinées. Jules Aron demande alors que Walter de Rothschild prenne cette somme à sa charge. Finalement, il parvient à ses fins : l'idée est abandonnée[55].

Prudent, soucieux d'éviter toute dépense inutile, Jules Aron est aussi ouvert au progrès. Il est pour beaucoup dans la diversification des fournisseurs de Bnito, tant en ce qui concerne le matériel que les équipements nécessaires à l'extraction pétrolière.

Le matériel est acheté à des fournisseurs aux origines géographiques variées. Rien, dans la documentation existante, ne permet d'éclairer les critères de choix en la matière. Par exemple, les planches de bois servant à la confection des caisses à Batoum sont achetées à la Société anonyme pour l'exploitation de forêts et de scieries à vapeur (ancienne société P. & C. Goetz & Cie), sise à Galatz, en Autriche-Hongrie. Pourquoi s'approvisionner si loin, alors que la Russie regorge de ce matériau ? Les wagons de chemin de fer sont achetés à Moscou, chez Gustav List, un « mécanicien constructeur » d'ascendance allemande qui fabrique aussi des pompes pour l'industrie minière. D'autres wagons sont achetés à la Société baltique de constructions de wagons, à Riga. Les wagons-citernes proviennent de la société Lilpop, Rau & Loewenstein, de Varsovie. Bnito achète aussi des machines à Birmingham et à Londres, ainsi que des caisses et bidons en fer blanc et des lingots d'étain chez Bessler, Waechter & Cie, une autre firme britannique. Pour le transport, des barges sont commandées chez W.G. Armstrong Mitchell & Cie, de Liverpool, qui assure aussi la réparation du navire *Le Caucase* que Bnito possède en propre[56]. La firme acquiert enfin, comme beaucoup de sociétés de Bakou, des tôles auprès de la Société métallurgique de l'Oural-Volga, une société à capitaux français créée en 1896[57].

4. Conclusion

Au terme de cette longue description, c'est une géographie simple des fournisseurs qui s'esquisse. L'essentiel du fer blanc, des navires et des machines proviennent du Royaume-Uni, les wagons et les tôles de Russie, le bois d'Autriche-Hongrie. Ainsi la Russie bénéficie-t-elle de

[55] ANMT, 132 AQ 865, lettres d'Aron à Walther de Rothschild, 4 et 16 février 1901.

[56] ANMT, 132 AQ 12 P 229, correspondance BNITO, 1887-1888. On y trouve aussi le prix des moyens de transport, par exemple celui des wagons-citernes.

[57] ANMT, 132 AQ 865, lettre d'Aron à Spitzer, 15 mars 1900. Bnito possède alors un stock de 300 000 pouds de tôles, peut-être destinées à l'entretien des réservoirs, des puits et de la raffinerie. Sur la Société métallurgique de l'Oural-Volga, qui est soutenue par la Banque du Nord et par la Société Générale, voir Girault, R., *Emprunts russes et investissements français (...)*, *op. cit.*, p. 60-62.

technologies anglaises en matière de transport maritime et d'extraction pétrolière grâce aux Rothschild et à l'action de leur ingénieur conseil, Jules Aron. Il n'est pas sûr néanmoins que cet apport soit d'importance décisive, car la principale compagnie pétrolière russe, celle des Nobel, d'origine suédoise, utilise ses propres technologies. Parmi les fournisseurs de Bnito, on ne trouve que quelques firmes françaises et belges. Par exemple, l'entreprise marseillaise Farconnet fabrique des barils de pétrole vides pour Batoum. Une firme de Liège, P. Brouchon, livre des générateurs pour Batoum en 1889[58]. Il s'agit toutefois d'exceptions par rapport au schéma général ici esquissé qui consiste à recourir aux technologies russes et britanniques pour les besoins des activités pétrolières.

L'ingénieur Jules Aron est ici, une fois encore, le grand organisateur, tant sur le plan des techniques industrielles que des méthodes de gestion. Il fit son parcours professionnel intégralement chez les Rothschild, chez qui il sert jusqu'à sa mort, en juin 1913. La mort de son fils, Abraham-Maurice, quatre mois auparavant, semble avoir secoué profondément un homme qui, surmené, s'était plaint souvent de sa fatigue[59].

Dans le monde du pétrole, Jules Aron représente un cas à part. Seuls les Nobel étaient aussi des ingénieurs et des commerçants. En effet, les hommes à la tête des entreprises, en ce temps, sont plus souvent des négociants ou des financiers que des ingénieurs. Il faut dire aussi que Jules Aron n'était qu'un employé. Les autres firmes devaient bien employer des ingénieurs et techniciens, mais participaient-ils au processus de décision et à quel degré ? Des études de cas s'imposent pour le savoir. Jules Aron n'a pour sa part jamais pu vraiment décider, loin s'en faut. Il a cependant joué son rôle dans l'application des stratégies de ces puissants « Messieurs », ses patrons.

---

58 ANMT, 132 AQ 12 P 220, lettre de Baer à la Maison, 6 juin 1889.

59 ANMT, 132 AQ T2, « succession Aron ». Jules Aron meurt le 25 juin 1913. Son fils était décédé le 3 février précédent.

Migrant entrepreneurs and the mobility of innovation

An evolutionary economic view of Aachen since 1790[1]

Christoph A. RASS & Florian WÖLTERING

École technique supérieure de Rhénanie-Westphalie, Aix-la-Chapelle

Introduction

This article argues that migrant entrepreneurs have been a crucial factor for the mobility – and in particular the influx – of innovation in Aachen and its environs since the turn of the 19th century. It offers a structured analysis of 200 years of regional history, tracing the transformation of Aachen's local economy from that of a centre of industrialization to a modern-day high-tech based one. During the course of this analysis, we focus less on the competition between Aachen and other regions – unlike the application of evolutionary economics might suggest – or on explanations of various distinct developments and more on the specific pathway of economic change in the Aachen region and the dependence of this pathway on migration.

Fostered by the leading role in industrial and technological development of its western neighbours – especially those parts of the Netherlands and France from which Belgium would be created in the 1830s – Aachen became a gateway to industrialization for Germany/ Prussia in the early 19th century. A unique pattern emerged of the interlocking of a high degree of technological innovation in various industries – from textile to mining – with a significant international influx of entrepreneurs and engineers. However, by the end of the

---

1 Le titre en français : *Migrations des entrepreneurs et mobilité des innovations dans le bassin d'Aix-la-Chapelle depuis la fin du XVIIIe siècle : une perspective d'histoire économique institutionnelle.* Dans cet essai de synthèse historiographique, les auteurs se sont volontairement limités à citer les travaux disponibles, sans fournir de références archivistiques.

20th century, those industries had vanished and the classical in-migration of highly skilled innovators had virtually come to a halt. Instead, the "centre of gravity" had switched to the city's technical university, which was attracting national and international elites in the field of engineering. However, both innovation and innovators were leaving the region rather than joining the local economy when it came to capitalizing on research. Today, Aachen is rated among the top high-tech regions of Europe on the foundation of successfully implemented mechanisms which make ideas and innovation from the city's technical university work for the regional economy. The provision of organizational, entrepreneurial and technological skill does – using a simplified model – depend to a certain degree on the ability of a regional economy to attract talent from outside its boundaries. Aachen did manage to do so in the late 18th and early 19th century based on its unique geographical position. Today, the region relies on its technical university and a well designed institutional framework to act both as a magnet and a transmission wheel. Inbetween those periods, the region had to cope with the challenge of surviving as a dynamic regional economy but on different terms. A historical analysis of this complex process is the purpose of this paper.

The article meets its purpose in three steps: Firstly, a model derived from evolutionary economics structures our cut through roughly 200 years of history in combination with the application of ideas on regional innovation systems drawn from economic geography. Secondly, major transformations of Aachen's regional economy will be analysed in chronologically arranged subsections, on the basis of our model. The paper concludes with a review of its results and careful speculations on the university's potential to not only generate innovations in the future but also to implement them regionally.

1. Theoretical approach

To grasp the influence of innovative processes on the economic development of Aachen and to reveal central anchor points and subsequent path dependencies, an evolutionary economic model provides useful assumptions. This section applies the general idea of evolutionary processes in economic change with a focus on the geographic dimension, arriving at a regional innovation system. The combination of evolutionary economics and a geographical focus enables us to use the derived model for the historical analysis of a specific region, in this case, Aachen[2].

---

2 Grote, M.H., *Die Entwicklung des Finanzplatzes Frankfurt. Eine evolutionsökonomische Untersuchung*, Berlin, Duncker & Humblot, 2004, p. 89-90.

A. Evolutionary economics

Evolutionary economics is a relatively new theoretical concept. Its formation during the 1980s resulted from a growing uneasiness in the field of economics about the static and mechanistic assumptions as well as the highly abstract want for an equilibrium, as postulated by neoclassical theories (for an example of its application to regional economic history, see Schäffer[3]). The orthodoxy of such theories could not explain "real" changes of the economic processes being observed at the time. An evolutionary approach, on the other hand, advanced a theoretical understanding of economic processes by emphasizing their social dimension, which neoclassical economics had banned to the realm of "ceteris paribus", and moving the actual dynamics of change into the centre of interest[4].

The theory of evolution economics makes the advance and the diffusion of knowledge a key trigger for economic change[5]. As knowledge is always imperfectly and unequally distributed across individuals, networks, institutions and regions, analogies can be drawn between changes in the distribution of knowledge and their consequences and evolution with regard to means of variation, selection and inheritance[6]. Change is, then, dependant on newly available knowledge, which leads to innovation similar to the function of mutation in evolutionary processes. However, in contrast to the accidental occurrence of mutations in the biological sphere, knowledge can be pursued actively by actors in evolutionary economics[7] through – for instance – planned research or changes in organizational structures[8].

Basically, evolutionary economics assume that, given scarce resources, economic actors will deploy new knowledge, as it becomes available, in order to obtain a more effective management of their resources and thus gain competitive advantages (innovation). Other actors in the market will be subjected to the resulting selection pressure

---

3 Schäffer, W.D., *Regionale Entwicklung im gesamtwirtschaftlichen Wachstumsprozess: theoretische Perspektive und historisch-statistische Analyse am Beispiel des. Aachener Wirtschaftsraums*, Frankfurt/Main, Peter Lang, 1987, p. 15-20.

4 Grote, M.H., *op. cit.*, p. 61-63.

5 Herrmann-Pillath, C., *Grundriß der Evolutionsökonomik*, München, Fink, 2002, p. 22.

6 Herrmann-Pillath, C., *op. cit.*, p. 203-207; Grote, M., *op. cit.*, p. 66-69.

7 Bathelt, H., Glückler, J., "Wirtschaftsgeographie. Ökonomische Beziehungen in räumlicher Perspektive", 2002, p. 196. Ce texte est consultable à l'adresse suivante: http://www.utb-studi-e-book.de/9783838582177/http://www.gbv.de/dms/hebis-mainz/toc/115179038.pdf.

8 Grote, M.H., *op. cit.*, p. 70-71.

and will have to adapt their behaviour to the new situation in order to survive. The mechanisms of selection themselves depend on the terms of interaction between individual actors and different markets as well as between institutions and social norms[9]. The selection process itself can thus not be perceived as linear but as strongly dependent on its specific point in time and its framing conditions[10]. The importance of local frameworks in such processes is rated as one of the decisive factors determining the process[11], which implies that new variations of a local optimum will occur in a specific chronological and spatial context[12].

By allowing for imperfect knowledge and a choice-based process of innovation, evolutionary economic theory recognizes non-perfectly informed, non-revenue-maximizing actors who are guided by habits and experience. This leads to bounded rationality: Decisions are not made objectively between certain alternatives but are based on a learning process, which is context sensitive and directed towards the satisfying of certain purposes. Equally important, time is recognized as a factor, which finally leads to a broader view and places weight on the chronological dimension of path dependencies.

That given, evolutionary economics choose a unit of selection in order to analyse its performance in the struggle for survival over time during a process of selection. The recognition of endogenous factors as engines of change – or growth – marks an important contribution by this model towards an understanding of economic history, because it takes the emphasis away from the explanatory domination of mere "competition". This allows us, for instance, to explicitly factor research and innovation in as elements which determine the pathways of regional economic development.

B. Regional Systems of Innovation (RSI)

The concept of Regional Systems of Innovation allows us in addition to factor in the relevance of specific regional structures for the local production of innovations. It explains regional economic success on the basis of institutions and their potential to influence the accumulation of knowledge, capital and technology. A specific set of institutions thus at least partly determines the potential of a regional economy to be innovative[13]. Such a system can be deciphered through the analysis of

---

9 *Ibid.*, p. 73-75.

10 Dosi, G., Nelson, R.R., "An introduction to evolutionary theories in economics", in *Journal of Evolutionary Economics*, No. 4, 1994, p. 156-157.

11 Grote, M.H., *op. cit.*, p. 76.

12 Herrmann-Pillath, C., *op. cit.*, p. 208-209.

13 Uyarra, E., "What is evolutionary about 'regional systems of innovation'? Implications for regional policy", in *Journal of Evolutionary Economics*, No. 20, 2010,

social actors, institutions and networks with their specific local and cultural identities, features and networks.

Despite extensive research concerning RSI having emerged during the past decade, the concept itself has been only vaguely defined and contradictorily conceptualized[14]. It consists of two different dimensions which Uyarra labelled "top-down" and "bottom-up" characterisations. The top-down dimension (or macro-to-micro) comprises the institutional framework, which includes institutionalized learning and communication, public policy, the industrial structure and the set-up of R&D activities. In this sphere, settings on a national level can also be operative locally. The bottom-up dimension summarises agglomeration and dispersion of knowledge, networks of knowledge, learning processes and innovation capabilities which form on the local or "micro" level[15]. On the one hand the top-down dimension dominates the academic discourse, but on the other hand it is also criticised for simply breaking down national innovations systems to a regional level and therefore neglecting regional actors[16].

Discrepancies between the macro and the micro level in this concept are obvious. Evolutionary economics can resolve this conflict through its potential to integrate micro and macro elements, especially top-down and bottom-up strata of development. While RSI explain the structural and institutional elements which initiate innovations, evolutionary economics takes the opposite pathway and reveals the role of micro-level actors, such as entrepreneurs and enterprises, in the innovation-driven development of a region[17]. In addition, regional processes of innovation cannot be conceptualised without accounting for a steady influx and outflow of knowledge and ideas. While it might seem easier to define and analyse closed and autonomous entities, the mobility of innovation is only educible if we allow for open borders, which provides another strong argument for refining the otherwise self-referential concept of Regional Innovation Systems[18].

---

p. 118-119; Bathelt, H., Depner, H., "Innovation, Institution und Region. Zur Diskussion über nationale und regionale Innovationssysteme", in *Erdkunde*, Vol. 57, No. 2, 2003, p. 128-131.

14 Uyarra, E., *op. cit.*, p. 116-117.

15 *Ibid.*, p. 121-124.

16 Uyarra, E., *op. cit.*, p. 122.

17 *Ibid.*, p. 123-124.

18 Bathelt, H., Depner, H., *op. cit.*, p. 130-132.

C. Stages of regional development

In order to conceptualize the process of innovation and economic development in space and time, various studies have established life cycle models in order to trim evolutionary economics down for their application to regional economic history. A useful model has been designed by Storper and Walker for the analysis of geographical clusters of various industries in the USA, which were in reality located at sites where neoclassical theory would not predict their emergence. Their results led to a model of industrialization which focused on geographical issues, and to the claim that "industries create regional resources and not the other way around"[19]. Their model comprises four different regional patterns of industrial structures, which occur at specific periods during the process of industrialization[20].

The first stage, then, comprises the evolution of a specific economic structure and pattern of development during which regional actors consolidate the fundamentals of a distinct path dependency. Amongst various conceivable alternatives, the combination of actors, local conditions and "historical coincidence" accounts for the final "choice" of direction. It is of special importance to note that economic actors enjoy a certain leeway in their actions given the absence of fixed patterns. Once a path of development has been determined, the second stage sets in. It is characterized by the evolution of economic clusters, which in turn promote a lock-in to the pursuit of the chosen path. We typically observe the occurrence of intended and institutionalized learning processes which enhance regional dynamics by creating favourable environmental conditions. A third stage puts the established pattern to the test. A complex causal matrix can result in a dispersion of the established cluster. Neoclassical approaches argue that rising factor costs can lead to the abandonment of a location; product life cycle models maintain that exhausted innovations force production to be relocated to peripheral locations with cheaper production costs. Evolutionary economics add an expansive periphery as a possible cause for change: Successful industries expand their markets and take over a new production base. This can strengthen the initial location through growing demand. It can, on the other hand, result in a drying out of the initial clusters when industries move from an old to a new environment which gains dominance, for example through competitive advantages. This leaves two alternatives for the fourth stage. Circumstances can lead to a complete relocation of clusters and cause a rapid deindustrialization of the old location. In

19 Storper, M., Walker, R., *The capitalist imperative. Territory, technology and industrial growth*, New York, Blackwell, 1989, p. 70-98.

20 Storper, M., Walker, R., *op. cit.*, p. 96, p. 207-210.

contrast, adaptive processes can keep the initial location in the "game" for another "round"[21].

D. Innovation and migration as crucial factors for localisation

An appropriate starting point for the historical analysis of Aachen and its environs is provided by the early years of the Industrial Revolution. Nuclei of the most innovative industries of that time can be found in Aachen at the end of the 18th century. Textile manufacturing, metalworking industries and the mining of coal and certain ores provided a basis for future developments. The region's unique position on the pathway of the eastward bound transfer of technology from Britain, through what would become Belgium, into Germany then provided a boost for its development, fostered by the integration of Aachen into France from 1794 to 1814.

The first years under French rule were onerous for most of Aachen's contemporaries. However, as early as 1798, the advent of free trade and labour markets (*Gewerbefreiheit*) indicated the liberal and modernizing course of French policy. Moreover, France integrated Aachen into the French Empire at equal terms to the motherland in the course of the peace Treaty of Lunéville in 1801. This gave regional economic actors access to the vast and unified French market and made them beneficiaries of the lockout of British competition by means of the Continental System. In Aachen, a Chamber of Crafts and of Commerce, established in 1804, the setting up of a structured administration and a homogeneous tax, metric and weight systems as well as the allowing of religious freedom formed the foundations for a flourishing economy[22]. In addition, French policies fostered innovation by selectively supporting ingenious entrepreneurs and engineers[23], for instance by a fund which offered rewards for exceptionally innovative thought[24]. Of special importance during the relatively short period of French rule was the absence of borders between Aachen and the region that would become Belgium, which eased interregional economic exchange,

21 Grote, M.H., *op. cit.*, p. 95-103; Bathelt, H., Glückler, J., *op. cit.*, p. 207-210.

22 Erdmann, C., "Gewerbefreiheit und Wirtschaftsförderung im Raum Aachen während der französischen Zeit", in Fehl, G., Kaspari-Küffen, D., Hennecken, G. (eds.), *Mit Wasser und Dampf... ins Industriezeitalter. Zeitzeugen der frühen Industrialisierung im belgisch-deutschen Grenzraum*, Aachen, Meyer & Meyer, 1991, p. 226-227.

23 Rouette, H.-K., "Der historische Umbruch der Aachener Tuchherstellung vom Handwerk zur Industrie", in Fehl, G., Kaspari-Küffen, D., Hennecken, G. (eds.), *Mit Wasser und Dampf... ins Industriezeitalter. Zeitzeugen der frühen Industrialisierung im belgisch-deutschen Grenzraum*, Aachen, Meyer & Meyer, 1991, p. 176.

24 Bruckner, C., *Zur Wirtschaftsgeschichte des Regierungsbezirks Aachen*, Köln, Rheinisch-Westfälisches Wirtschaftsarchiv zu Köln, 1967, p. 175-176.

networking and migration. The fall of the French Empire caused the Rhineland to become Prussian. Even though the liberal French legal system remained unchallenged on the left bank of the Rhine, the political change resulted in an economic downfall mainly due to the lost access to Western markets and the lack of a common German market – which would not be established until the German Customs Union in 1833-1834[25].

A top-down institutional approach rates this change of power as disruptive for the local situation and underscores the importance of external factors. However, neither French nor German rule can fully explain the formation of Aachen's economy. In addition, the bottom-up dimension focuses on local actors and especially on entrepreneurs as main protagonists. One of these was William Cockerill. Having grown up in Lancashire, England – the centre of the British textile industry – he moved with his family to Eastern Belgium in 1799. Making use of the knowledge he had acquired in the British textile industry, Cockerill began the construction of textile production machinery in Verviers. After 1802 he collaborated with James Hodson, a fellow British engineer, and later son-in-law, who had worked for an engineering company in London before setting off for – what was then – France[26].

In Verviers, Cockerill could access the most profitable continental market for textile production machinery: The old centres of textile manufacturing, Liège and Aachen, had just begun to mechanize their industries. The first textile manufacturing machinery – not least the Spinning Jennies – appeared in Aachen's mills in 1807. In the same year, Cockerill started up a second branch of business: the production of steam engines in Liège. While the first steam engine in the Aachen region had been in operation since 1794 in the coal pits of the Englerth family, the textile manufacturers only began to embrace this new technology in the 1810s, thus creating a rapidly expanding market for steam engines. The first steam engine in the textile industry arrived in 1813 at the Pastor spinning works in Burtscheid, near Aachen. In 1817 the cloth manufacturer Kelleter commissioned the first steam engine in

25 Zapp, I., "Wirtschaftsförderung von Napoleon bis zum Zollverein", in Fehl, G., Kaspari-Küffen, D., Hennecken, G. (eds.), *Mit Wasser und Dampf... ins Industriezeitalter. Zeitzeugen der frühen Industrialisierung im belgisch-deutschen Grenzraum*, Aachen, Meyer & Meyer, 1991, p. 228-229.

26 van Eyll, K., "William Cockerill und seine Söhne", in Fehl, G., Kaspari-Küffen, D., Hennecken, G. (eds.), *Mit Wasser und Dampf... ins Industriezeitalter. Zeitzeugen der frühen Industrialisierung im belgisch-deutschen Grenzraum*, Aachen, Meyer & Meyer, 1991, p. 258-259; van Eyll, K., "Unternehmerkräfte und Technologietransfer im Dreiländereck zwischen Maas und Inde während der Frühindustialisierung", in Schinzinger, F., Zapp, I. (eds.), *Prägende Wirtschaftsfaktoren in der Euregio Maas-Rhein. Historische und aktuelle Bezüge*, Aachen, 1987, p. 16-24.

the city of Aachen[27]. For several years, the Cockerill works in Liège and Seraing were the only distributor for steam engines active in the Aachen region. Besides having supplied machines to Aachen since the early 1800s, William Cockerill's three sons married into the families which were dominating the regional textile industry: the Scheiblers and the Pastors, thereby thickening the ties between the Cockerills and the Aachen business elites. Thus, under French rule not only did networks between entrepreneurs from Aachen and its Western neighbours mature but also the economy of Aachen started its transformation from a highly regulated pre-modern economy into an urban economy on its way towards industrialization.

The annexation of the Rhineland by Prussia changed the situation for Aachen dramatically. Not only did access to western markets become difficult, but also communications between Aachen and Liège. Yet despite the tenacious economic development of the first years under Prussian rule, the economic basis of Aachen grew stronger, with migrants still playing an important part. This observation perhaps provides a hint towards the formation of a more self-sustained industrial base in Aachen.

Examples for the influx of migrants to Aachen after 1815 are numerous. Samuel Dobbs for instance, a British engineer who had worked with Cockerill at Liège since 1817, also came to Aachen on the route established during the French period. After only a year with Cockerill, he teamed up with Friedrich Englerth, son of the female entrepreneur Christine Englerth who ran the region's major mining company[28]. Their third partner also originated from Liège: Joseph Reuleaux belonged to a renowned family of mine drainage mechanics who had already been involved in the construction of the steam engine in the Englerth mines in 1793/1794[29]. Together, they started the first machine construction company of the Rhineland at Eschweiler near Aachen in 1818. Dobbs would join two other Aachen industrialists in 1832, Poensgen and Nellessen, and co-found another Aachen machine

27 Gilson, N., "Von Wasserdampf und Dampfmaschine zu Turbine und Elektromotor", in Fehl, G., Kaspari-Küffen, D., Hennecken, G. (eds.), *Mit Wasser und Dampf... ins Industriezeitalter. Zeitzeugen der frühen Industrialisierung im belgisch-deutschen Grenzraum*, Aachen, Meyer & Meyer, 1991, p. 164-165.

28 Schaetzke, H.J., Eschweiler Bergwerks-Verein, *Vor Ort. Geschichte und Geschichten eines Bergbauunternehmens im Aachener Revier*, Herzogenrath, Brimberg, 1992, p. 24.

29 Meyer, L.-H., "Kupfer- und Messingindustrie", in Fehl, G., Kaspari-Küffen, D., Hennecken, G. (eds.), *Mit Wasser und Dampf... ins Industriezeitalter. Zeitzeugen der frühen Industrialisierung im belgisch-deutschen Grenzraum*, Aachen, Meyer & Meyer, 1991, p. 191.

construction company, which would in 1839 present the first ever built Prussian locomotive to the Rheinische Eisenbahn Gesellschaft.

Another striking example is that of Jacques Pascal Piedboeuf, a skilled blacksmith, who gained experience with modern technology during his time at a workshop for steam boilers at Jupille in Belgium. He moved from Belgium to Aachen in 1833 to start up his first steam-engine factory. In 1845 his son, Jacques Piedboeuf, joined Jakob Talbot and two other entrepreneurs from Aachen in setting up iron smelting, forging and founding works at Rothe Erde in Aachen in order to be able to supply products to the other branches of their businesses, for instance the factory owned by Jakob Talbot, which was building railway carriages. He had started production in 1838 together with the stagecoach expert, Pierre Pauwels, who had come to Aachen from Brussels. In 1856 family ties between the Talbots and Piedboeufs were forged when Jakob's son, Carl Gustav, married Marguerite Clemence Piedboeuf, a daughter of Jean Pascal Piedboeuf, brother of the Jakob Talbot's business partner[30].

Of course, patterns of in-migration were more complex than these examples indicate. They included Prussian administrators, and even some engineers, entrepreneurs and capitalists as well, who flooded into the region after the Wars of Liberation. However, there were also characters such as David Hansemann, who came to Aachen from northern Germany in 1817 as a wool trader and turned into an apt policy maker with the Chamber of Commerce and finally became a state banker. Of particular importance for Aachen were his initiatives to set up the Aachener Feuer-Versicherungs-Gesellschaft as a public insurance company and to build the railway line from Cologne to Antwerp via Aachen, which was completed in 1843. The politics around this project reveal the importance of local actor networks and interregional competition: The railway line was initially planned by a Cologne based company, which tried to avoid making Aachen an entrepôt for trade with Belgium by circumventing it with its tracks. Besides, building the railway line through the complex terrain west of Aachen made the whole project much more cost intensive[31]. However, Hansemann spared no effort and manoeuvred himself into becoming the vice president of the Rheinische Eisenbahn Gesellschaft – a joint company of Cologne and Aachen investors and policy makers – and had the railway line built

30 Bruckner, C., *op. cit.*, p. 165-166; Krohn, H., ... *auf der Schiene. Die Geschichte der Reisezug- und Güterwagen*, München, Prestel, 1988; van Eyll, K., *op. cit.*, 1987, p. 19.

31 Angermann, E., "Hansemann, David Justus Ludwig", in Bayerische Akademie der Wissenschaften (München) Historische Kommission (ed.), *Neue Deutsche Biographie*, Berlin, Duncker & Humblot, 1966, p. 626-629.

through the city's main station[32]. On the Belgian side, John Cockerill had been working to connect the Belgian railway system with Aachen as well. He had formed the Société anonyme pour l'établissement d'un chemin de fer Bruxelles-Antwerpen already in 1830 and had applied – without success – for a licence to build a railway track from Belgium to Aachen[33]. In 1839 he gained massive support of Belgian capital and was able to team up with Hansemann to ensure that the German and the Belgian tracks would meet at Aachen[34].

Of similar importance for Aachen was Barthold Suermondt who migrated into the city from the Netherlands, bringing with him managerial skills as well as capital. His father had been the director of the Utrecht mint. He would first join the top floor at the Cockerill works in Seraing as private secretary to John Cockerill in the 1830s. In 1838 he married John Cockerill's niece and after the death of John Cockerill assumed control, together with Konrad Gustav Pastor, of the works in Seraing. In Aachen he became important as banker and financier as well as a leading figure in local coal mining[35].

To complete the picture of migration based diffusion of knowledge and innovation the lower echelons of company hierarchies have to be taken into account as well. Thus, for instance, the Englerth family hired Johann Heinrich Graeser from Saarbrücken to develop their coal mines[36], while the technical design and expansion of the ironworks at Rothe Erde were conferred on the Belgian engineer Rainer Daelen. Another way to bring knowledge into the region from the outside was for people to temporarily leave Aachen to learn abroad. Hence, we find Friedrich Harkort and Eberhard Hoesch travelling to England in 1818 and 1823 respectively before constructing their first puddling furnaces. E. Kesselkau even went from Aachen to New York and travelled the USA extensively to become an expert on loom and weaving machinery.

---

32 Thomes, P., "Grenze als Herausforderung. Gedanken zur Charakterisierung des Industrialisierungsprozesses der heutigen Euregio Maas-Rhein", in Schneider, J. (ed.), *Natürliche und politische Grenzen als soziale und wirtschaftliche Herausforderung*, Wiesbaden, Steiner, 2003, p. 253-267.

33 Kaever, M., *Die nicht erneuerbaren Energieträger zwischen Ruhr und Maas*, Münster, Lit, 2004, p. 180.

34 Seeling, H., *Wallonische Industrie-Pioniere in Deutschland. Historische Reflektionen*, Lüttich, Wahle, 1983, p. 96-98.

35 Lepper, H., "Kunsttransfer von der Rheinprovinz in die Reichshauptstadt. Der Erwerb der Gemälde-Sammlung des Aachener Industriellen Barthold Suermondt durch die Königlichen Museen zu Berlin im Jahre 1874 – Ein Beitrag zur Museumspolitik Preußens nach der Reichsgründung", in *Aachener Kunstblätter*, No. 56/57, 1988/1989, p. 183-215.

36 Schunder, F., *Geschichte des Aachener Steinkohlebergbaus*, Essen, Glückauf, 1968, p. 129.

Even the lower skilled workforce was partially hired from abroad and Aachen entrepreneurs heavily depended on workers from Verviers or Liège to run their factories and steam engines[37]. When the first large iron works were established in the Aachen region, they could only be operated with the help of British workers or experts brought in from Cockerill's iron mills at Seraing.

Such evidence illustrates the transfer of technology and individuals' skills during the first half of the 19th century. Textile machinery, steam engines and the know-how to build railway equipment and even locomotives reached Aachen far earlier than most other parts of Germany with entrepreneurs and engineers who came from the most advanced nations of the time: Britain and Belgium. Also, various strategies of incorporation, often interlinked, become visible, as high-potential immigrants teamed up with local elites through intermarriage, business partnerships and political office.

As a result, Aachen not only took the lead in technologically induced growth and modernization amongst the dominant industrial zones in Germany but also developed a diversified contemporary high-tech economy. It could rely on the highly mechanized textile mills, steam powered coal mining and modern ironworks as well as a growing number of steam engine and machine building companies. In 1849 nearly 50% of all textile companies using steam engines in the Western provinces of Prussia were located in the Aachen region, about 30% in the district of Düsseldorf and 10% in Cologne.

As described in Storper's model, actors themselves created the fundamentals of Aachen's specific economic structures during this localisation-phase[38]. Establishing specialised factories producing machinery for needle – and textile production, the active recruitment of skilled workers and the construction of the all important railway connection of Aachen to the Rhineland and Belgium had to be managed by local actors themselves. Those foundations turned into decisive locational advantages in the course of the later 19th century. But Storper's model also reveals its limitations when applied to the Aachen case study. Cockerill as a pioneer in machine and iron production could only succeed on account of the exceptional demand for his products from the traditionally strong textile manufacturing industry in the region – which existed prior to his arrival. By the same token, the local

37 Schumacher, M., *Auslandsreisen Deutscher Unternehmer 1750-1851 unter besonderer Berücksichtigung von Rheinland und Westfalen*, Köln, Rheinisch-Westfälisches Wirtsch.-Archiv, 1968, p. 43-44; Korr, A., *Die Einführung der Dampfkraft in die Aachener Industrie bis zum Jahre 1831*, Tübingen, 1921, p. 86-87.

38 Storper, M., Walker, R., *op. cit.*, p. 96.

availability of raw materials needed for the construction and the use of steam engines, iron and coal, proved equally important as long as the costs of mobility remained prohibitive to their long distance transport. The significance of advantageous local conditions is underscored by Cockerill's failed attempts to establish himself in Russia and Sweden before heading for the German-Belgian borderland.

E. Slowdown and Clustering

While Aachen could rely on a solid and forward-looking economic structure, the influx of "foreign talent" stalled mid-century, not to mention the normal patterns of labour market mobility being displayed by highly skilled personnel. The pace of change slowed down signify-cantly. Aachen settled for the development of the now thoroughly established branches of business and industry. It flourished but not only did the relative distance to the rest of Germany shrink; Aachen even started to fall behind[39]. The Industrial Revolution, which had transformed Aachen way ahead of other German provinces, had now broken rapidly into other parts of Prussian. The new centres of industrialisation were on the one hand the Rhine and Ruhr areas and on the other hand Berlin[40].

Not only was the influx of skilled personnel diminishing, also numerous innovators, engineers and venture capitalists who had initially come to Aachen were shifting their capital investment to the booming regions or leaving Aachen for the freshly emerging industrial bases east of the Rhine. Even those who stayed on in Aachen increasingly invested abroad. The second generation of Cockerills, James and John, had not only opened a machine construction company and textile production in Berlin as early as 1815, they also invested in Cottbus and Gießen later on and tried to enter the Russian market while retaining their factories and family ties in Liège and Aachen. By the same token, Barthold Suermondt did remain true to Aachen as an important financier but later concentrated his investment activities on the Ruhr area, where he founded the Rheinische Stahlwerke at Meidereich.

Others did not restrict themselves to diversifying their business portfolios geographically but opted to leave the region. David Hansemann moved his activities up to the national level after the completion of his railway project. In 1843 he established the Köln-Mindener Eisenbahn-Gesellschaft, aiming to connect the still separate Eastern and Western parts of Prussia and the Rhineland with the seaport of Bremen. The latter track was opened in 1847 and became part of the

39 Schäffer, W.D., *op. cit.*, 1987, p. 239-241.

40 Kellenbenz, H., *Deutsche Wirtschaftsgeschichte*, München, Beck, 1981, p. 93.

infrastructural backbone supporting the industrial development of the Ruhr area[41]. Furthermore, Hansemann gained influence on national policies as a liberal politician and economics expert after becoming the Prussian Minister of Finance in 1848 and later head of the Prussian Central Bank[42].

Even Samuel Dobbs, the Poensgens as well as the Hoesch-family left Aachen rather quickly. After running into trouble with another machine construction company, which Dobbs had founded jointly with Franz Nellessen in Aachen, he migrated to Hörde in the Ruhr area in 1841 and helped to construct the Hermannshütte iron works, while the Poensgen family decided to shift their activities to Cologne and Düsseldorf. The Hoesch family became a major regional player in the iron and paper industry in and around Aachen. They first expanded their reach to Stolberg and from there to Düren – which lies midway between Aachen and Cologne. There, they turned the Lendersdorfer Hütte into one of the largest iron works in Europe as early as 1819. But in the 1870s the Hoeschs sold most of their assets in the region and moved to Dortmund in the Ruhr area, where they founded the Eisen- und Stahlwerke Hoesch GmbH[43].

The main reason for Aachen's relative downturn was the peripheral location it assumed in Prussia after the annexation of 1815. In 1853 a strong increase in tariffs on Belgian iron amplified those new geographical disadvantages. The initially favourable location of the region next to the Inde and the Wurm coalfields as well as to Belgian iron became obsolete. Moreover, the location became a burden, as the now cheaper German iron and steel had to be brought to Aachen over longer distances, adding the cost of transport to its price[44]. Vice versa, the new industrial centres between Rhine and Ruhr attained essential locational advantages which served especially the heavy industries and

---

41 Kellenbenz, H., "Verkehrs- und Nachrichtenwesen, Handel, Geld-, Kredit- und Versicherungswesen 1800-1950", in Borchardt, K., Aubin, H. (eds.), *Handbuch der deutschen Wirtschafts- und Sozialgeschichte*, Stuttgart, Klett, 1976, p. 371-372; Kellenbenz, H., *Deutsche Wirtschaftsgeschichte*, München, Beck, 1981, p. 111-113.

42 Däbritz, W., *David Hansemann und Adolph von Hansemann*, Krefeld, Scherpe, 1954, p. 11-19.

43 Neu, P., "Die Familie Hoesch. Eisenfachleute aus dem Raum zwischen Maas und Rhein", in Fehl, G., Kaspari-Küffen, D., Hennecken, G. (eds.), *Mit Wasser und Dampf... ins Industriezeitalter. Zeitzeugen der frühen Industrialisierung im belgisch-deutschen Grenzraum*, Aachen, Meyer & Meyer, 1991, p. 256-257.

44 Meyer, L.-H., "Eisenverarbeitung und Maschinenbau", in Fehl, G., Kaspari-Küffen, D., Hennecken, G. (eds.), *Mit Wasser und Dampf... ins Industriezeitalter. Zeitzeugen der frühen Industrialisierung im belgisch-deutschen Grenzraum*, Aachen, Meyer & Meyer, 1991b, p. 190-191.

put their counterparts in the Aachen region under severe pressure[45]. The situation turned devastating when in 1859 the completion of the first railway bridge across the Rhine River at Cologne exposed Aachen to direct competition from the Ruhr area[46]. Hence, competitive disadvantages could not be compensated by the early advent of the railways but were rather amplified by diminishing cost of mobility towards Aachen and exceptionally high transport tariffs from Aachen towards the Rhine river due to price discrimination against the city enforced by the Cologne dominated railway company which ran the line[47].

However, other industries fared much better. As expected in the Storper model, various industrial clusters arose. A skilled labour force evolved from the early adoption of modern technology in textile –, needle – and machine production industries and companies supplying machines and tools to those industries remained in Aachen[48]. Local knowledge and expertise compensated locational disadvantages which hit those branches of industry as well. Despite a trend to relocate parts of the textile industry to Mönchengladbach or Krefeld on the Lower Rhine the all important nucleus of the textile industry persisted in the Aachen region[49].

In the long run, such remaining clusters entailed disadvantages as well. Economic and political elites were dominated by leaders of established enterprises and tended to discount the needs of other industries. When the chemical industry, the electrical industry and later the automobile industry turned into new pacemakers of growth during the late 19th century, Aachen got a hold on each of them and performed well enough, but failed to evolve into a major location.

Rooted in the economic structure described above, dominated by small and medium sized companies and still respectable technological

---

45 Bruckner, C., *op. cit.*, p. 488-489.

46 Rass, C., "Steinkohlebergbau im Aachener Revier im 19. Jahrhundert: Aachen, das 'isolierte Revier'", in Herrmann, H.-W.; Wynants, P. (eds.), *Huit Siècles de charbonnage. Acht Jahrhunderte Steinkohlebergbau*, Namur, Ceruna, 2002, p. 265.

47 Meyer, L.-H., "Eisenbahn", in Fehl, G., Kaspari-Küffen, D., Hennecken, G. (eds.), *Mit Wasser und Dampf... ins Industriezeitalter. Zeitzeugen der frühen Industrialisierung im belgisch-deutschen Grenzraum*, Aachen, Meyer & Meyer, 1991a, p. 194-195.

48 Hoff, C., *Die Industrieentwicklung im Bezirk Aachen – an Hand der Berufsstatistik*, Göttingen, Huth, 1912, p. 57-71.

49 Zinn, K.G., "Säkulare Strukturprobleme nach der Eingliederung Aachens in dem preußischen Staat", in Fehl, G., Kaspari-Küffen, D., Hennecken, G. (eds.), *Mit Wasser und Dampf... ins Industriezeitalter. Zeitzeugen der frühen Industrialisierung im belgisch-deutschen Grenzraum*, Aachen, Meyer & Meyer, 1991, p. 230-231.

know-how, especially in machine building, and those old workhorses of local growth – needle and textile production – and to a certain degree even coal mining, pulled Aachen through the calamities of the 20th century well into the German slice of the Trente Glorieuses, – the "*Wirtschaftswunder*". But it was during those years of prosperity that the price became obvious: Aachen would have to pay for its reliance on traditional industries[50]. Coal pits closed down, the textile industry died out and the last steel mill disappeared. And although the machine building sector survived, there was nothing really there to fill the gap[51]. This situation could be interpreted as the onslaught of a selection process which meant doom for a region which was slow – or even refused – to adapt to rapid deindustrialisation.

2. Creating a new engine of innovation: RWTH Aachen University

That is however only one side of the story. Towards the end of the 19th century, one major change occurred in Aachen which would thoroughly alter that city's development. In 1870 a polytechnic school had opened in Aachen – later than most other German polytechnics – in order to establish the continuing education of engineers. Only 10 years later, in 1880, the city's elites managed to win the bid for a technical university which the Prussian state wanted to build in the Rhineland. Aachen decided the race not only with generous financial arrangements for funding the university but also with the vibrant technological environment, which the city and its surroundings provided[52].

50 Sicking, M., "Die Region Aachen – Ein Wirtschaftsraum im Umbruch", in Sicking, M., Meyer, R.P. (eds.), *Der Wirtschaftsstandort Aachen auf dem Weg ins 21. Jahrhundert*, Aachen, Shaker, 2000, p. 25-27.

51 Thomes, P., "Ein Industrierevier im Umbruch", in van Eyll, K., Eschweiler, O. (eds.), *Wirtschaftsgeschichte der Region Aachen. Vom Ende des Zweiten Weltkriegs bis zur Gegenwart*, Köln, Rheinisch-Westfälisches Wirtschaftsarchiv, 2000, p. 11-56; Rass, C., "Die Maschinenbauindustrie in der Wirtschaftsregion Aachen", in van Eyll, K., Eschweiler, O. (eds.), *Wirtschaftsgeschichte der Region Aachen. Vom Ende des Zweiten Weltkriegs bis zur Gegenwart*, Köln, Rheinisch-Westfälisches Wirtschaftsarchiv, 2000, p. 321f; Eschweiler, O., "La rénovation de la région économique d'Aix-la-Chapelle", in *Revue de la Société d'Etudes et d'Expansion*, 1974, p. 9-14.

52 Fischer, W.K., "Die Hochschule. Bestandteil der Stadt Aachen", in Kurze, A. (ed.), *Aachen. Die Rheinisch-Westfälische Technische Hochschule*, Stuttgart, AWEG Verl. Kurz, 1961, p. 40; Düwell, K., "Gründung und Entwicklung der Rheinisch-Westfälischen Technischen Hochschule Aachen bis zu ihrem Neuaufbau nach dem Zweiten Weltkrieg", in Klinkenberg, H.M. (ed.), *Rheinisch-Westfälische Technische Hochschule Aachen 1870/1970*, Stuttgart, Oscar Bek, 1970, p. 63-66. Römling, M., *Aachen. Geschichte einer Stadt*, Soest, Tertulla-Verl., 2007, p. 240-242.

The advent of the Rheinisch Westfälische Technische Hochschule (RWTH) Aachen can be seen as an attempt to implement institutionalized learning and knowledge production in the area, which, in a sense, replaced the importation of innovation and talent of earlier decades. Staff was recruited amongst leading engineers, practitioners and academics, throughout Germany, as well as from local companies[53]. In its first three decades, the university mainly trained, as planned, engineers and technicians for the regional market[54]. Nonetheless, the migration of Aachen trained personnel into the Ruhr areas coal pits and steel mills[55] as well as the influx of foreign students, especially from Luxemburg[56], has to be noted besides the quick growth of the national and international reputation of RWTH graduates in machine construction.

Around the turn of the 20th century, genuine research directed towards product and process innovation became a significant factor for the university. However, it directed its activities and co-operations towards "the outside world" soon after the century had dawned, choosing partners from the top echelons of Germany's industry. The region still profited from the university, but it seized to infuse a permanent and broad stream of innovation into its direct environment[57]. Much later, two elements of this development would be much lamented by regional industrialists. Firstly, RWTH Aachen University was entrenched – as far as it impinged on the regional dimension – in training engineers for mining and steel. Secondly, it lost touch with the regional economy apart from in these traditional industries[58]. A register of the top industrial partners of RWTH Aachen University dating from 1970 lists 145 German based companies, mainly from mining, steel

---

53 Steffenhagen, H., "Hochschule und Wirtschaft – Die RWTH als Standortfaktor", in Habetha, K. (ed.), *Wissenschaft zwischen technischer und gesellschaftlicher Herausforderung – Die Rheinisch-Westfälische Technische Hochschule Aachen 1970-1995*, Aachen, Mainz, 1995, p. 144.

54 Rein, D., *Kurze Geschichte der Physik an der RWTH Aachen*, Aachen, Shaker, 2002, p. 3-9.

55 Krebs, S., *Genese und Struktur eines technikwissenschaftlichen Feldes. Über den Kampf der Aachener Eisenhüttenkunde um Macht und Autonomie 1870-1914*, Aachen, 2008, p. 245-248.

56 Majerus, B., "'Les bâtisseurs de la modernité' ou the invisible men? Les ingénieurs dans la sidérurgie luxemburgeoise de la deuxième moitié du XIXe siècle à 1940", in Thomes, P. (ed.), *Rohstoffbasis und Absatzmarkt. Die Schwerindustrie des Großherzogtums Luxemburgs und das Aachener Revier*, Aachen, Shaker, 2005, p. 27-30.

57 Thomes, P., *200 Jahre mitten in Europa. Die Geschichte der Industrie- und Handelskammer Aachen; 1804-2004*, Aachen, Shaker, 2004, p. 249-357.

58 Hepple, V., Kölsch, U., "Die Hochschulen und Forschungsinstitute der Region", in van Eyll, K., Eschweiler, O. (eds.), *Wirtschaftsgeschichte der Region Aachen. Vom Ende des Zweiten Weltkriegs bis zur Gegenwart*, Köln, Rheinisch-Westfälisches Wirtschaftsarchiv, 2000, p. 176-179.

making, machine construction, electrical and chemical industries. Amongst them only about a dozen regional businesses can be found, ranging from local branches of extra-regional companies, like Philips or Uniroyal, to very old local establishments like the Talbot carriage manufacturing or Heusch shear blade makers[59].

When the European recession and the progress of globalization enforced structural change in the 1970s however, the local economy strongly felt that very few innovative impulses from the university were actually impinging on its direct environment[60]. And again, individual actors could be observed who institutionalized specific learning and transfer processes in order to re-connect the university – as the region's strongest producer of innovation – to the regional economy. Aachen itself was hit hard by the crisis in the traditional industries, such as mining and textiles, while the University concentrated on co-operations with large industrial companies which were not based in its direct environment. Local entrepreneurs and policy-makers started to feel the necessity to render more of the technologies and innovations emanating from RWTH Aachen University beneficial to small- and medium-sized businesses, in order to steer Aachen into the post-industrial age[61].

The first approach towards utilising the academic potential for the regional economy can be traced back to the merger of the two schools of engineering in Aachen and nearby Jülich, which then became part of Aachen's University of Applied Science (Fachhochschule Aachen) in 1971 with strong support from the Chamber of Commerce[62]. Moreover, talks started between the Chamber of Commerce and RWTH Aachen University in the late 1970s about an institutional framework to foster the transfer of knowledge between the university and the regional economy. By 1981 negotiations led to a three-year fixed-term cooperation contract between the University and the Chamber of Commerce; it happened to be the first contract of its kind in West Germany[63].

---

59 Klinkenberg, H.M. (ed.), *Rheinisch-Westfälische Technische Hochschule Aachen 1870/1970*, Stuttgart, Oscar Bek, 1970, p. 405-624.

60 Eschweiler, O., Indetzki, H.-D., "Wirtschaftsraum Aachen: Von der Montanregion zur Technologieregion", in van Eyll, K., Eschweiler, O. (eds.), *Wirtschaftsgeschichte der Region Aachen. Vom Ende des Zweiten Weltkriegs bis zur Gegenwart*, Köln, Rheinisch-Westfälisches Wirtschaftsarchiv, 2000, p. 119-122.

61 See theoritically, Lawton Smith, H., *Universities, innovation and the economy*, London, Routledge, 2006, p. 45-50.

62 Maubach, R., *Programmierer, Tüftler, Branchenführer. Zwischen Industrie und Hochtechnologie; die Geschichte der IT-Branche in der Wirtschaftsregion Aachen*, Aachen, Mainz, 2007, p. 99.

63 Thomes, P., *op. cit.*, (2004), p. 352-353.

In 1983 the first ever German "liaison and transfer service for technology" teamed up the university with the local economy. The RHEGIT association (Rheinische Gesellschaft zur Förderung innovativer Existenzgründungen und des Technologietransfers e.V.) followed as a long-term arrangement. Only three months later, the AGIT association (Aachener Gesellschaft für Innovation und Technologietransfer) opened its gates[64]. While RHEGIT worked to foster the transfer of technology, AGIT supported the formation of technology based start-up companies.

This new strategy of adaption to a changing environment resulted in two phenomena which are of interest here[65]. On the one hand, the number of technologically oriented companies in the Aachen region skyrocketed. This is commonly interpreted as one of the main engines of change, which helped to convert the region from its old industrial base into a high-tech economy. On the other hand, Aachen turned into a "centre of gravity" for external technical and also entrepreneurial talent once again[66]. Most of these new entrepreneurs came to Aachen as students or academic staff, attracted by the university's excellent reputation and career opportunities. But apart from only learning and researching, an increasing number of them started up high-tech companies to convert inventions into innovations and into money. And it is not only the proximity to the university or the business opportunities with regional companies which kept these pioneers in Aachen, but also the institutionalized support which provided capital and guidance. In the AGIT run business part alone, 250 new companies registered between 1983 and 2003[67].

How individual actors influenced the regional is perfectly illustrated by the growth of computer based companies in Aachen. Starting very

---

64 Pagel, H., Herwig, I., "Technologieorientierte Existenzgründungen", in Sicking, M., Meyer, R.P. (eds.), *Der Wirtschaftsstandort Aachen auf dem Weg ins 21. Jahrhundert*, Aachen, Shaker, 2000, p. 81-83.

65 Müller, O., Wimmer, T., "Innovation in der Modellregion des 21. Jahrhunderts. Die Hochschulen und Forschungseinrichtungen als regionale Standortfaktoren Nummer 1", in Sicking, M., Meyer, R.P. (eds.), *Der Wirtschaftsstandort Aachen auf dem Weg ins 21. Jahrhundert*, Aachen, Shaker, 2000, p. 61.

66 Gilson, N., Kaiser, W., *Elektrizität, Energie, Information. Die Geschichte der Fakultät für Elektrotechnik und Informationstechnik an der RWTH Aachen*, Diepholz, GNT-Verlag, 2010, p. 170-173; Henning, K., Olbertz, E., "Der Raum Aachen als lernende Region – Expo-Modellregion des 21. Jahrhunderts!?", in Henning, K. (ed.), *Die RWTH und die Region. Innovation und Arbeit; Ringvorlesung der RWTH Aachen Sommersemester 1999 im Rahmen des Projekts Lernende Region*, Aachen, Mainz, 2001, p. 15, 19.

67 Foerster, U., "20 Jahre AGIT", 2003, http://www.agit.de/fileadmin/user_upload/agit/Flyer_Broschueren_Studien/AGIT-Chronik_Nov.2003.pdf, p. 29.

close to the university with the construction of hardware in the 1950s and 1960s, the IT business emancipated itself from genuine university based research, while software development and finally the trade in hardware and software as well as consulting services rounded off the sector in the 1970s and 1980s. A closer look at companies, actors and networks reveals interesting details. The first IT-company founded in the Aachen region was the ERA (Elektronische Rechneranlagen GmbH) which produced computer-aided measuring systems. Its founder, the engineer Walfried Mildner, had gained ten years of professional experience while working for Rohde & Schwarz, a Munich based electronics company, and for EAI (Electronic Association Inc.), an American hardware manufacturer, whose branch office Mildner opened in Aachen in 1962. Only two years later, Mildner decided to seek independence and teamed up with Dr Walter Ameling, an engineer and researcher and later professor at the Rogowski Institute of RWTH Aachen University. While Mildner managed sales and distribution, Ameling took charge of the technical side. The two recruited their workforce almost exclusively recruited from RWTH Aachen graduates[68].

ERA set up a business partnership with another Aachen start-up, the GEI (Gesellschaft für elektronische Informationsverarbeitung mbH) in the 1970s. The GEI had been another early IT-company in Aachen, and was set up in 1969 by two alumni of RWTH Aachen University, who had initially worked at the data processing centre of the university, and Dr Horst Burwick. The latter had studied for his degree under one of Germany's leading statisticians and had gained professional experience since 1961 with different IT-companies (Remington Rand, IBM). Drawn into Aachen's growing IT sector, he started to develop industrial software solutions with his new partners. GEI expanded rapidly and opened branches in Bonn, Dortmund, Hamburg and Frankfurt am Main. They also started two subsidiary companies during the 1970s and 1980s. One of them, Gesytec (Gesellschaft für Systemtechnik mbH) was created by three RWTH Aachen alumni who had also worked together at the university's data processing centre[69]. A significant share of IT start-ups in Aachen share a similar story: Because a majority of computer companies in the Aachen region were founded locally, the main actors included a significant group of locals but clearly, the university provided a transmission mechanism, attracting people to Aachen from outside the region for education and research and releasing them into the local high-tech economy. This process proved a success not least due to the above mentioned institutions, informal interpersonal networks and later

68 Maubach, R., *op. cit.* (2007), p. 49-50.

69 *Ibid.*, p. 106-109.

institutionalized networking via a regional IT business. What we basically have here is a pattern of in-migration and networking, which promoted IT innovation in Aachen and led to a cluster of 1400 local high-tech companies (2009), which is similar to the picture we have painted for the actor-related influx of technology in the early 19th century[70].

Conclusion

Aachen's take off into the Industrial Revolution would not have happened in the same way, giving Germany's most westerly region a decisive lead in the process against rising competition, had it not been for the influx of knowledge and innovation via in-migrating highly skilled entrepreneurs, engineers and policy-makers. The city's proximity to the most advanced continental European countries of the late 18th century, its sound base in promising industries – such as textiles – and the availability of key resources – such as iron ore and coal – in connection with its strong ties to Northern France/Belgium and the survival of French law on the left bank of the Rhine following 1815, created extraordinarily favourable local conditions, which those migrants could capitalise on while transforming Aachen. The resulting dynamics carried Aachen over quite a distance through the 19th century and left the region with a distinct and soundly based economic pattern. However, lacking a comparable engine of growth later on, other industrialized regions not only caught up but surpassed Aachen, which continued to rely on the established industries, showing a rather limited adaption to change in the later 19th and early 20th centuries.

Similarly, the city's plunge into the post-industrial high tech and knowledge based economy, which started to replace Germany's traditional industries in the late 1960s, would not have been successful without external talent, which had to be attracted to the region. Amongst the framing conditions which included Aachen's still exceptional machine construction industries and a diversified landscape of technology-orientated midsized companies, the city's RWTH Aachen University proved a key factor. However, the decisive weight of the technical school, established in 1880 to serve the needs of the regional industries, did not pay off for its direct environment automatically. Only after local policy makers and the university had teamed up to create an institutional framework which would funnel innovation, engineers and entrepreneurs trained at RWTH Aachen University into the local economy, did this engine of growth, transformation and innovation start to work for our

70 Bayer, M.F., *Technologieorientierte Unternehmen in der Region Aachen*, Aachen, Industrie- und Handelskammer, 2010, p. 10-12.

unit of selection by drawing people towards Aachen as students or academics and keeping a fair percentage of them there as entrepreneurs and engineers to transform the city right in the middle of yet another economic and technological revolution.

In 2010 the construction of a new university campus began in Aachen. It will host not only publicly funded research facilities but is reserving almost half of its space for start-up companies and company-run research[71]. It will be another "centre of gravity" to attract the "best and brightest" into a local environment, a step which will probably be crucial to the region's long-term economic survival in the merciless race for adaption or extinction[72].

Résumé en français

Après avoir joué un rôle majeur dans l'industrialisation allemande, le bassin d'Aix-la-Chapelle occupe aujourd'hui une place notable dans les activités de pointe et de haute technologie. La notion de système régional d'innovation, développée par l'école institutionnelle, permet d'en comprendre les raisons. Au début du XIXe siècle, la dotation en facteurs productifs, élément explicatif essentiel de la théorie néo-classique, ne prédisposait guère Aix-la-Chapelle à une telle évolution. Certes le bassin charbonnier local fournissait un combustible de qualité. La qualification de la main-d'œuvre, façonnée par un long passé préindustriel dans le textile et l'épinglerie, était élevée. La proximité du principal foyer d'innovations de l'Europe continentale, la future Belgique, prédisposait à la création d'entreprises. Mais ce sont des éléments de nature institutionnelle qui ont stimulé celle-ci. Le régime juridique français, mis en place lors de l'annexion à l'Europe napoléonienne, a institué précocement la liberté d'entreprendre. Une Chambre de commerce a été fondée en 1804. Le système des poids et mesures a été unifié. Surtout, de multiples réseaux entrepreneuriaux se sont créés, souvent par mariages entre des immigrants d'origine belge et des héritières des dynasties marchandes locales. Au cas bien connu de David Hansemann, originaire d'Allemagne du Nord, viennent s'ajouter ceux de Wallons, parfois eux-mêmes descendants d'immigrants britanniques, comme James Cockerill, l'un des fils de William, ou Samuel Dobbs. À Aix-la-Chapelle, un flux ininterrompu de créations d'entreprises se développe,

71 For a general appraisal see Jones, A.K., "Knowledge diffusion. The prospects for more productive university-industry partnerships", in Weber, L.E., Duderstadt, J.J. (eds.), *Universities and business. Partnering for the knowledge society*, London, Economica, 2006, p. 87-98.

72 Bauund Liegenschaftsbetrieb Nordrhein-Westfalen (BLB NRW), "Ein Meilenstein für Wirtschaft und Wissenschaft", 2010, http://www.blb.nrw.de/Downloads/RWTH-Campus_Pressemappe.pdf, p. 3-8.

en général fortement innovatrices, de la fin du XVIIIe siècle aux années 1840. À partir de cette date, l'unification du marché allemand dans le cadre du Zollverein, la mise en place du réseau ferroviaire changent la donne. Le bassin d'Aix-la-Chapelle est rattrapé, puis dépassé par d'autres régions, en particulier par la Ruhr. Ses capacités innovatrices s'essoufflent. Certains entrepreneurs le quittent, comme les Hoesch qui s'établissent à Dortmund. L'École d'enseignement technique supérieur de Rhénanie-Westphalie (Rheinisch Westfälische Technische Hochschule, RWTH) créée en 1880, se borne à modeler son offre de formation sur les besoins des entreprises locales. C'est pourtant elle qui, à partir des années 1970, devient l'artisan de la renaissance du dynamisme innovateur. Comprenant l'inéluctabilité de la reconversion du tissu productif, elle promeut des secteurs nouveaux : électronique d'équipement, informatique, mécanique de précision. Une convention signée avec la Chambre de commerce fonde en 1983 la Société pour les innovations et transferts de technologie (Aachener Gesellschaft für Innovation und Technologietransfer). De nouvelles entreprises apparaissent, souvent fondées par d'anciens élèves de la RWTH qui s'associent à des cadres supérieurs ou des ingénieurs venus d'ailleurs, comme l'ERA (Elektronische Rechneranlagen GmbH) ou la Gesytec (Gesellschaft für Systemtechnik mbH). Ces *start up* sont encouragées par les incubateurs d'entreprises mis en place par la RWTH. Ainsi, tout au long de son histoire, le bassin d'Aix-la-Chapelle a bénéficié d'apports extérieurs constamment renouvelés qui ont entretenu le dynamisme du système régional d'innovation dont il donne un exemple caractéristique.

Quatrième partie

Politiques des innovations et des transferts de technologie

Amélioration de l'environnement urbain et transferts de technologie entre la France et ses voisins nord-européens (années 1880-années 1910)

Stéphane FRIOUX

Chercheur associé à l'ENS, Université de Lyon

Au tournant des XIXe et XXe siècles, un nombre croissant de villes européennes (et nord-américaines) se sont trouvées devoir faire face à la question de l'hygiène urbaine, soulevée par des médecins, des réformateurs sociaux et un certain nombre d'ingénieurs et d'entrepreneurs intéressés par la création d'un marché du *génie sanitaire* ou *technologie sanitaire*, c'est-à-dire les techniques d'ingénierie visant à sécuriser l'environnement des citadins sur le plan sanitaire : approvisionnement en eau potable de qualité bactériologique satisfaisante, évacuation rapide et étanche des eaux usées, collecte et destruction hermétiques des ordures ménagères[1]. L'épuration de l'eau destinée à la consommation citadine, quand sa qualité devenait douteuse, celle des eaux rejetées par les égouts dans les rivières et fleuves traversant ou bordant les agglomérations, ainsi que l'évacuation rapide et la destruction des ordures ménagères, devinrent un sujet de discussions passionnées, tant dans les sociétés spécialisées que dans certains conseils municipaux[2]. Ces questions furent soulevées, dans le cas français, tantôt à la suite d'une crise locale (épidémies de fièvre typhoïde à Cherbourg en 1892 et à Avignon en 1903 et 1912, de choléra à Toulon en 1884 ou dans la presqu'île de Gennevilliers en 1892), tantôt dans le sillage de la loi du 15 février 1902 sur la protection de la santé publique qui enjoignait aux municipalités de créer, quand ils n'existaient

1 Melosi, M., *The Sanitary City : Urban insfrastructure in America from Colonial Times to the Present*, Baltimore, The John Hopkins University Press, 2000.

2 Frioux, S., *Les réseaux de la modernité. Amélioration de l'environnement et diffusion de l'innovation dans la France urbaine, fin XIXe siècle-années 1950*, thèse d'histoire, Université de Lyon 2, 2009.

pas encore, des services municipaux d'hygiène et de veiller à la salubrité publique. Les tristes événements épidémiques locaux et cette impulsion législative furent perçus par un certain nombre d'inventeurs et de petits entrepreneurs, français ou étrangers, comme une opportunité pour développer leur activité en captant la clientèle des municipalités, c'est-à-dire en décrochant des marchés potentiellement fructueux, complétant ceux obtenus auprès des entreprises (pour l'épuration de l'eau), puis des administrations publiques en charge de collectivités « à risque » (casernes, hôpitaux, sanatoriums, etc.).

L'époque étudiée (années 1880-1910) est, en France comme dans les pays voisins, le moment où l'hygiénisme et la bactériologie s'institutionnalisent – création de chaires à l'université, de laboratoires publics – tout en militant pour une prise en charge politique des problèmes environnementaux créés par l'industrialisation et l'urbanisation rapide du XIXe siècle. Le rapport que ces savoirs ont entretenu avec des techniques et avec les pouvoirs en charge de la salubrité de l'espace urbain ne peut pas être étudié dans un cadre uniquement local ou national : la circulation des connaissances et leur débat dans des arènes internationales[3], les compétitions entre entreprises au sujet des brevets et dans le cadre de concours publics ouverts par les pays ou les municipalités imposent de considérer la question de l'amélioration de l'environnement urbain sous l'angle d'une sphère transnationale[4] polarisée dans l'Europe du Nord-Ouest. Dans cette optique d'histoire « connectée »[5], deux séries de problèmes peuvent être abordés ici.

Tout d'abord, quelle fut la place tenue par la France dans un champ scientifique et technique important de la « Belle Époque » : terre d'innovation ou au contraire de réception d'inventions mises au point en Angleterre ? Décèle-t-on un éventuel gradient entre une France du Nord, plus hygiénique, et une France méditerranéenne, moins prompte à imiter les « maîtres de l'hygiène » britanniques ? Il faudra tâcher d'établir une cartographie des foyers d'innovation et des flux d'échanges du savoir technique et de son application au service de l'hygiène urbaine. L'autre questionnement concerne les interactions d'acteurs, à savoir les coopérations ou rivalités ayant existé chez les acteurs de terrain, scientifiques

---

3 Rasmussen, A., « L'hygiène en congrès (1853-1912) : circulation et configurations internationales », in Bourdelais, P. (dir.), *Les hygiénistes : enjeux, modèles et pratiques (XVIIIe-XXe siècles)*, Paris, Belin, 2001.

4 Saunier, P.-Y., « La toile municipale aux XIXe et XXe siècles : un panorama transnational vu d'Europe », in *Urban History Review/Revue d'histoire urbaine*, vol. XXIV, n° 2, 2006, p. 163-176.

5 Douki, C. et Minard, Ph., « Histoire globale, histoire connectée : un changement d'échelle historiographique ? Introduction », in *Revue d'histoire moderne et contemporaine*, 2007, vol. 54, n° 5, p. 7-21.

et experts divers, entrepreneurs, élus et techniciens municipaux. La réponse à ces questions peut être obtenue en étudiant les publications périodiques techniques, mais aussi les archives municipales de nombreuses villes françaises, à condition de s'intéresser autant aux transferts de savoir et de techniques concrétisés qu'aux « échecs » documentés, pour comprendre les raisons possibles de ces échecs et questionner l'existence éventuelle de spécificités nationales.

1. Un problème éminemment international

Bien entendu, la période étudiée, si elle se concrétise par un essor considérable des manifestations de transfert international du savoir et des techniques, hérite de pratiques bien plus anciennes, que ce soit au XVIIIe siècle[6], au début du XIXe siècle[7] ou durant le Second Empire qui, sur le plan de l'amélioration de l'environnement urbain, est une période de travaux importants[8]. La construction du réseau d'égouts à Paris s'accompagne de voyages d'études à Londres pour observer l'épuration des eaux usées britanniques dans des champs d'épandage[9]. Cette technique sera privilégiée par les ingénieurs de la capitale française durant les décennies suivantes, à l'ouest de la capitale, à Gennevilliers et à Achères. Au tournant des années 1880, lorsque les autorités françaises décident d'agir sur les eaux d'égout de Paris, qui polluent la Seine, les modèles et expériences de référence ne sont pas français. Lors d'un voyage d'étude, une commission officielle se rend à Londres, à Bruxelles et à Amsterdam : le « tout-à-l'égout » parisien a donc été conçu après un détour par l'étranger.

> Quand on relit les renseignements rapportés d'Angleterre, on est frappé de la conformité des solutions qui se sont rencontrées ensemble des deux côtés du détroit. C'est que la même civilisation amène les mêmes besoins, et qu'à une époque donnée, il n'y a pour ainsi dire pas deux moyens d'y satisfaire. D'ailleurs, depuis qu'on va de Paris à Londres en dix heures, et que la traversée de mer est plutôt une distraction qu'une fatigue, l'échange des communications est tel qu'il n'est guère de projet qui ne se réfléchisse d'une rive à l'autre. Pouvons-nous donc hésiter, à Paris, à distribuer les eaux

---

6 Hilaire-Pérez, L., « Cultures techniques et pratiques de l'échange entre Lyon et le Levant : inventions et réseaux au XVIIIe siècle », in *Revue d'histoire moderne et contemporaine*, 2002, vol. 49, n° 1, p. 89-114.

7 Cotte, M., « La circulation de l'information technique, une donnée essentielle de l'initiative industrielle sous la Restauration », in Guillerme, A. (ed.), *De la diffusion des sciences à l'espionnage industriel, XVe-XXe siècles. Actes du colloque de Lyon (30-31 mai 1996) de la SFHST*, Fontenay-aux-Roses, ENS Éditions, 1999.

8 Lortie, A. (dir.), *Paris s'exporte. Architecture modèle ou modèles d'architecture*, Paris, Picard/Éditions du Pavillon de l'Arsenal, 1995.

9 Mille, A., *Rapport à M. le Sénateur Préfet de la Seine sur le drainage de Londres et l'utilisation des eaux d'égout en Angleterre*, Paris, Mourgues, 1866.

d'égout dans la campagne ? Je ne le crois pas : ce qui va réussir à Londres réussira encore mieux sous notre climat tempéré, écrivait l'ingénieur Mille dès 1866[10].

Les réponses aux problèmes d'assainissement ne sont pas uniquement issues de détours par l'étranger d'ingénieurs de l'administration publique. Quand ils ne confient pas leurs intérêts à des ingénieurs français, comme dans le cas de l'incinération des ordures ménagères[11], les entrepreneurs étrangers tentent également de s'installer à Paris pour pénétrer sur le marché français : ainsi les frères Liernur, fils d'un capitaine de l'armée néerlandaise inventeur d'un système de récupération pneumatique des matières de vidanges (système différent du « tout-à-l'égout » en ce qu'il ne nécessite pas de « chasse d'eau »), s'installent à Paris avec l'idée de proposer des plans d'assainissement à différentes municipalités françaises – ce qu'ils ne parviendront à faire qu'à Trouville, dans les années 1890. Leur système concurrençait un autre procédé pneumatique, inventé par le Lyonnais Jean-Baptiste Berlier et fonctionnant dans une partie de la ville de Levallois-Perret. Les Britanniques, inventeurs du « génie sanitaire » – l'expression *sanitary engineering* est apparue dans les années 1870 – ne sont pas en reste. C'est le cas de l'ingénieur Andrew Howatson dont la société est implantée à Neuilly. Il démarche un certain nombre de municipalités françaises, tantôt pour leur proposer des procédés d'épuration de l'eau potable par un composé chimique chloré, tantôt pour l'épuration des eaux usées. Mais, si son système semble connu – et adopté – en Angleterre, il ne séduit guère les édiles français, à de rares exceptions près comme la petite ville de Lectoure (Gers)[12]. Il rencontre plus de succès en Belgique, en collaborant avec des savants de ce pays qui adaptent ses procédés d'épuration de l'eau potable dans les villes côtières flamandes, qu'avec les dizaines de municipalités de l'Hexagone qu'il a démarchées[13].

Les dynamiques d'échange et de concurrence sont particulièrement visibles si l'on s'intéresse aux techniques d'épuration de l'eau : l'épidémie de choléra de 1892, dramatique à Hambourg, avive la conscience d'une nécessaire purification des eaux avant leur distribution aux citadins. Le marché de l'épuration de l'eau commence à se développer

---

10 Mille, A., *Rapport à M. le Sénateur (...), op. cit.*, p. 31.

11 On peut distinguer trois noms pour les années 1900 : Ernest Noël, représentant de la firme Meldrum ; Félix Nave, concessionnaire des procédés Horsfall ; Léon Cossoux (à Bruxelles), représentant de Heenan and Froude.

12 AM Lectoure, O 217.

13 Il prend pour associé Maurice Duyk, qui avait été secrétaire de la commission chargée d'expertiser son procédé à Ostende (rapport publié dans *La Technologie sanitaire*, 1er avril 1901, p. 397-407).

durant la dernière décennie du XIXe et la première décennie du XXe siècle. Il est dominé, à l'origine, par les techniques et les ingénieurs britanniques qui exportent leur savoir pour de nombreuses adductions d'eau, de Varsovie à Hambourg et Amsterdam[14]. Les premiers procédés d'épuration en grande quantité s'inspirent de la filtration naturelle dans les sables (les écrits de la période étudiée en attribuent tous la paternité à l'ingénieur anglais Simpson à Londres, en 1828 ou 1829). En France, au cours du XIXe siècle, plusieurs villes établissent des galeries filtrantes dans les berges de leurs rivières : c'est le cas de Toulouse sur la Garonne et de Lyon sur le Rhône. Quand le terrain ne s'y prête pas, une autre solution, développée dans le monde anglo-saxon, consiste à employer des procédés chimiques. Mais, on l'a vu avec l'exemple d'Andrew Howatson, l'épuration chimique de l'eau est très marginale en France comme en Belgique avant 1900 ; d'ailleurs la chloration, utilisée surtout à partir de 1911 en France, gardera longtemps mauvaise presse, beaucoup plus qu'aux États-Unis. Ainsi, pour un problème traité par la communauté scientifique internationale, des préférences peuvent être repérées à propos de certains procédés ; certaines techniques se répandent dans des pays, mais ne séduisent pas ailleurs. Contrairement à la France, la Belgique reste réticente à l'eau de rivière : comme l'Allemagne voisine, elle préfère puiser de l'eau dans des nappes souterraines ferrugineuses et déferriser cette eau[15].

Le transfert de technologie s'accompagne donc d'une réception sélective, en fonction de la culture nationale ou de l'environnement. Ce fut le cas d'une autre méthode qui fut beaucoup développée en France au début du XXe siècle, mais ne pénétra quasiment pas le monde anglo-saxon : la stérilisation des eaux par l'ozone. Sa mise au point fut le fruit d'une histoire de circulations et de concurrences transnationales. Dans les années 1880, sont découvertes les propriétés bactéricides de l'ozone. En 1890-1891, le savant allemand Fröhlich aurait évoqué la possibilité de les appliquer à la stérilisation de l'eau. Durant la décennie qui suit, de nombreuses expériences sont menées dans différents pays : en Allemagne par Siemens et Halske, aux Pays-Bas par le baron Tindal et le savant belge Van Ermengem dans une usine-laboratoire à Oudshoorn, à partir d'appareils Siemens et Halske ; en France par un physicien de l'École normale supérieure, Henri Abraham, et le bactériologiste Louis Marmier, de l'Institut Pasteur : ils parviennent à faire des expériences

---

14 Sur le cas des Pays-Bas, voir Halbertsma, « Le développement des distributions d'eau en Hollande », *La Technologie sanitaire*, 15 novembre 1902. Sur Berlin, E. Imbeaux, « La nouvelle alimentation de Berlin en eaux souterraines profondes », *Revue d'hygiène et de police sanitaire*, avril 1904, p. 311.

15 Dr H. Schwers, « Quelle eau boiront les mineurs de la Campine ? », *La Technique sanitaire et municipale*, mai 1910.

sur l'eau d'alimentation de Lille (1898). Des essais sont effectués au même moment à Paris, mais sont interrompus par la mort du baron Tindal ; le nouveau propriétaire de ses brevets, Henri de Frise, les reprend à l'usine de Saint-Maur[16]. La mise au point de la stérilisation des eaux par l'ozone fut donc, au tout début du XXe siècle, réalisée autant par la collaboration que par l'émulation entre savants de différents pays d'Europe occidentale, savants dont certains franchirent le pas de l'entreprise privée, tel Marius-Paul Otto, qui soutint à Paris une thèse de physique sur l'ozone, puis fonda la Compagnie de l'ozone en France, ainsi que des compagnies sœurs à l'étranger[17]. Devenue la Compagnie générale de l'ozone, sa société parvint à créer un nombre important d'installations en France jusqu'aux années 1930 et dans d'autres pays, jusqu'en Russie (tandis qu'en Allemagne, après des expériences peu concluantes menées à Paderborn et Wiesbaden, la méthode ne se développa pas – tout comme en Angleterre).

Quelles furent les directions privilégiées du transfert de savoir et de technologie ? Que ce soit de France ou de Belgique, on se rend avant tout en Grande-Bretagne. Une commission intermunicipale de Roubaix et de Tourcoing chargée d'étudier l'épuration des eaux d'égout avait ainsi visité plusieurs villes britanniques dans les années 1880, dont Bradford, ville lainière qui leur était comparable[18]. Plus urbanisée et industrialisée, disposant d'un système juridique qui peut traîner les municipalités devant les tribunaux, l'Angleterre expérimente très rapidement les systèmes d'épandage agricole et d'épuration chimique des eaux usées[19]. Sur un ensemble de 82 visites répertoriées durant nos dépouillements et ayant eu lieu entre 1893 et 1914, 31 (38 %) ont pour cadre une cité de l'Hexagone et 32 (39 %) sont à destination de la Grande-Bretagne. L'Allemagne vient en troisième position (7 %) et semble avoir suivi le monde britannique plus rapidement que la France sur la voie de l'application du génie sanitaire. Les synthèses sur la question, comme celle d'Edouard Imbeaux rédigée à l'occasion de l'Exposition universelle de Paris en 1900, *L'alimentation en eau et l'assainissement des villes*, laissent apercevoir la multiplication des usines de référence dans

16 S. Bruère, « Les expériences de stérilisation des eaux potables suivies par la ville de Paris à l'Usine de St-Maur », *La Technique sanitaire*, octobre 1908, p. 233.

17 En particulier en Belgique : La *Technologie sanitaire*, 1er mai 1901, p. 140. Un savant belge, Léon Gérard, se lance lui aussi dans l'ozonisation des eaux.

18 AM Tourcoing, O3a1, Projet de loi relatif aux travaux à exécuter, avec la participation de l'État, par les villes de Roubaix et de Tourcoing en vue de réaliser l'épuration des eaux de l'Espierre, 1898.

19 Hamlin, C., « William Dibdin and the Idea of Biological Sewage Treatment », in *Technology and Culture*, vol. 29, 1998, p. 189-218 ; Platt, H., « Clever Microbes : Bacteriology and Sanitary Technology in Manchester and Chicago during the Progressive Age », *Osiris*, vol. 19, 2004, p. 149-166.

ces deux pays (et à un degré moindre, les expériences menées aux États-Unis)[20]. C'est une Europe du Nord-Ouest traversée par les voyages d'études municipaux qui se dessine à partir des sources consultées : on sait qu'il y avait aussi des voyages d'ingénieurs hollandais en Belgique, France, Allemagne, comme ceux de Rotterdam au sujet des distributions d'eau[21]. Le traitement des ordures ménagères est caractéristique de la géographie de l'ingénierie sanitaire avant 1914, à tel point que le terme d'incinérateur n'est pas forcément utilisé par les ingénieurs français, qui emploient parfois celui de « destructeur », traduction de l'anglais *destructor*, parfois même présent en italique ou entre guillemets[22]. Cependant, l'anglomanie dans l'hygiène urbaine connaît quelques limites. En 1907, l'ingénieur en chef de Lyon, justifiant la décision de la commission locale d'étude de la question des ordures ménagères de ne pas adopter l'incinération, écrit au maire :

> Nous estimons que la question n'est pas encore assez mûre. [...] Ce serait évidemment un très grand progrès au point de vue de l'hygiène, mais [...] il est vraiment curieux de considérer la réserve observée à cet égard par la plupart des villes du Continent.
>
> D'une statistique publiée par *La Technique sanitaire*, organe des ingénieurs et hygiénistes municipaux, il résulte qu'il existe actuellement 290 usines d'incinération des immondices en Angleterre, Écosse et Irlande, et 11 seulement sur le continent.
>
> Doit-on conclure de ces chiffres que la Grande-Bretagne possède une avance considérable au point de vue de l'hygiène des villes et que le reste de l'Europe est très en retard à ce point de vue ? Ce serait, croyons-nous, une généralisation hasardée et excessive ; on peut seulement affirmer que l'incinération des immondices coûte beaucoup moins cher en Angleterre qu'en France et qu'en Allemagne et cela se comprend facilement car, dans un pays où la houille est très bon marché, on doit en trouver en toute saison une notable quantité dans les immondices, ce qui diminue d'autant les frais d'incinération de celles-ci[23].

Par delà les expériences municipales particulières – la réticence lyonnaise contraste avec l'engouement des édiles de Rouen pour l'incinération qu'ils voient fonctionner outre-Manche[24] – l'attraction des

---

20 Imbeaux, E., *L'alimentation en eau et l'assainissement des villes*, Paris, 1902, 960 p. En Allemagne (Prusse), un Institut royal de recherches et d'examen pour les adductions d'eau potable et pour la disposition finale des eaux usées fut créé en 1901.

21 *La Technologie sanitaire*, 1er août 1901.

22 Sur l'histoire de cette technique et de sa diffusion mondiale, voir Melosi, M., *The Sanitary City (...)*, *op. cit.*

23 AM Lyon, 923 WP 271, rapport de l'ingénieur en chef, 14 juin 1907.

24 AM Rouen, 5M 1, rapport de M. Denomaison lors de la séance du conseil municipal du 29 janvier 1909.

expériences menées en Grande-Bretagne pour améliorer la salubrité urbaine est réelle.

Quant aux techniques de ramassage des ordures, qui font l'objet d'un premier congrès international spécifique en 1931 à Londres, elles sont plutôt l'apanage du monde germanique, en Allemagne (Kiel) et en Suisse (Zurich). Paris, vers 1902-1903, se renseigne sur ces procédés, décrits par E. Imbeaux suite à l'Exposition universelle de 1900[25]. Un « tombereau » suisse, présenté à l'Exposition d'hygiène de Lyon en 1907, rencontra un certain succès dans la France du Centre-Est, y compris dans de petites villes avant 1914 ; il était commercialisé par un Français résidant à Lyon[26]. L'entre-deux-guerres apporte une nouvelle méthode de l'étranger : la fermentation des ordures dans des cellules hermétiques en béton, afin de produire de l'engrais. Bien adaptée aux villes méditerranéennes, elle avait été inventée par un certain docteur Beccari, dans les années 1910, à Florence.

Avant 1914, l'amélioration de l'environnement urbain en France a donc puisé dans des techniques majoritairement importées, à l'exception de certaines méthodes relatives à l'eau potable (stérilisation par l'ozone, système des filtres à sable non submergé) et du combat un peu dérisoire de certains inventeurs marginaux. Quels ont été les acteurs français de leur adoption et de leur diffusion ?

2. Des transferts d'information et de techniques orchestrés par des acteurs aux intérêts différents

Le domaine que nous étudions est en plein essor au début du XXe siècle parce que la protection de la santé publique est à l'ordre du jour. L'engouement de la presse et des élus pour cette cause peut être rapproché, avec prudence, de celui qu'a connu le début du XXIe siècle pour le développement urbain « durable ». Pour éclairer leur choix sur les meilleures techniques, sur le plan de l'efficacité ou sur le plan économique, les dirigeants locaux font appel à diverses sources d'information.

A. L'élite des scientifiques et techniciens : les « experts »

Lorsque les ingénieurs et hygiénistes censés conseiller les édiles ne se jugeaient pas compétents pour donner leur avis sur un procédé d'épuration de l'eau ou de traitement des déchets, ils proposaient la consultation d'experts. Ceux-ci pouvaient être appelés à examiner la

25 Imbeaux, E., *L'alimentation en eau et l'assainissement des villes*, *op. cit.*

26 AM Lyon, 937 WP 135, rapport de M. Guillemain, président de la classe 46 de la section VIII de l'Exposition de 1914, relatif à la collecte des immondices, s.d. (antérieur à 1919) ; AM Clermont-Ferrand, 1I 67.

situation environnementale, à donner leur point de vue sur les procédés pour lesquels la municipalité était démarchée ou à siéger en tant que membres d'un jury de concours public, ouvert par les autorités locales. Le professeur Albert Calmette exerça fréquemment ces fonctions. Directeur de l'Institut Pasteur de Lille, il enseignait la bactériologie à la Faculté de médecine de Lille ; il y dirigea d'ailleurs quelques thèses sur la question des eaux d'égout et sur l'incinération des ordures ménagères. Il avait découvert, au cours d'un voyage d'études en Angleterre en novembre 1900 effectué avec l'ingénieur parisien Félix Launay[27], les procédés « biologiques » d'épuration des eaux d'égout, qui étaient en plein essor outre-Manche, dans un contexte où les municipalités couraient le risque de se voir infliger des amendes sévères si elles contaminaient les cours d'eau. Ses articles sur ces procédés furent publiés dans de nombreuses revues : certaines destinées aux médecins (*Revue d'hygiène et de police sanitaire*), d'autres plus tournées vers les élus et administrateurs locaux (*Revue municipale*). Il dirigea, à partir de 1904, une station expérimentale dans la banlieue de Lille pour laquelle il reçut des subventions de la Caisse nationale des recherches scientifiques. De 1905 à 1914, il coordonna la publication par l'éditeur Masson de neuf volumes des *Recherches sur l'épuration biologique et chimique des eaux d'égout, effectuées à l'Institut Pasteur de Lille et à la station expérimentale de La Madeleine.* Siégeant au Conseil supérieur d'hygiène, il fut un des membres les plus intransigeants sur la nécessité de prévoir une station d'épuration dans les projets d'assainissement que l'instance devait expertiser ; il fut également sollicité par diverses municipalités (Mâcon, Grenoble) pour donner son avis dans la phase de réflexion sur l'assainissement[28].

B. Les associations et revues spécialisées

Ces réseaux de chair et de papier ont fait l'objet de nombreux travaux visant à comparer les divers aspects de l'« Internationale scientifique » de la « Belle Époque »[29] (Rasmussen, 1995 ; Topalov, 1999). Prenons le cas de l'Association générale des ingénieurs, architectes et hygiénistes municipaux (AGIAHM), fondée en 1905 à l'initiative d'Édouard Imbeaux, ingénieur en chef de la ville de Nancy,

---

27 *L'épuration bactérienne des eaux d'égout. Mission en Angleterre (novembre 1900). Rapport de M. F. Launay, ingénieur en chef de l'assainissemen*t, compte rendu dans la *Technologie Sanitaire* du 1er août 1901) ; Calmette, A., « Les procédés biologiques d'épuration des eaux résiduaires », *Revue municipale*, 16 mars et 23 mars 1901.

28 AM Mâcon, O 622, lettre du maire à Calmette, 12 octobre 1905 ; AM Grenoble, 390W 283, lettre de Calmette au Dr Berlioz, 24 mars 1911.

29 Rasmussen, A., *L'Internationale scientifique 1890-1914*, thèse de doctorat en histoire, École des Hautes Études en Sciences Sociales, 1995 ; Topalov, C. (dir.), *Laboratoires du Nouveau siècle*, Paris, Éditions de l'EHESS, 1999.

de Victor Van Lint, ingénieur de Bruxelles, et de H. Peter, ingénieur en chef des eaux de Zurich. Celle-ci édite dès 1906 la *Technique sanitaire*, qui prend la suite du journal créé par Van Lint en 1895, la *Technologie sanitaire.* Elle organise des congrès annuels, non seulement dans des villes francophones, mais également dans des villes « phares » parce qu'elles comptent pour l'hygiène urbaine ou qu'elles sont le lieu d'une grande exposition (Dresde 1911, Londres 1912). Études de cas présentées dans la revue et visites de terrain lors des congrès permettent aux membres de l'Association de prendre connaissance des derniers perfectionnements techniques.

Mais, si ces forums ont certainement participé à la circulation du savoir sur les innovations techniques (ils peuvent être mentionnés dans des rapports d'ingénieurs municipaux, on découvre dans les cartons d'archives des services techniques des coupures de presse collectées à l'occasion de l'étude d'un projet), il n'en reste pas moins qu'ils ont pu brouiller l'esprit des édiles : ces derniers étaient en général mis en face d'un large choix de procédés, sans que la supériorité de l'un ou de l'autre puisse être clairement établie. En effet, les ingénieurs défendant les intérêts des innovateurs ou des firmes exploitant les brevets britanniques ou allemands s'affrontaient par communications interposées dans ces associations. L'impression qui ressort de la lecture de la *Revue d'hygiène et de police sanitaire*, organe de la Société de médecine publique et de génie sanitaire, est que les « tournois industriels »[30] prenant place lors des séances mensuelles de la société empêchèrent la clarification de certaines questions controversées, comme l'efficacité de l'incinération des ordures ménagères ou le meilleur procédé pour épurer les eaux d'égout. De même, dans les colonnes des deux revues que nous venons d'évoquer, les Belges Maurice Duyk, de Bruxelles, défenseur d'un procédé chimique d'épuration de l'eau, et Henri Schwers, de Liège, partisan de la déferrisation des eaux souterraines naturelles, s'affrontèrent au tournant des années 1910[31].

C. Les inventeurs et entrepreneurs eux-mêmes

Ces « tournois » peuvent aussi prendre la forme de concours ou d'appels d'offres organisés directement par les pouvoirs publics. Cependant, les entrepreneurs n'attendent généralement pas l'ouverture d'un concours et sont à l'affût de toute information parue dans la presse nationale ou locale sur les villes où une épidémie, un changement de majorité, un débat au conseil municipal peuvent laisser espérer une

[30] Selon l'expression du chimiste S. Bruère (*Revue d'hygiène et de police sanitaire*, décembre 1907, p. 1086).

[31] *La Technique sanitaire et municipale*, juin 1912, p. 155 (lettre de Duyk).

décision d'adoption de leur procédé[32]. Ainsi, la société belge *Aqua Sana*, exploitant des procédés chimiques pour l'épuration des eaux potables, et ayant une usine en construction pour l'épuration des eaux à Gand, envoie-t-elle des articles de la presse bruxelloise, puis des brochures à la municipalité d'Avignon, en France, alors à la recherche d'un moyen d'épuration de ses eaux potables[33]. Quand ils ne participaient pas à des concours publics comme ceux organisés à Paris en 1905 et à Marseille en 1910, les inventeurs belges et français étaient donc en compétition pour décrocher des marchés publics dans les villes des deux pays.

Mais les techniciens municipaux les plus expérimentés savaient se méfier des affirmations contenues dans leurs brochures ou des invitations à visiter des installations « modèles » : l'un d'entre eux écrivait à ses collègues qu'il

> nous est arrivé plusieurs fois de visiter à l'improviste et minutieusement, en Angleterre, des installations d'épuration, que venaient de visiter également certaines Commissions du Continent, officiellement envoyées par telle ou telle collectivité, ville, etc. Nous avons été frappés de la différence d'impression produite sur leur esprit et sur le nôtre. Nous avons à peine besoin d'insister sur ce fait que, les jours de visite officielle importante, les installations sont en général présentées sous un aspect aussi favorable que possible, surtout lorsqu'elles sont « managed » par des firmes dont la prospérité en dépend, partiellement au moins. Ce ne sont pas ces jours-là, par exemple, qu'on choisit pour évacuer les boues des fosses septiques, pour renouveler les matériaux des lits filtrants, pour réparer tels appareils de distribution d'eaux usées plus ou moins « out of order » et qu'on écarte du programme de la visite sous un prétexte quelconque[34].

3. Y a-t-il une géographie ou une répartition « politique » de l'adoption des innovations ?

L'étude des échanges d'expériences semble confirmer la déclaration d'un des plus célèbres magistrats municipaux de la première moitié du XXe siècle, le maire de Lyon Edouard Herriot : « Il y a entre les maires de toutes opinions une solidarité véritable »[35]. L'hypothèse d'une préférence de tel ou tel bord politique pour l'innovation technique ne semble pas vérifiée dans le cas de l'ingénierie sanitaire. Certes, les affinités entre villes d'une même couleur politique existent. Ainsi des

---

32 Frioux, S., « Villes et entreprises : acteurs de l'assainissement urbain en France (fin XIXe siècle-milieu XXe siècle) », *Histoire urbaine*, n° 18, 2007, p. 125-140.

33 AM Avignon, 3N 18, dossier « Aqua Sana ».

34 Michel, H., *La Technique sanitaire et municipale*, avril 1910, p. 85.

35 AM Lyon, 675 WP 23, *La Vie communale*, janvier 1935 (phrase prononcée au Congrès des maires de France de 1935) ; Frioux, S., *Les réseaux de la modernité (...)*, *op. cit.*

échanges entre municipalités socialistes sont organisés tout au long des années 1900-1930. Mais, pour une municipalité socialiste hardie comme celle de Villeurbanne avant et après la Première Guerre mondiale, combien d'autres ont préféré consacrer le budget communal à d'autres priorités que l'eau ou les égouts. À l'opposé de l'échelle politique, la ville de Chartres, nettement conservatrice, est une des premières à adopter la stérilisation de l'eau par l'ozone, après avoir mené une enquête internationale de Zurich jusqu'à Alexandrie[36]. La rivalité politique transparaît en 1906, lorsque le Conseil départemental d'hygiène d'Eure-et-Loir, composé en partie de notables chartrains, donne au même moment un avis favorable au projet de Chartres et retarde l'autorisation d'un autre projet conçu à Châteaudun par le député-maire radical-socialiste Louis Baudet, consistant à employer une autre méthode, la filtration sur sable non submergé. Ce maire, ingénieur de formation, ira jusqu'à protester auprès du préfet ou du conseil d'hygiène en s'appuyant sur les travaux d'hygiénistes parisiens et à critiquer son collègue et rival de Chartres lors d'une séance de la Société de médecine publique et de génie sanitaire[37]. Peut-être y avait-il émulation pour devenir la première ville du département à offrir de l'eau traitée aux citadins !

Plus généralement, les villes d'agrément, stations thermales ou balnéaires, montrent une propension plus forte à l'adoption d'innovations, probablement pour « tenir leur rang » dans un paysage soumis à la concurrence entre stations internationales. L'incinération des ordures ménagères pénètre ainsi à Trouville, Cabourg, Biarritz, Le Touquet-Plage dans les années 1910-1920, suivant la principauté monégasque, pionnière dès 1898 et contribuant à une « littoralisation » de l'innovation technique. Cela doit également conduire à mesurer le préjugé d'un « retard méridional » : en effet, Toulon est la première ville française à adopter une station biologique d'épuration des eaux d'égout, en 1902, après avoir organisé dans les années 1890 des voyages vers l'Angleterre. Parmi la trilogie eau potable-eaux usées-ordures, l'adoption de techniques est sélective : une ville peut se trouver en position d'innovatrice pour une technique, mais pas pour une autre. Cannes et Nice choisissent des méthodes « industrielles » de destruction des ordures ménagères. Cette dernière ville est présentée jusqu'à nos jours comme le berceau de la stérilisation par l'ozone, mais elle a préféré durant plusieurs décennies, comme bien d'autres, laisser écouler ses eaux d'égout dans la mer.

---

36 AM Chartres, DC4/175.

37 AD Eure-et-Loire, 20 842 et *Revue d'hygiène et de police sanitaire*, mars 1909, p. 297-298.

Enfin, les transferts de technologie en matière d'hygiène urbaine ne peuvent pas être résumés par un schéma simple. Il serait réducteur de croire que les innovations sont parties de Paris ou des grandes villes pour « descendre » ensuite dans les villes moyennes, puis les petites villes. Au contraire, les innovations techniques ont bien souvent été d'abord appliquées dans des villes de moins de 15 000 habitants, probablement parce que cela nécessitait moins de capitaux et que la dépense publique était, en valeur absolue, moins importante que pour une ville de plus de 100 000 habitants. Ainsi, Cosne-sur-Loire, dans la Nièvre, Lectoure, dans le Gers, ou L'Isle-sur-la-Sorgue, en Vaucluse, ont tenu le rôle de laboratoires grandeur nature pour la stérilisation de l'eau par l'ozone, pour l'épuration par les composés chlorés ou pour la stérilisation par les rayons ultra-violets. La ville ouvrière d'Oullins, au sud-ouest de Lyon, fut l'une des premières à faire confiance à Bernard Bezault, évoqué plus haut, pour traiter « biologiquement » ses eaux d'égout et le maire de Villeurbanne, dès 1911, décida de faire incinérer les ordures de cette modeste commune industrielle à la périphérie de Lyon[38]. La personnalité des édiles peut expliquer certains choix : l'absence d'une frilosité par rapport au risque que représentait l'établissement d'une méthode qui n'avait pas passé l'épreuve de l'expérience, la volonté de se tenir à l'avant-garde du progrès municipal ont pu être des facteurs importants. L'urgence de certains problèmes environnementaux, comme l'absence d'eau de source et la nécessité de s'alimenter en eau de surface épurée, fut également un facteur clé, mais toutes les municipalités n'y ont pas réagi de la même façon. D'ailleurs, bien des études patiemment menées, des concours publics ont fini leur carrière dans les cartons, victimes d'arbitrages budgétaires défavorables ou du rythme imposé par la vie politique locale et les élections municipales qui revenaient tous les quatre ans[39].

4. Conclusion : innovation, entreprises et transferts de techniques après 1918

Le tableau étudié pour l'avant-guerre ne correspond pas encore à la situation de l'entre-deux-guerres perçue dans les archives municipales françaises. On observe, dans une époque marquée par l'apparition – et les faiblesses – de la Société des Nations, une « nationalisation » des techniques et de l'ingénierie sanitaire. Ce repli sur soi contraste avec l'esprit de coopération internationale sur les problèmes urbains[40], porté

[38] Frioux, S., *Les réseaux de la modernité (...)*, *op. cit.*

[39] Un phénomène que regrettait P.-V. Vaudrey, « Les travaux communaux et le renouvellement des municipalités », *L'Édilité technique*, avril 1908.

[40] Payre, R., *Une science communale ? Réseaux réformateurs et municipalité providence*, Paris, CNRS Éditions, 2007.

dans le domaine de l'édilité par l'Union internationale des villes et pouvoirs locaux[41], qui met par exemple la question de la collecte et du traitement des ordures ménagères à l'ordre du jour de sa conférence internationale de Lyon en 1934. Il peut s'expliquer par plusieurs facteurs complémentaires. D'une part, le développement d'une ingénierie sanitaire française, avec ses propres brevets. Ainsi, l'incinération des ordures ménagères est adoptée dans un nombre croissant de villes (Nice, Toulouse, Biarritz, Villeurbanne, etc.) où elle est implantée par une firme française créée par des ingénieurs des Mines, la Société d'entreprises pour l'industrie et l'agriculture (SEPIA), renommée CAMIA en 1927. Quand un brevet britannique exploité par une société allemande menace de lui faire concurrence, en remportant le concours de Lyon au tournant des années 1930[42], une autre société, l'Union des services publics, ne tarde pas à racheter les droits pour la France. Dans la France méditerranéenne, la fermentation « zymothermique » des ordures ménagères dans des cellules en béton est promue à grands renforts de discours insistant sur l'inefficacité et le coût de l'incinération : ce qui est vrai en Angleterre, disent les brochures de ses promoteurs, ne l'est plus une fois que l'on a traversé la Manche[43]. D'autre part, les ingénieurs des services de Paris semblent exercer une influence plus grande au sein des associations spécialisées : défendant la solution des champs d'épandage retenue pour épurer les eaux d'égout parisiennes, ils cantonnent les nouvelles méthodes anglo-saxonnes, comme les « boues activées » inventées dans les années 1910, dans un statut d'« expérience » jusqu'à la fin des années 1930[44]. Certaines techniques de « digestion » des boues et de récupération des gaz pour produire de l'énergie, expérimentées en Allemagne, sont quasiment absentes du territoire français et même des publications scientifiques en français. Dans le domaine de l'eau potable, si la stérilisation des eaux par l'ozone progresse, patriotisme et hygiénisme se rejoignent dans la « Verdunisation », une méthode de micro-javellisation mise au point par l'ingénieur Philippe Bunau-Varilla à Verdun en 1916 que ce polytechnicien sexagénaire défend avec acharnement, sans avoir pris de brevet, en s'immisçant dans les débats locaux et

---

41 Fondée en Gand en 1913, elle consistait en une fédération d'associations nationales de villes, comme l'Union des villes et communes belges ou l'Union des villes et communes de France. Les principaux animateurs étaient issus du socialisme municipal belge, néerlandais et français.

42 AM Lyon, 923 WP 269.

43 AM Chambéry, 1O 93, lettre de la Société de grands travaux et d'assainissement général urbain au maire de Chambéry, 11 octobre 1935.

44 La seule station municipale réalisée avant celle d'Achères pour Paris était celle d'Aulnay-sous-Bois. AM Bourg-en-Bresse (aux archives départementales de l'Ain), carton 2020, lettre des établissements Luchaire, 9 février 1939.

en donnant ses recommandations[45]. Enfin, les cabinets d'ingénieurs-conseils se développent : l'entre-deux-guerres porte ainsi probablement en elle les germes de l'expansion du génie sanitaire français, sous la forme de ces diverses initiatives regroupées dans la deuxième moitié du XXe siècle dans les grands groupes français que furent la Générale des eaux et Suez-Lyonnaise des eaux[46]. Désormais ce seront les techniciens français qui iront à l'autre bout du monde exporter leur savoir-faire… et décrocher des marchés publics !

45 AM Lyon, 961 WP 108. AM Nancy, 17W 6-7.

46 Lorrain, D., « Le modèle français de services publics », *Économie et humanisme*, n° 312, mars-avril 1990, p. 39-58.

Un problématique transfert de technologie entre les États-Unis et l'Europe

Le cas des industriels verriers français et du feeder américain durant l'entre-deux-guerres

Stéphane PALAUDE

Docteur en Histoire, Président de l'Amaverre[1]

À la fin du XIXe siècle, s'engage dans le monde du verre la course à la mécanisation. En 1898, un maître de verreries français, Claude Boucher, de Cognac, met au point la première machine de soufflage semi-automatique continentale. Il est suivi par de nombreux chercheurs en quête d'un outillage capable de remplacer l'homme en tout ou en partie, d'abord pour soulager sa peine, ensuite pour pouvoir se passer de la mainmise de ce dernier sur l'appareil de production, enfin pour accroître le rendement. Mais cette course à la machine va de pair, dans la majorité des cas, avec l'invention d'une innovation technologique spécifique, celle du feeder ou canal d'amenée du verre chaud jusqu'au lieu de formage. Plusieurs brevets sont déposés avant la Première Guerre mondiale aux États-Unis et, par la suite, dans divers pays d'Europe occidentale. Or, en 1930, un groupe néerlandais, la NV

---

1 L'Amaverre est l'Association de médiatisation des arts du verre par l'étude, la recherche et la réalisation d'événements. Cette structure associative, créée en 2010, poursuit le but de servir d'intermédiaire dans l'apport de la connaissance du matériau verre, de ses productions et de ses fabricants, tant passés que présents, auprès du plus large public qui soit et par l'intermédiaire de toutes les formes de communication accessibles, sans aucune restriction thématique, chronologique ou autre. Parmi les projets réalisés, l'Amaverre a participé à la création et à la mise en place de l'exposition itinérante transfrontalière intitulée « Le crépuscule des verreries au bois de la Grande Thiérache », microprojet européen développé grâce au fonds Feder et à Interreg IV, présentant les dernières verreries chauffant leurs fours de fusion avec du bois entre 1789 et 1847 aux frontières de la Botte du Hainaut belge et des départements français de l'Aisne et du Nord. Cette exposition, accompagnée de la publication d'un catalogue entièrement gratuit, est visible à partir du 1er décembre 2010 jusqu'au 30 avril 2012, d'abord à Rance (Hainaut, Belgique), puis à Wimy (Aisne, France), à Anor (Nord, France) et enfin à Hirson (Aisne, France).

Hollandsche Glas en Metaalbank, assigne les Verreries du Puy-de-Dôme et de Haute-Loire devant la juridiction française pour utilisation sans son accord de brevets de feeders dont elle est désormais détentrice. S'engage alors une délicate bataille juridique dans laquelle les deux groupes verriers français plus ou moins constitués, le groupe Saint-Gobain et celui mené par Souchon-Neuvesel, sont fortement impliqués.

Si l'affaire du feeder s'inscrit dans le processus de mécanisation des verreries à bouteilles en France durant les années 1930, celui-ci a en fait débuté près d'un demi-siècle auparavant. Bien avant la guerre, les industriels verriers du monde entier, précisément ceux d'Amérique du Nord et d'Europe de l'Ouest, ont entamé des recherches pour pouvoir faire souffler des contenants en verre en l'absence de souffleurs verriers. Aux États-Unis, une avance indéniable dans ce domaine est acquise dans la dernière décennie du XIXe siècle et la première du siècle suivant. Au passage, il est à noter que les moyens mis à disposition outre-Atlantique n'ont rien de commun avec ceux de l'Europe et moins encore ceux de la France d'alors. Des essais de machines automatiques de conception américaine sont entrepris à l'époque, en Angleterre par exemple, sous l'œil quelque peu amusé des ouvriers verriers scrutant un monstre métallique souvent incapable de produire quoi que ce soit de bon. Mais, en 1919, un double problème, consécutif au conflit, frappe l'Europe du verre à bouteilles. D'une part, aucun essai de machine automatique n'a été effectué en entreprise durant ces quatre années de faible activité verrière ; d'autre part, un grand nombre de verriers, ouvriers hautement qualifiés, sont morts sur les champs de bataille.

Pouvoir se passer de l'homme est devenu une nécessité et ce n'est pas en réquisitionnant du matériel dans les usines allemandes, comme le font, dans d'autres secteurs, les entrepreneurs du textile de la région de Fourmies ou les sidérurgistes du Valenciennois, que les maîtres de verreries français vont réduire leur retard. Leur cas revêt un caractère spécifique. Plus que jamais, l'avenir passe par l'acquisition de la technologie américaine dont le coût pourrait, espèrent-ils, être supporté en partie par l'attribution de dommages de guerre. Les Verreries à bouteilles du Nord, qui ont été fortement sinistrées, saisissent l'opportunité dès 1922.

1. D'importants enjeux

Le transfert de technologie entre États-Unis et Europe qui reprend dans les années 1920, puis s'accentue dans la décennie suivante a, pour les groupes verriers français, des implications multiples.

Le feeder permet d'utiliser les premières machines automatiques de soufflage des contenants, de conception nord-américaine, les Lynch et les O'Neill. Le feeder est une sorte de canal d'amenée du verre chaud sortant du four de fusion jusqu'à ces machines automatiques qui, à l'exception de la française Roirant et de l'américaine Owens, ne sont pas équipées d'un bras de cueillage de la matière dans le four, comme le font les ouvriers cueilleurs de verre avec les machines semi-automatiques Boucher ou, tout simplement, les souffleurs à la canne. L'adoption du feeder se révèle très vite capitale. Il est nécessaire tout d'abord de le présenter.

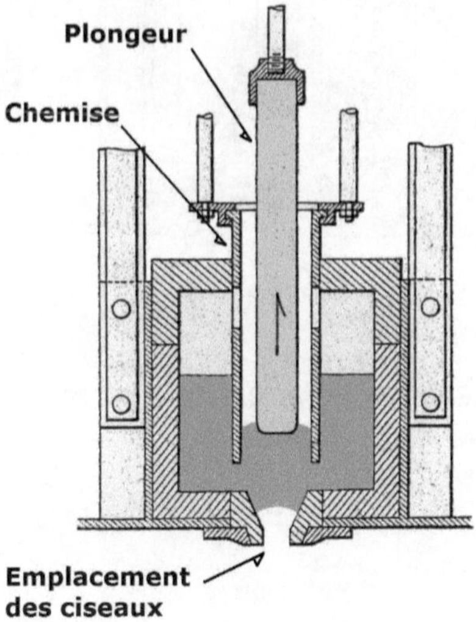

Figure 1 : Feeder Rankin, mouvement ascendant du tube plongeur

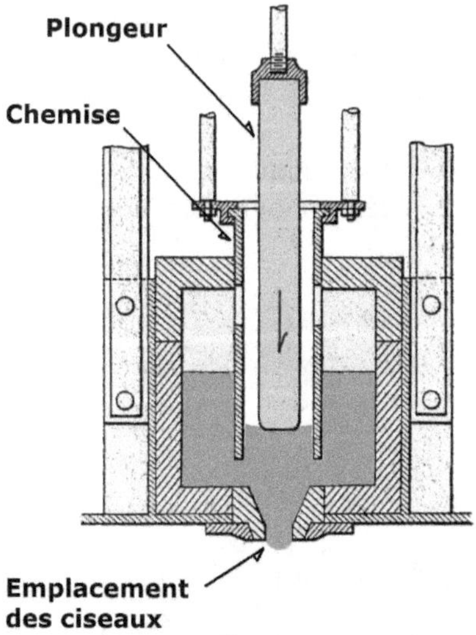

Figure 2 : Feeder Rankin, mouvement descendant du tube plongeur

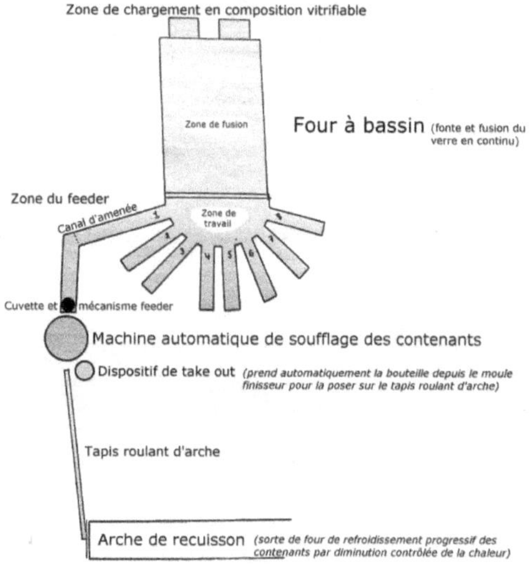

Figure 3 : La place du feeder dans le cycle de fabrication des contenants

Cet appareil doit remplir la double fonction, d'une part, de conditionner le verre en température et de l'amener à la viscosité idéale pour l'article à fabriquer et, d'autre part, de former la goutte de verre, dite paraison ou gob, à l'aide du mécanisme feeder situé à l'extrémité du chenal, au poids et à la forme désirée pour obtenir une fabrication correcte. Le feeder se compose de deux parties principales, chauffées au gaz par des rampes de brûleurs indépendantes, la partie arrière plus proche du bassin de travail étant la zone de refroidissement, celle avant étant la zone de conditionnement, terminée par la cuvette. Dans la zone de refroidissement, la température du verre diminue, généralement sous l'effet de la ventilation par le plafond. Les banquettes situées de part et d'autre du chenal sont chauffées pour éviter que le verre ne se refroidisse trop sur les côtés, au contact du réfractaire. Dans la zone de conditionnement, il faut réchauffer la surface du flot de verre qui s'était refroidie précédemment et amener dans la cuvette un verre d'une grande homogénéité et d'une température convenue.

À l'extrémité du feeder, se trouvent les mécanismes permettant la formation du gob : 1° le mécanisme du plongeur, 2° le mécanisme de la chemise, 3° le mécanisme des ciseaux. Dans sa course ascendante, le plongeur retient le verre et l'empêche de couler par l'orifice de la rondelle placée sous la cuvette. Dans sa course descendante, le plongeur refoule le verre par l'orifice, verre qui « chute » alors. Le mouvement du plongeur est communiqué par une came, changeable. La hauteur du plongeur peut facilement varier, ainsi que sa course. En général tournant autour du plongeur, la chemise permet d'homogénéiser la température du verre. Elle peut se régler en hauteur, ce qui permet de régler le débit de verre. Les ciseaux coupent le verre à intervalles réguliers de façon à obtenir les gobs. Leur mouvement leur est communiqué par une came. Leur hauteur est réglable, ainsi que la tension et le recouvrement des lames. On peut décaler le mouvement des ciseaux par rapport au mouvement du plongeur à l'aide d'un « différentiel ». Le poids et la forme du gob sont obtenus en fonction de l'article, du procédé et de la cadence choisie, par action sur la température du verre, mais surtout par de petites variations dans le réglage des mécanismes ci-dessus[2]. À partir de là, la distribution d'exactes quantités de verre chaud nécessaires au formage des pièces n'est plus qu'une affaire de réglage technique.

À la suite des renseignements que la Compagnie de Saint-Gobain obtient sur le développement des feeders pendant la Première Guerre mondiale aux États-Unis, un voyage d'enquête est organisé en 1919, en commun avec plusieurs maîtres de verreries à bouteilles français. Il rentre dans la démarche théorisée par Lucien Delloye sous le nom d'omniums verriers, approuvée par le conseil d'administration de la Compagnie en avril 1914. Il s'agit, pour la Compagnie, de réaliser la

---

2 Ferras, A., « Le verre à l'heure de l'informatique », in André, M. et De Paepe, M. (dir.), *La verrerie champenoise, Charbonneaux-B.S.N. Reims, de 1870 à nos jours*, Die, La Manufacture, 1984, p. 242-243. André Ferras décrit le fonctionnement du feeder Rankin installé chez Charbonneaux à Reims.

diversification des fabrications verrières et de mettre en place une politique du verre creux, encore pratiquement inexistante avant 1914[3]. Dans ce voyage, Eugène Gentil, de la Compagnie de Saint-Gobain, est accompagné d'un représentant des Verreries champenoises (fabricants de bouteilles pour vins de Champagne), Givelet, et d'un représentant des Verreries de Saint-Galmier, Archer. Outre l'intérêt que ce petit groupe porte aux premières machines automatiques, telles celles d'Owens Illinois, il retire de ce voyage une impression, aussitôt communiquée aux dirigeants des groupes respectifs : les appareils les plus performants pour amener le verre chaud jusqu'aux machines de formage sont les feeders Tucker Reeves.

Compte tenu de leur genre de fabrication, le groupe des Verreries champenoises juge l'emploi du feeder inapproprié et s'en désintéresse. En revanche, sur les indications de Gentil et d'Archer, des négociations sont entreprises en 1920 pour l'achat des brevets Tucker Reeves pour l'Europe par un groupe composé de la Compagnie de Saint-Gobain, de MM. Souchon, Campagne, Houtart, Triquet et des Verreries de Saint-Galmier. La somme en jeu est de l'ordre de 250 000 $, plus une redevance par cent de bouteilles fabriquées. Cependant, les pourparlers échouent par suite des prétentions des brevetés.

Dans ces circonstances, les différents maîtres de verreries qui s'étaient regroupés pour acheter les brevets Tucker Reeves et Beatty, reprennent chacun leur liberté et se procurent des feeders de différents types. Le groupe Souchon achète en 1922 des brevets anglais, ceux de la Rankin Automatic Glass Feeder Company. Pour leur part, les Verreries à bouteilles du Nord (VBN), dans lesquelles Saint-Gobain vient d'acquérir une importante participation, concluent, par acte sous seing privé du 31 octobre 1922, un accord avec la Hartford Fairmont Company pour pouvoir employer « le plus tôt possible le procédé feeder le plus perfectionné ». Il s'agit d'alimenter une machine automatique Lynch dont « le premier exemplaire européen » vient d'être installé dans les établissements du groupe[4]. Le feeder Hartford FF Single ne paraissant pas encore définitivement au point, les VBN demandent à pouvoir s'exercer en attendant sur un autre feeder, le Howard, propriété de la Hartford Fairmont Company. Quant au feeder de la Hartford Fairmont Company, son règlement par tiers est prévu, ce qui fera du groupe, à partir du versement du troisième tiers, des propriétaires de

[3] Daviet, J.P., *La Compagnie de Saint-Gobain de 1830 à 1939, Une entreprise française au rayonnement international*, thèse de doctorat, Université de Paris I, 1983, p. 981-991.

[4] Daviet, J.P., *Une multinationale à la française. Histoire de Saint-Gobain 1665-1989*, Paris, Fayard, 1989, p. 184.

plein droit, dûment licenciés pour bouteilles et flacons produits dans ses usines[5].

Selon une note interne de la Compagnie de Saint-Gobain, la licence initialement demandée pour ce feeder Hartford installé aux VBN était de 9 000 $. La Compagnie de Saint-Gobain obtient en 1923 une baisse du prix, à 6 000 $ par feeder, voire même 4 000 $ pour tous les amis de la Compagnie de Saint-Gobain, c'est-à-dire toutes les usines où celle-ci serait intéressée, en échange du placement de 17 feeders avant le 1er septembre 1927[6]. Ce contrat donne une position forte à la Compagnie de Saint-Gobain vis-à-vis des Verreries champenoises, de Souchon et même de Libbey-Owens qui pense alors se placer sur le marché des bouteilles. Voici la liste de quelques-uns des placements effectués :

VBN Denain	27 avril 1924 (1er contrat)
VBN Escautpont	Janvier 1925
VBN Escautpont	Décembre 1925
Boucher, Cognac	14 février 1926
VBN Escautpont	13 octobre 1926
Boucher, Cognac	18 février 1927
Boucher, Cognac	1er février 1928 (2e contrat)

2. Premières difficultés

L'acquisition de la technologie américaine est rendue cependant délicate pour plusieurs raisons. Les premières sont d'ordre matériel et humain, les autres d'ordre juridique.

Les raisons matérielles et humaines sont elles-mêmes multiples. En premier lieu, il faut savoir négocier avec les détenteurs du ou des brevets les droits d'utilisation, de cession partielle ou totale, et ce dans une langue qui n'est pas nécessairement celle des futurs acquéreurs et selon un mode opératoire de tractations propre au pays d'origine. Par ailleurs, il faut pouvoir disposer d'une trésorerie abondamment fournie. En second lieu, une fois les pourparlers terminés, les juristes consultés et les accords commerciaux signés, il est indispensable de pouvoir lire les plans des brevets établis selon des cotes américaines et de les « traduire ». Cela constitue le premier écueil d'après-vente, lequel n'est pas spécifique au domaine de la verrerie, mais touche tous les secteurs.

Aussi la Compagnie de Saint-Gobain est-elle amenée à créer, pour traiter toutes ces questions, un service original : la Société d'études verrières appliquées (SEVA). Lorsqu'en 1922, les VBN achètent leur

---

5 Archives Saint-Gobain à Blois, SGE HIST 017/026.

6 Archives Saint-Gobain à Blois, CSG 957/307.

première machine Lynch, elles décident d'en construire elles-mêmes deux autres, à l'aide des plans américains traduits en cotes françaises. Forte de cette expérience concluante, la Compagnie de Saint-Gobain propose alors de centraliser la fabrication des machines Lynch, du feeder Hartford et de l'arche de recuisson Hartford, à l'échelle de l'ensemble du Vieux Continent, « pour que les pièces soient interchangeables et que les modifications de détail imaginées par les utilisateurs soient généralisées »[7]. C'est le point de départ d'une aventure nouvelle, celle de la SEVA, qui débute vers 1924-1925. Chaque partenaire allié à la Compagnie de Saint-Gobain reçoit par la suite le *Bulletin de la SEVA* dans lequel toute modification ou tout essai de transformation, bénéfique ou non, est rapporté. Les essais techniques sont effectués directement à l'échelle des usines, et non en laboratoire.

Un autre écueil d'après-vente tient au fait que l'emploi de ces machines, lourdes et complexes, d'un coût d'acquisition élevé, n'apporte pas nécessairement les résultats immédiats escomptés. La présence d'un « homme de la maison » à laquelle le brevet a été acheté est souvent requise. Elle est même directement prévue dans le contrat. Ainsi, dans celui du 31 octobre 1922 qui lie la Hartford Fairmont Company aux VBN, l'article 3 précise que la Hartford Fairmont Company « sera tenue de fournir à ses frais, risques et périls un opérateur expérimenté, vis-à-vis duquel [elle] restera patron, pour surveiller le montage et le fonctionnement de la machine feeder » jusqu'à ce que le personnel français soit capable de la conduire seul. Les VBN prennent même une option qui leur permet de conserver plus longtemps ce technicien, au maximum trois mois supplémentaires, à partir de l'arrivée de la machine à l'usine de Denain.

Puis, lorsqu'un problème surgit et que « l'homme de la maison » n'est plus présent, il reste indispensable que l'acquéreur puisse encore recevoir les conseils du détenteur du brevet. Par exemple, les Verreries de Carmaux s'inquiètent en 1926 des difficultés qu'elles rencontrent : « Au début, sur les conseils de M. Mulholland, ingénieur de la Hartford Fairmont Syndicate Limited », un verre riche en soude et pauvre en chaux a été préparé, identique à celui qui est utilisé avec succès sur la machine Boucher. Mais une dévitrification s'est produite dans le bassin du feeder, générant sur machine Lynch la fabrication de bouteilles présentant « de grandes plaques de verre dévitrifié ». Sept changements successifs de composition de la matière vitrifiable seront nécessaires pour résoudre le problème. Dans sa réponse, la société Hartford préconise l'emploi d'une composition dite « dure Boucher » et quelques

---

[7] Daviet, J.P., *La Compagnie de Saint-Gobain de 1830 à 1939 (...)*, *op. cit.*, p. 997.

réglages techniques[8]. Beaucoup de tâtonnements précèdent donc la mise au point, ce qui représente un surcoût aggravé.

Mais les difficultés ne sont pas seulement matérielles et humaines. Elles proviennent aussi de problèmes juridiques, en cas de transfert de propriété de brevet par exemple. En 1925, le groupe néerlandais NV Hollandsche Glas en Metaalbank (NVHGM) rachète les droits des brevets Tucker Reeves et Beatty pour l'Europe. Quatre ans plus tard, au début de 1929, il somme la Compagnie de Saint-Gobain de lui payer des droits de licence et la menace de procès pour emploi illégal des feeders Hartford. Après examen de la question, ce qui nécessite près d'une année, les avocats et les agents de la Compagnie de Saint-Gobain penchent pour une transaction, « les brevets Hartford pour la France, la Belgique et l'Italie tombant [effectivement] sous le coup des brevets Tucker Reeves qui paraissent avoir une priorité générale sur tous les appareils de ce genre ».

En effet, le premier brevet Tucker Reeves et Beatty date de 1913. Or un simple mot qui a été inscrit dans le brevet enregistré en France le 1er octobre 1919 (n° 497940) fait toute la différence : « et ». En effet, Tucker, Reeves et Beatty ont fait enregistrer un brevet sur « procédé *et* appareil pour séparer des quantités d'une masse de verre fondu ». La distinction ainsi faite est dommageable aux intérêts de Saint-Gobain qui a acquis la licence des brevets Hartford suivants :

- Brevet n° 486623 du 29 août 1917 d'Howard, cédé à la Hartford Empire Company le 8 octobre 1926 (*Bull. Officiel de la Propriété industrielle* n° 2253), avec licence exclusive pour Saint-Gobain au 1er septembre 1927 ;
- Brevet n° 514058 du 17 avril 1920 de la Hartford Fairmont Company, « perfectionnements aux procédés de distribution du verre en fusion et de sa répartition en doses correspondant à la charge des moules » ;
- Brevet n° 562470 du 20 février 1923 de la Hartford Empire Company, « perfectionnements aux appareils pour débiter le verre fondu en charges de moule » ;
- Brevet n° 586099 du 27 juin 1924 de la Hartford Empire Company, « perfectionnements aux appareils pour l'acheminement du verre fondu »[9].

La Compagnie de Saint-Gobain doit donc se résoudre à négocier avec la NVHGM. Elle conclut avec elle un contrat qui, signé le

---

8 Archives Saint-Gobain à Blois, SGE HIST 006/030, lettre des Verreries de Carmaux, 6 octobre 1926, et réponse de Hartford, 26 octobre 1926.

9 Archives Saint-Gobain à Blois, SGE HIST 006/032.

1er février 1930, aboutit à limiter le nombre des appareils pouvant être installés à l'avenir et couvre également l'emploi de tous les feeders présents et à venir, en distinguant les usines concernées, désormais réparties en trois groupes :

> Art. III : NVHGM s'engage à n'autoriser aucune usine en France et en Belgique à utiliser ses feeders pour la fabrication des bouteilles à champagne et à Cognac, pas plus que pour le travail du verre contenant de l'acide borique. Si pourtant une usine du groupe « B » produisait déjà ces articles le jour de la signature de ce contrat au moyen de feeders, Saint-Gobain se déclare d'accord pour que cette fabrication soit maintenue dans son chiffre actuel. [...]
>
> Art. V : La préférence de prix est accordée à Saint-Gobain en reconnaissance de ses charges provenant de l'achat des brevets Hartford. Par contre, Saint-Gobain renonce à faire des difficultés ou à attaquer en vertu de ses propres droits de brevets les licenciés réguliers des feeders Hartford ainsi que des feeders Tucker, Reeves, Rankin et Miller. [Il en va de même de la NVHGM à l'encontre de Saint-Gobain.]
>
> Art. VII : Le droit pour NVHGM de concéder des licences au groupe « C » [...] ne pourra être exercé en France qu'après le 1er janvier 1932 ou après le 1er janvier 1933 si la durée des brevets a été prolongée.
>
> Groupe « A » : usines de Saint-Gobain, dont les Verreries d'Hirson ; groupe « B » : établissements possédant à notre connaissance des feeders, dont les verreries Souchon-Neuvesel à Givors [mais pas Fourmies] ; groupe « C » : établissements qui ne posséderaient pas de feeders ayant travaillé avant la date du 1er février 1930, [...] en particulier les Verreries de Masnières et les Verreries mécaniques de Champagne[10].

3. Les implications multiples d'une longue bataille juridique

Avant 1930, seules deux usines installées en France disposaient du feeder d'alimentation des machines automatiques fabriquant les bouteilles. Dans la décennie qui s'ouvre, posséder le feeder devient un enjeu capital pour tout industriel voulant participer au formidable essor de la mécanisation de l'industrie verrière française, européenne, voire mondiale. Il en est ainsi de l'industrie de la bouteille champenoise, tant à Fourmies, dont l'établissement est proche du groupe Souchon, qu'à Hirson, dont le site de production est davantage « géré » par Saint-Gobain[11]. Car il n'est d'avenir dans l'industrie des contenants qu'à

---

10 Archives Saint-Gobain à Blois, SGE HIST 006/031.

11 Voir Palaude, S., *Verreries noires d'Avesnois-Thiérache, XIXe-XXe siècles*, thèse de doctorat en Histoire, dir. Jean-François Eck, Université de Lille III, 2009.

condition d'avoir rejoint l'un de ces deux grands groupes. Aucun maître de verreries français ne dispose de moyens financiers suffisants pour acquérir seul la technologie américaine. La Grande Guerre a affaibli des trésoreries que la crise économique achève de réduire. Par ailleurs, ces deux grands groupes auront tôt fait de conclure un accord commercial général garantissant à chacun des associés concernés une part de marché. L'idée n'est plus de jouer à la course folle à la productivité et à la vente à très bas prix. Il faut s'entendre !

À la suite de la signature du contrat Saint-Gobain-NVHGM de février 1930, un projet de lettre est conjointement rédigé par Saint-Gobain et la NVHGM au début de l'année 1931 à destination des autres verreries françaises. Il y est rappelé que tous les feeders alors employés dépendent des brevets n°s 497940, 502544 et 522202. Par conséquent, la NVHGM ne s'oppose pas à une exploitation régulière des appareils qui seront mis en service « après entente [...] pour l'acquisition d'une licence [et] la fixation d'une juste indemnité pour l'exploitation passée ». Cependant, une nouvelle complication surgit car, si la Compagnie de Saint-Gobain souhaite poursuivre les contrefacteurs d'Hartford, en l'occurrence les usagers de Rankin – c'est-à-dire tous les membres alliés du groupe Souchon-Neuvesel –, les feeders Hartford eux-mêmes tombent sous le coup des brevets Rankin en ce qui concerne une partie de l'installation, les tubes tournants. « Il serait prudent, estime-t-on à la Compagnie, de commencer par enlever de tous les appareils Hartford licenciés [par elle] les tubes tournants et de faire disparaître dans les usines tous les documents ayant trait plus ou moins directement aux tubes en question »[12]. Rien n'est simple et il semble que cette lettre ne soit restée qu'à l'état de projet. Pour l'anecdote, il faut s'imaginer un huissier de justice se présentant dans chacune des halles aux fours des « contrefacteurs » français pour apposer des scellés sur l'objet délictueux, en l'occurrence un feeder où la température est de l'ordre de 1 400 °C, celle du verre en fusion à la sortie du four...

Enfin, il s'avère que la NVHGM est en grande partie contrôlée par un groupe allemand, les Verreries de la Ruhr, sises à Essen-Karnap, une société fondée en 1923 et possédée par les successeurs du groupe Stinnes, le magnat allemand des affaires décédé en 1924 dont le colossal empire industriel bâti sur la concentration verticale, s'est effondré avec sa disparition[13]. Certes, de prime abord, les intérêts de la NVHGM paraissent d'ordre purement financier. Le versement des redevances, droits de cession, etc., constitue pour elle, comme pour tout détenteur de brevets, un moyen pour récupérer sa mise de fonds, un retour sur

[12] Archives Saint-Gobain à Blois, CSG 957/307, lettre du 22 avril 1931.

[13] *Glass*, vol. 9, n° 3 [?], mars 1932.

investissement en quelque sorte. Mais il est aussi possible d'aller au-delà de ces apparences, même si nous n'avons pu consulter les archives des Verreries de la Ruhr ou celles de la NVHGM, si tant est qu'elles existent encore. Le groupe NVHGM-Verreries de la Ruhr ne cherche-t-il pas à recréer la puissance verrière allemande passée ?

Une telle hypothèse serait d'autant plus vraisemblable que, dès avant la Première Guerre mondiale, on redoutait beaucoup en France les capacités de production concentrées des établissements verriers de la Ruhr spécialisés dans le façonnage des bouteilles. Lors de chacune des crises traversées par les fabricants de contenants français, la « faute à l'Allemagne » était immédiatement et immanquablement invoquée, même dans un secteur comme celui de la bouteille champenoise alors que les verriers allemands n'en produisaient aucune. Forts de leur puissance, les industriels verriers de la Ruhr disposaient alors de moyens financiers leur permettant de réaliser de coûteux essais sur les premières machines totalement automatiques installées sur le Vieux Continent. Ils avaient reçu en 1907 la visite d'une délégation française, dirigée par Pierre Alexandre Mulat, président de la chambre syndicale regroupant les fabricants de bouteilles de France, venue s'informer de l'état d'avancement de ces essais.

Il existe donc, durant l'entre-deux-guerres, un enjeu de dimensions internationales dans l'adoption du feeder américain. Entraver son développement revient à nuire à la multiplication du nombre de machines automatiques installées dans tel ou tel pays. Martine Capelle et Pierre Labasse, étudiant l'antagonisme entre le groupe Souchon-Neuvesel et la Compagnie de Saint-Gobain, n'hésitent pas à parler d'une véritable « bataille du verre creux » qui se joue durant ces années et a en grande partie pour objet l'acquisition des nouvelles technologies anglo-saxonnes[14].

Les premiers à tenter une riposte aux attaques de la NVHGM sont les membres alliés du groupe Souchon-Neuvesel, avec l'appui de la société Rankin Automatic Glass Feeder. Ils cherchent d'abord à obtenir des tribunaux la déchéance de ces brevets supposés contrefaits. Souchon-Neuvesel assigne la NVHGM devant le tribunal de Lyon pour déchéance dans les délais légaux, prenant la tête d'un groupe où se retrouvent une douzaine de sociétés[15]. Le tribunal de Lyon, par jugement

[14] Capelle, M. et Labasse, P., *Le feu de l'action, Histoire des Verreries Souchon-Neuvesel*, Chassieu, Imprimerie Delta, 1995, p. 58-62.

[15] La composition du groupe est la suivante : Verreries Souchon-Neuvesel, Verrerie de Gier, Verrerie de l'établissement des eaux minérales de Saint-Galmier, à Veauche, Verreries du Queylar, Verreries de Vals, Verrerie de Gironcourt, Société Chomel, Legrand et Cie-Verreries de Fourmies, Verreries de Masnières, Verreries du Puy-de-Dôme et de Haute-Loire, Verreries de Saint-Denis et Pantin réunies, Verreries He-

du 11 mai 1932, rejette ses prétentions, la déchéance des brevets n'ayant pas été demandée dans les délais prescrits[16]. Puis la cour d'appel de Lyon, dans son audience du 29 mars 1933, confirme ce jugement.

Contre-attaquant quatre mois plus tard, la NVHGM assigne, le 20 juillet de la même année, les Verreries du Puy-de-Dôme devant le tribunal civil de la Seine, toujours pour contrefaçon du brevet Tucker Reeves et Beatty. Les Verreries du Puy-de-Dôme se défendent en tirant argument d'un autre brevet, le brevet Hitchcock déposé le 21 novembre 1903, où la pression sur le verre est exercée par un diaphragme, tandis que le brevet Tucker Reeves et Beatty use d'une coupelle à gaz pour freiner le verre à la sortie du feeder. Le tribunal nomme plusieurs experts afin de comparer les deux brevets. Les alliés de Souchon-Neuvesel sont finalement condamnés définitivement, par jugement rendu en 1937.

Mais la NVHGM estime n'avoir toujours pas obtenu satisfaction, d'autant moins qu'en Angleterre, dans une autre affaire qui l'oppose à la Rockware Glass Syndicate Limited depuis 1932, elle est déboutée par jugement de la Haute Cour de justice[17]. C'est également le cas en France, dans un procès qu'elle a intenté aux Verreries mécaniques de Champagne, où elle est déboutée par jugement rendu à Reims le 31 mars 1933[18]. Les Verreries mécaniques de Champagne avaient en effet acquis avant 1930 deux feeders Miller après avoir reçu des offres de licence des brevetés Tucker *et al.* Or, l'invention de base de Tucker Reeves et Beatty ayant fait l'objet d'un brevet allemand attaqué en nullité par Miller, ce n'est qu'en 1930 que la Cour suprême allemande rend sa décision, validant définitivement ce brevet Tucker Reeves et Beatty. La

---

main Frères, à Rive-de-Gier, société Rankin Automatic Feeder, à Lyon. Cette dernière dispose d'un brevet du 29 août 1927, n° 653196, « procédé et appareil perfectionnés pour charger du verre fondu dans des moules ».

16 La déchéance est parfois accordée par la justice. Ainsi, en novembre 1932, les Verreries Réunies de Vannes-le-Châtel et Vierzon obtiennent satisfaction à Bourges dans l'affaire qui les oppose à la Libbey Glass Company, malgré le subterfuge employé par cette dernière. En effet, les Verreries Réunies de Vannes-le-Châtel et Vierzon ayant demandé le 17 mars 1926 la déchéance du brevet n° 612857 de la Libbey Glass Company, cette dernière adresse au préfet du Nord une demande d'autorisation de construire une usine à Rousies (Nord) le 14 février 1929. L'acte de constitution d'une société belge exploitant le procédé Libbey est même publié le 26 mars 1932. Mais il ne s'agit que d'un simulacre, puisque seules deux constructions légères ont été hâtivement bâties à Rousies, avec un seul four à recuire qui n'occupe qu'un unique ouvrier depuis octobre 1931.

17 *Glass*, vol. 9, n° 4, avril 1932.

18 Archives Saint-Gobain à Blois, CSG HIST 006/032, affaire de contrefaçons de deux brevets propriétés de la NVHGM achetés auprès de Tucker, Reeves & Beatty, n° 497940 (procédé et appareillage pour séparer des quantités d'une masse de verre fondu) et n° 522202 (perfectionnements aux machines de verrerie).

NVHGM fait appel devant la cour d'appel de Paris qui rend un arrêt de nouveau favorable aux Verreries mécaniques de Champagne, le 15 avril 1935. S'étant pourvue en cassation, la NVHGM est définitivement déboutée le 10 juin 1939.

4. Conclusion

L'affaire du feeder américain est intéressante à plus d'un titre. Elle montre qu'en matière de protection de la propriété industrielle, un simple mot dans un brevet peut s'avérer lourd de conséquences pour toute une branche de l'économie, ici l'industrie verrière française durant les années 1930, au moment même où la mécanisation de la production entame sa marche inéluctable. Le transfert de la technologie américaine vers la France s'est révélé problématique, d'une part du fait de l'ampleur de l'acquisition à réaliser outre-Atlantique, d'autre part par le jeu de la détention des droits, tels ceux que possède la NV Hollandsche Glas en Metaalbank. L'enjeu est capital, car le feeder est indissociable de l'utilisation des machines automatiques de formage du verre.

La Compagnie de Saint-Gobain l'a compris très tôt. Elle est arrivée, aux prix d'une entente avec le groupe néerlandais, à limiter les difficultés, même si elle a dû ainsi freiner la modernisation de l'appareil de production, aux dépens, il est vrai, des autres firmes davantage que d'elle-même. Le groupe rival, Souchon-Neuvesel, par contre, a réagi différemment, acceptant la confrontation, mais il a dû supporter du même coup les frais d'une longue bataille devant les tribunaux.

Nous pouvons toutefois nous interroger sur les motivations de la NVHGM. Certes, ses intérêts sont d'ordre financier, mais le fait que cette société soit contrôlée par des capitaux allemands permet de lui supposer d'autres desseins. La question reste pour lors posée. Une étude des archives d'entreprises des Verreries de la Ruhr, si ces dernières existent encore, apporterait sans doute une réponse, alors que, du côté français, il semble que tous les documents accessibles ont livré leurs secrets. Le transfert de technologie du feeder et, par extension, de la machine automatique depuis l'Amérique du Nord vers la France a été déterminant dans la poursuite des activités de toutes les verreries à bouteilles françaises.

Un « brain drain » à la française[1]

Le transfert de savants, d'ingénieurs et de techniciens allemands en France (1945-1949)

Martial LIBERA

Université de Strasbourg (IUT Robert Schuman)

Dans la première moitié du XXe siècle, l'Allemagne enregistre des résultats scientifiques remarquables, qui se traduisent notamment par d'importants progrès technologiques, que ce soit dans les industries chimiques, mécaniques ou aéronautiques. La fabrication de Buna – ce caoutchouc artificiel –, celle d'essence synthétique en témoignent, tout comme l'invention d'armes nouvelles pendant le second conflit mondial. Aussi, dès avant 1945, lorsque la défaite du Troisième Reich paraît acquise, les Alliés projettent de capter l'héritage scientifique et technologique de l'Allemagne[2]. Les Français ne sont pas en reste. Ils ont en effet bien des raisons de vouloir profiter de l'avance scientifique et technologique de leurs ennemis. De 1940 à 1944, ces derniers ont exploité l'économie française. Aux pillages se sont ajoutés les combats de la Libération, très destructeurs pour le tissu industriel hexagonal. Par conséquent, en 1945, la France est exsangue. Elle a perdu son rang. C'est dire l'importance de sa politique vis-à-vis des universitaires, des ingénieurs et des techniciens allemands, c'est-à-dire des acteurs de l'invention et de l'innovation scientifique, technologique et économique. De la réussite ou de l'échec de cette politique de « chasse aux savants »[3] dépendra, pour partie au moins, la capacité du pays à rattraper son

---

1 Le titre de cet article doit beaucoup à Jürgen Elvert qui présidait la séance lors de laquelle la communication correspondante a été présentée. Il a utilisé l'expression de « brain drain » pour qualifier cet aspect de la politique allemande de la France. Qu'il veuille bien trouver ici l'expression de ma gratitude.

2 Ludmann-Obier, M.-F., « Le contrôle de la recherche scientifique en zone française d'occupation en Allemagne (1945-1949) », in *Revue d'Allemagne et des Pays de langue allemande*, tome 20, n° 4, 1988, p. 397-414 (ici, p. 397).

3 Bar-Zohar, M., *La chasse aux savants allemands (1944-1960)*, Paris, Fayard, 1965.

retard, à s'engager avec un maximum d'atouts scientifiques et technologiques dans l'après-guerre, à redevenir, en d'autres termes, une puissance. Mais quelle politique adopter ? Une stricte politique d'exploitation et de contrôle, qui risque de s'épuiser avec la fin de l'occupation ? Une politique de coopération, lourde de menaces pour la sécurité française, si d'aventure l'Allemagne renouait rapidement avec ses vieux démons ? Au-delà de ces orientations générales, se posent aussi la question des mesures pratiques à mettre en œuvre et celle des personnels à mobiliser. Trois points seront évoqués ici pour tenter d'apporter quelques éléments de réponses à une thématique déjà bien étudiée par les historiens[4]. Les objectifs généraux relevant du « brain drain » à la française seront d'abord rappelés. Il conviendra ensuite de retracer la mise en œuvre de cette politique avant d'en analyser les principaux résultats pour la France.

I. Les objectifs français

Si un certain nombre d'objectifs généraux peuvent être dégagés dans la politique que la France poursuit vis-à-vis des chercheurs, des ingénieurs et des techniciens allemands, force est aussi de constater que, sur bien des points, les positions des différents acteurs français sont fortement différenciées.

A. Les priorités du Gouvernement provisoire

En termes d'objectifs généraux, il convient d'abord de souligner qu'en 1945 la question des ingénieurs et des techniciens n'est pas prioritaire pour les Français : ce qui prime, ce sont les prélèvements de matériels, les réparations donc, et une politique de désarmement économique, c'est-à-dire de sécurité[5].

---

4 Outre son article cité *supra*, voir Ludmann-Obier, M.-F., « Un aspect de la chasse aux cerveaux : les transferts de techniciens allemands en France : 1945-1949 », in *Relations internationales*, n° 46, 1986, p. 195-208 ; Bohnekamp, D., « Les ingénieurs allemands dans l'industrie française d'armement entre 1945 et 1950 », in *Revue d'Allemagne et des Pays de langue allemande*, tome 34, n° 1, 2002, p. 29-44 ; l'article de vulgarisation de Nouzille, V., Huwart, O., « Comment la France a recruté des savants de Hitler », in *L'Express*, 20 mai 1999, p. 123-140 ; Baumann, A., « "Was die wissenschaftlichen Ergebnisse betrifft, so ist es völlig unerheblich wo wir arbeiten" : les balisticiens allemands au service de la France après 1945 », in Echternkamp, J., Martens, S., Romer, J.-Ch. (dir.), dossier « Les relations franco-allemandes en matière d'armement au XXe siècle. De la rivalité à la coopération », *Cahiers du Centre d'études d'histoire de la Défense*, n° 33, 2008, p. 53-64.

5 Lefèvre, S., *Les relations économiques franco-allemandes de 1945 à 1955. De l'occupation à la coopération*, Paris, Comité pour l'histoire économique et financière, 1998, p. 7-45.

Pour autant, les Français s'accordent sur une série de buts à atteindre en ce qui concerne les entreprises et les laboratoires d'outre-Rhin ainsi que les personnes qui s'y emploient. Il est d'abord prévu qu'au fur et à mesure de l'avancée militaire française et alliée en Allemagne, des équipes seront chargées d'inspecter les établissements industriels et scientifiques, de recenser les matériels en état de marche, d'estimer l'avancée technologique de l'Allemagne sur la France, de repérer les Allemands – industriels, ingénieurs ou scientifiques –, susceptibles d'être mis au service de la France. Un second objectif consiste à établir, le plus tôt possible, un contrôle efficace sur ces différentes unités de recherche et de production. Celui-ci doit empêcher la disparition des matériels et la dispersion des hommes. En filigrane, pointent ainsi deux buts à long terme : assurer la sécurité de la France en empêchant l'Allemagne de reconstituer un potentiel économique et scientifique de premier ordre ; profiter de la défaite allemande pour tenter d'inverser les rapports de puissance entre les deux ennemis héréditaires, en utilisant, notamment, les savants et les connaissances scientifiques et techniques du vaincu[6]. À n'en pas douter, dans l'esprit des décideurs français, on pense à des formes de « réparations intellectuelles ».

B. Une diversité de buts selon les acteurs

Reste qu'au-delà de ces desseins généraux, les trois principaux acteurs de la politique française – les militaires, les scientifiques et les industriels – ne partagent pas les mêmes vues.

Pour les militaires, c'est-à-dire, en Allemagne, les armées en opération, puis, après la capitulation, les autorités d'occupation, et, à Paris, l'état-major de la Défense nationale et le chef du Gouvernement provisoire de la République française – tout au moins pendant la période où celui-ci est le général de Gaulle –, plusieurs priorités sont fixées. La première consiste à organiser rapidement la récupération d'un maximum de matériels, civils et militaires, de documentations techniques et scientifiques. La seconde est arrêtée très tôt. Dès le mois de mai 1945. de Gaulle, à qui l'on explique que les missions d'inspection effectuées en zone française d'occupation (ZFO) ont mis au jour des centres de recherche et des laboratoires de tout premier ordre, dans le domaine militaire notamment, très souvent en parfait état de marche, considère qu'il faudra les détruire après en avoir prélevé les matériels. Il ajoute qu'il conviendra aussi d'organiser l'exode systématique des principales équipes scientifiques vers la France, à condition qu'elles soient de haut

6 Pernot, F., « L'occupation de l'Allemagne : un double enjeu scientifique et technique pour la France et l'armée de l'Air », in *Revue historique des armées*, n° 199, 1995, p. 76-87.

niveau[7]. En d'autres termes, la France vient de lancer, surtout dans le domaine militaire, sa politique de « chasse aux cerveaux »[8]. Pour Paris, il importe donc d'utiliser la victoire pour accélérer la renaissance militaire française. Ces objectifs expliquent aussi la volonté de l'état-major d'empêcher la reconstitution du puissant Office allemand des brevets, le Patentamt, de manière à contrôler la capacité d'invention outre-Rhin[9].

Cette politique d'exploitation n'est pas entièrement partagée par les scientifiques, c'est-à-dire par le CNRS. Certes, Frédéric Joliot[10], son directeur, promeut l'envoi massif vers la France de matériels techniques et scientifiques[11]. Mais il est opposé à la destruction des établissements de recherche en Allemagne. Il faudra au contraire les y maintenir et les relancer, indique-t-il, les chercheurs allemands devant alors travailler sous contrôle français[12]. Ainsi, au CNRS, émerge rapidement, à côté bien sûr de la volonté légitime de tirer parti de la victoire pour rattraper le retard français dans certains domaines, une politique davantage fondée sur une relative coopération. Celle-ci n'est évidemment pas exempte d'arrière-pensées. Elle serait un moyen de contrôle et, dans les collaborations scientifiques envisagées, les chercheurs français devraient avoir l'ascendant sur les Allemands. C'est d'ailleurs pour cette raison que Joliot s'oppose à la venue d'Allemands en France : il veut éviter toute mise en concurrence directe des chercheurs des deux pays qui risquerait d'être défavorable à la France[13].

Les préoccupations des industriels sont différentes. Évidemment, vu la situation catastrophique de l'économie française, vu le lourd passif de l'Occupation, le bon état général des installations allemandes et l'avance technologique relevée dans certains secteurs aiguisent les appétits : ici aussi, les démontages et les transferts de machines sont à l'ordre du jour.

---

7 Ludmann-Obier, M.-F., « Le contrôle de la recherche scientifique en zone française d'occupation en Allemagne (1945-1949) », *op. cit.*, p. 397-414.

8 Selon le titre de l'article de Ludmann-Obier, M.-F., « Un aspect de la chasse aux cerveaux : les transferts de techniciens allemands en France : 1945-1949 », *op. cit.*, p. 195.

9 Ludmann-Obier, M.-F., « Le problème de la propriété industrielle en Allemagne après la Deuxième Guerre mondiale », in *Revue d'Allemagne et des Pays de langue allemande*, tome 23, n° 1, 1991, p. 41-53.

10 Sur Frédéric Joliot, voir Pinault, M., *Frédéric Joliot-Curie*, Paris, Éditions Odile Jacob, 2000.

11 Defrance, C., « La mission du CNRS en Allemagne (1945-1950). Entre exploitation et contrôle du potentiel scientifique allemand », in *Revue pour l'histoire du CNRS*, n° 5, 2001, mis en ligne le 20 juin 2007, consulté le 15 septembre 2010. URL : http://histoire-cnrs.revues.org/3372.

12 *Ibid.*

13 *Ibid.*

Mais l'enjeu majeur est technologique : les entreprises françaises se préoccupent beaucoup des questions de brevets, de procédés de fabrication. Cette priorité du rattrapage du retard technologique explique que les milieux économiques français veuillent organiser des missions en Allemagne pour analyser les technologies des industries allemandes, repérer aussi les ingénieurs et techniciens qu'ils pourront attirer dans leurs entreprises, ce qui leur permettrait, par exemple, de relancer rapidement leurs productions avec une sorte d'avantage qualitatif à la clé par rapport aux firmes privées d'apports extérieurs[14].

On le voit, les objectifs français sont ambitieux. Qu'en est-il des résultats obtenus ?

2. Heurs et malheurs de la politique de transferts

Force est d'abord de constater que la politique française s'organise en plusieurs étapes. Cependant, des faiblesses intrinsèques et des contraintes l'entravent considérablement.

A. Les étapes de la politique française

Les politiques suivies par les Français évoluent avec le temps. Trois périodes peuvent être dégagées.

La première correspond à la campagne d'Allemagne. Dans la perspective d'inventorier et de récupérer du matériel, d'interroger et d'envoyer en France des techniciens allemands, les services français composent des missions d'investigation. Ces missions sont d'abord militaires. Dans les trois armes – Air, Guerre, Marine – sont constituées des sections de renseignements – les sections T – rattachées au 2e bureau de l'état-major de la Première armée française. Dirigées par le colonel Gaston de Verbigier de Saint-Paul, elles sont composées d'officiers, dotés de compétences scientifiques et techniques, et chargées de découvrir et d'exploiter toutes les usines et les centres pouvant intéresser la Défense nationale[15]. Avec les services de renseignements français, elles sont les premières sur le terrain. Le CNRS envoie également une mission en Allemagne. Elle est dirigée par André Lwolf, de l'Institut Pasteur, et André Berthelot, physicien au Collège de France. Ses membres sont des scientifiques, souvent des chimistes, recrutés par

---

14 Eck, J.-F., *Les entreprises françaises face à l'Allemagne de 1945 à la fin des années 1960*, Paris, Comité pour l'histoire économique et financière de la France, 2003, p. 25-28. Voir aussi, du même auteur, « Le rôle de la technologie dans les relations entre les entreprises françaises et l'Allemagne de 1945 à la fin des années 1960 », in *Cahiers du Centre Pierre Léon d'histoire économique et sociale*, n° 3, 2003, p. 81-101 (ici, p. 95-96).

15 Defrance, C., « La mission du CNRS en Allemagne (1945-1950). Entre exploitation et contrôle du potentiel scientifique allemand », *op. cit.*

Frédéric Joliot. La mission du CNRS vise davantage les universités et les laboratoires scientifiques de la Kaiser Wilhelm Gesellschaft[16]. Treize se trouvent dans ce qui va devenir la ZFO. Ces missions CNRS, qui débutent fin mai 1945, permettent de dresser les listes de chercheurs de certaines entreprises, comme celle du laboratoire de la firme Zeppelin, de pointer aussi les chercheurs en fuite, comme le professeur Uhlich, spécialiste des substances inflammables[17]. Quant aux industriels, ils ne sont pas absents. Des missions mixtes, composées d'industriels et de fonctionnaires du ministère de la Production industrielle, sont rapidement constituées[18]. Après avoir visité les mines de Buggingen, le directeur général des Mines domaniales de potasse d'Alsace obtient ainsi que l'usine lui soit attribuée et que le personnel soit maintenu[19]. Au retour d'une mission, Germain Lagardelle, directeur des Ateliers de construction Lavalette, qui est impressionné par l'état, quasi intact, des industries mécaniques allemandes et par leur potentiel, trois à cinq fois supérieur aux besoins du temps de paix, propose que des spécialistes soient envoyés sur place pour contrôler les personnels allemands, prêts à reprendre la production[20].

À cette première phase, marquée par la dispersion des missions, toutes subordonnées aux militaires, succède une deuxième période pendant laquelle le contrôle des centres de recherche et des entreprises est organisé. Les sections T et la mission CNRS fusionnent dans ce que

[16] Cette fondation (Société de l'empereur Guillaume) a été créée par l'État en 1911 pour stimuler la recherche scientifique et technique. Elle prendra par la suite le nom de *Max Planck Gesellschaft.*

[17] *Ibid.* Voir aussi Ludmann-Obier, M.-F., « La mission du CNRS en Allemagne (1945-1950) », in *Cahiers pour l'histoire du CNRS*, n° 3, 1989, p. 73-84.

[18] Au sein du ministère de la Production industrielle, la Direction des Industries mécaniques et électriques (DIME) est en charge de l'organisation de ces missions. Voir, à ce sujet, les très nombreux comptes rendus de missions conservés au Centre des archives contemporaines des Archives nationales (CAC-AN), Fontainebleau, sous la cote 830589 article 6.

[19] Sur ce point, voir un échange de courriers entre le ministère de la Production industrielle (Laurent Blum-Picard) et la Mission militaire pour les affaires allemandes (général Koeltz), 26 avril et 1er mai 1945, ainsi qu'une note de l'état-major général de la Défense nationale, 13 juin 1945, Service historique de l'Armée de Terre (SHAT), 4 Q 99 dossier 3.

[20] Voir un courrier de Germain Lagardelle au directeur des industries mécaniques et électriques, ministère de la Production industrielle, 17 mai 1945, un « compte rendu de la mission auprès de la Première Armée française du 29 avril au 13 mai 1945 », 16 mai 1945, un « rapport sur la situation des industries de la Société Robert Bosch à Stuttgart et en général de la situation économique dans le Wurtemberg au lendemain de l'occupation française – fin avril 1945 », Germain Lagardelle, sans date, SHAT, 4 Q 99 dossier 3.

l'on appelle la FIAT française[21], tandis qu'au sein du Gouvernement militaire plusieurs directions – celle de la Production industrielle, celle des Réparations-Restitutions – prennent en charge le contrôle de l'économie de la zone. Pendant cette deuxième période, qui dure jusqu'en 1947-1948, des procédures de recrutement des techniciens allemands sont également mises en place. Elles fixent la marche à suivre, établissent les statuts des travailleurs allemands en France, d'ailleurs globalement comparables à celui des autres travailleurs étrangers. Elles arrêtent également les salaires et établissent les divers avantages auxquels les Allemands auront droit. Bref, il y a indéniablement une volonté de réglementer les recrutements[22].

À partir de 1948 débute, semble-t-il, une troisième période, marquée par une triple évolution : l'élargissement du recrutement, qui n'est plus limité aux savants et aux ingénieurs et qui touche davantage les emplois industriels[23] ; la systématisation du repérage des Allemands susceptibles d'être employés en France, qui passe par la constitution de véritables fichiers pour la ZFO (près de 1 800 fiches) et, nouveauté, pour les autres zones (plus de 1 500 fiches) ; l'envoi des candidatures allemandes par les services spécialisés du ministère de l'Industrie et du Commerce et de celui des Finances et des Affaires économiques aux entreprises qui en font la demande[24]. Ce dernier changement pointe, en filigrane, l'une des faiblesses de cette politique.

B. *Une politique en butte à de fortes contraintes*

Cette politique bute d'abord sur des insuffisances internes. Il s'agit en premier lieu des questions d'organisation administrative : le manque de coordination entre les différents services français et le déficit d'informations entre toutes les parties prenantes nuisent aux recrutements[25]. Des conflits de compétence, à l'exemple de celui entre Raymond Schmittlein, directeur de l'Enseignement public en ZFO, et la mission du CNRS, desservent également la politique française[26]. Les procédures

---

21 La Field Information Agency for Technics. Voir Defrance, C., « La mission du CNRS en Allemagne (1945-1950). Entre exploitation et contrôle du potentiel scientifique allemand », *op. cit.*, et Ludmann-Obier, M.-F., « La mission du CNRS en Allemagne (1945-1950) », *op. cit.*

22 Bohnekamp, D., « Les ingénieurs allemands dans l'industrie française d'armement entre 1945 et 1950 », in *Revue d'Allemagne et des Pays de langue allemande*, n° 1, 2002, p. 29-44.

23 *Ibid.*, p. 36.

24 Pernot, F., « L'occupation de l'Allemagne : un double enjeu scientifique et technique pour la France et l'armée de l'Air », *op. cit.*, p. 83.

25 *Ibid.*, p. 82-84.

26 Ludmann-Obier, M.-F., « La mission du CNRS en Allemagne (1945-1950) », *op. cit.*, p. 77.

de recrutement, la complexité et la lenteur de leur traitement découragent bien des candidats : neuf services doivent en effet approuver une candidature allemande et il faut parfois que l'impétrant attende un an avant d'obtenir une réponse ferme[27]. Une seconde insuffisance doit être pointée : la médiocrité initiale des offres faites aux Allemands, que ce soit en termes financiers ou que cela renvoie aux questions de logement et d'avantages en nature. Cette médiocrité des offres est alors d'autant plus vivement ressentie que les Américains disposent d'autres moyens[28].

À ces faiblesses internes, s'ajoutent d'autres contraintes. Dans les opinions publiques, ces transfuges sont mal acceptés. En ZFO, les Allemands qui travaillent pour les Français subissent parfois les tracasseries des administrations allemandes locales, les vexations de la population, à tel point qu'une carte de protection leur est délivrée, les Français devant leur prêter assistance en cas de besoin[29]. En France, la situation n'est parfois pas meilleure et certains heurts entre équipes de chercheurs et populations locales se produisent[30]. Du côté des industriels, ces transferts sont plutôt mal vus. En Allemagne, la perte de substance causée par ces départs est fustigée. En France, on craint que des secrets de fabrication soient divulgués[31] ; on refuse aussi le transfert d'équipes entières parce qu'on redoute qu'elles puissent concurrencer les équipes nationales ; on ne veut pas non plus susciter le mécontentement des employés français[32]. Bref, les entreprises françaises sont pusillanimes. Peu de contrats sont signés. Sur 800 dossiers examinés, 40 seulement auraient abouti. Seuls Saint-Gobain ou Kuhlmann

27 Ludmann-Obier, M.-F., « Un aspect de la chasse aux cerveaux : les transferts de techniciens allemands en France : 1945-1949 », *op. cit.*, p. 197-198, et Bossuat, G., « Armements et relations franco-allemandes (1945-1963) », in Centre des Hautes études de l'armement (ed.), *Histoire de l'armement en France de 1914 à 1962. Institutions, industries, innovations. Relations internationales*, Paris, ADDIM, 1994, p. 149-202, cit., p. 155. Voir aussi la version abrégée de cet article : Bossuat, G., « Les armements dans les relations franco-allemandes (1945-1963). Les nationalismes à l'épreuve des temps nouveaux », in *Revue d'Allemagne et des Pays de langue allemande*, tome 25, n° 4, 1993, p. 601-615.

28 Cela change à partir de 1947 lorsqu'il est décidé que les savants allemands bénéficieront des mêmes droits que les salariés français.

29 Ludmann-Obier, M.-F., « Un aspect de la chasse aux cerveaux : les transferts de techniciens allemands en France : 1945-1949 », *op. cit.*, p. 199-200.

30 Nouzille, V., Huwart, O., « Comment la France a recruté des savants de Hitler », *op. cit.*, p. 140.

31 *Ibid.*, p. 139-140.

32 Ludmann-Obier, M.-F., « Un aspect de la chasse aux cerveaux : les transferts de techniciens allemands en France : 1945-1949 », *op. cit.*, p. 201.

embauchent quelques techniciens[33]. En définitive, bien des contraintes pèsent sur cette politique. L'apport de ces transferts est-il pour autant négligeable pour la France ? Assurément non.

3. Les résultats du « brain drain » à la française

Des différentes politiques envisagées dans le domaine scientifique, celle visant à transférer des savants, ingénieurs et techniciens allemands semble avoir été la plus payante.

A. Des succès quantitatifs et qualitatifs

Cette politique de transfert est d'abord considérable sur le plan quantitatif. Alors que, pendant longtemps, à la suite des travaux pionniers de Marie-France Ludmann-Obier, on a considéré que les Français avaient réussi à attirer sur leur territoire environ 800 techniciens, les études de Gérard Bossuat et d'Ulrich Albrecht conduisent à un changement d'échelle. Ce sont en réalité près de 7 000 Allemands qui ont travaillé sur le sol français[34]. Reste une inconnue. Sur ces 7 000 transferts, environ 1 500 étaient des savants, ingénieurs et techniciens. Qu'en est-il des autres ? On est ici réduit à des hypothèses[35]. Quoi qu'il en soit, au moins une vingtaine d'équipes d'ingénieurs et de savants sont mises au service des militaires français.

Sur le plan qualitatif, les apports sont considérables. Cinq types d'avancées technologiques, dont bénéficie la France dans l'après-guerre, sont indéniablement liés à ces transferts[36] :

- des armes (missile guidé antichar ENTAC ; obus G (Gessner) à charge creuse non tournante ; torpilles)[37] ;

---

33 *Ibid.* Le décompte établi par Gérard Bossuat est plus sévère encore : 250 dossiers examinés, 10 contrats signés facilement. Voir Bossuat, G., « Armements et relations franco-allemandes (1945-1963) », *op. cit.*

34 Voir Ludmann-Obier, M.-F., « Un aspect de la chasse aux cerveaux : les transferts de techniciens allemands en France : 1945-1949 », *op. cit.*, p. 208, Bossuat, G., « Armements et relations franco-allemandes (1945-1963) », *op. cit.*, p. 154-155, et Albrecht, U., « Rüstungsfragen im deutsch-französischen Verhältnis (1945-1960) », Wilkens, A. (Hrsg.), *Die Deutsch-französischen Wirtschaftsbeziehungen 1945-1960. Les relations économiques franco-allemandes 1945-1960*, Sigmaringen, Jan Thorbecke Verlag, 1997, p. 135-168 (ici, p. 139-140).

35 Ce sont peut-être des prisonniers de guerre. Voir Bohnekamp, D., « Les ingénieurs allemands dans l'industrie française d'armement entre 1945 et 1950 », *op. cit.*, p. 43.

36 On trouvera une carte récapitulative des équipes allemandes travaillant en France dans Nouzille, V., Huwart, O., « Comment la France a recruté des savants de Hitler », *op. cit.*, p. 1124-125.

37 Les missiles guidés antichars ENTAC et l'obus G sont fabriqués au Laboratoire de recherches de Saint-Louis ; les torpilles dans plusieurs centres – Le Brusc, Saint-Tropez et La Londe – de la direction des Constructions et Armes navales (DCAN).

- des systèmes de propulsion et de guidage, notamment des fusées Véronique et Diamant ; les moteurs Viking de la future Ariane[38] ;
- des moteurs et des systèmes de propulsion (moteurs Diesel et turbines pour sous-marins ; turboréacteurs Atar qui équipent les avions de combat ; moteurs de chars)[39] ;
- des systèmes de guidage et de navigation aérienne[40] ;
- des systèmes de détection (radar ; détection infrarouge)[41].

B. Les raisons d'un succès

Ces transferts de technologie résultent bien évidemment de l'avance initiale des équipes allemandes dans ces domaines. Il n'en reste pas moins qu'un certain nombre de facteurs expliquent les succès enregistrés.

Le premier tient à l'homogénéité des équipes transférées. On s'aperçoit par exemple qu'autour du fameux groupe « O », le groupe constitué par le professeur Hermann Oestrich, qui était, avant-guerre, ingénieur en chef des turbomoteurs chez BMW, on retrouve une grande majorité d'anciens de la firme bavaroise. Il en va de même pour l'équipe du professeur Hubert Schardin qui travaille au laboratoire de recherche de Saint-Louis avec des collaborateurs venus, en quasi-totalité, du laboratoire de recherche balistique de Berlin/Gatow. L'importance de recruter des équipes plutôt que des individus isolés est d'ailleurs très tôt relevée par les Américains, alors que le gouvernement français y voit, au début tout au moins, un danger[42].

38 Ils sont mis au point par plusieurs équipes allemandes au Laboratoire de recherches balistiques et aérodynamiques (LRBA) de Vernon. Sur les fusées Véronique et Ariane, voir Huwart, O., « Du V2 à Véronique : les premières recherches spatiales militaires françaises », in *Revue historique des armées*, n° 208, 1997, p. 113-126, et Rothmund, C., « La coopération franco-allemande dans le domaine des moteurs-fusées cryotechniques », in Echternkamp, J., Martens, S., Romer, J.-Ch. (dir.), *Les relations franco-allemandes en matière d'armement au XXe siècle. De la rivalité à la coopération*, *op. cit.*, p. 77-94.

39 Les moteurs et turbines pour sous-marins sont développés par des ingénieurs allemands dans plusieurs centres – Cherbourg, Indret – de la DCAN. Les turboréacteurs ATAR sont conçus par le « Groupe O » du professeur Oestrich à Decize dans un laboratoire de la Société nationale d'étude et de construction de moteurs d'aviation (SNECMA).

40 Ils sont développés à Neuilly-sur-Seine par la Société nationale d'études et de recherches aéronautiques (SNERA).

41 Ils sont mis au point par quelques professeurs et ingénieurs allemands à Puteaux au laboratoire de CSF (ensuite Thomson-CSF).

42 Ludmann-Obier, M.-F., « Un aspect de la chasse aux cerveaux : les transferts de techniciens allemands en France : 1945-1949 », *op. cit.*, p. 204.

La coopération entre équipes allemandes et françaises constitue une autre clé du succès. Elle induit toute une série d'échanges relevant des pratiques, des méthodes de travail et des expériences professionnelles. Un jeune ingénieur français, Marcel Guillon, qui fait ses classes dans une équipe allemande, explique ainsi que Français et Allemands n'ont pas la même façon d'envisager la solution de problèmes théoriques : à l'inverse des Français qui privilégient une proposition unique, les Allemands explorent, au contraire, plusieurs pistes. Guillon note aussi que Français et Allemands divergent quant à la nature même des recherches. Les Français préféreraient les travaux comprenant des difficultés théoriques, les Allemands se concentrant davantage sur ceux d'utilité pratique. Quoi qu'il en soit du caractère singulier de ce témoignage, il éclaire bien en creux les apports de la coopération : l'émulation au sein d'équipes « binationales » et la créativité qui en découle[43].

La faisabilité des projets constitue un troisième facteur de réussite. Certains échouent en effet à cause de leur caractère démesuré. C'est le cas de la construction de fusées, inspirées des V2, qui est envisagée dans un premier temps au sein du Laboratoire de recherches balistiques et aérodynamiques de Vernon[44]. C'est aussi le cas des premiers travaux de l'équipe Maybach, toujours à Vernon, à laquelle il avait été demandé de construire un moteur pour un char de 200 tonnes, inspiré du char Maus, lequel avait été imaginé par Porsche à la fin de la guerre[45]. Ces exemples révèlent l'état d'esprit de certains scientifiques et militaires français. Ils sont convaincus que, pour rattraper le retard concédé par la France vis-à-vis des grandes puissances militaires et pour rester dans ce club très fermé, il leur faut reprendre à leur compte les projets les plus fous des nazis. Évidemment, c'est l'échec.

L'ambition qui sous-tend ces projets démesurés renvoie en fait à un quatrième facteur fondamental, celui des moyens. Les soutiens institutionnels et financiers conditionnent les réussites. Le rôle des grandes directions des ministères de l'armement, des centres de recherche, des sociétés nationales et de certaines firmes est déterminant. Sans souci d'exhaustivité, on peut citer ici la direction des Études et fabrications d'armement (la DEFA/Terre), la direction des Poudres, la direction des

43 Les propos de Marcel Guillon sont rapportés par Bohnekamp, D., « Les ingénieurs allemands dans l'industrie française d'armement entre 1945 et 1950 », *op. cit.*, p. 42.

44 Villain, J., « L'apport des scientifiques allemands aux programmes de recherche relatifs aux fusées et avions à réaction à partir de 1945 », in Centre d'études d'histoire de la défense (ed.), *La France face aux problèmes d'armement 1945-1950*, Bruxelles, Complexe, 1996, p. 97-126 (ici, p. 108-110), et Albrecht, U., « Rüstungsfragen im deutsch-französischen Verhältnis (1945-1960) », *op. cit.*, p. 157-160.

45 Albrecht, U., « Rüstungsfragen im deutsch-französischen Verhältnis (1945-1960) », *op. cit.*, p. 155-157.

Constructions et armes navales (DCAN/Marine), la direction technique et industrielle de l'Aviation (DTIA/Air), l'Office national d'études et de recherche aéronautiques (ONERA), le Centre d'études des projectiles autopropulsés (CEPA), le Laboratoire des recherches balistiques et aérodynamiques (LRBA), la Société nationale d'étude et de construction de moteurs d'aviation (SNECMA), la Société nationale de constructions aéronautiques du Sud-Est (SNCASE), enfin la firme Turboméca et la société Voisin[46]. On relève le rôle financier des institutions donc, mais aussi celui de certaines initiatives personnelles[47]. Cette question des moyens renvoie aux conditions de travail et de vie qui sont offertes aux Allemands. L'attractivité des salaires, les questions de logement et de chauffage sont décisives, quelques années après la fin de la guerre, dans un temps où les restrictions sont toujours présentes[48]. Entrent aussi en ligne de compte les surplus de ravitaillement ou la liberté faite aux Allemands de circuler librement en France, ce qui n'est par exemple pas le cas des savants qui ont choisi de travailler pour les Américains ou les Russes[49] ou de ceux qui se sont établis en Grande-Bretagne[50].

Parmi les facteurs de réussite ou d'échec, le contexte international et son évolution sont également centraux. Pour les Allemands, le choix de travailler pour tel ou tel pays vainqueur peut s'expliquer par des raisons géographiques – la proximité de la frontière française par exemple – ou idéologiques, notamment dans ce contexte de guerre froide naissante. Certains Allemands viennent ainsi en France parce qu'ils éprouvent pour les Britanniques et les Américains, qui ont bombardé les villes allemandes à la fin de la guerre, une haine tenace. L'absence de perspective d'emploi en Allemagne dans l'immédiat après-guerre, la mise au pas du pays jouent également à plein dans cette volonté d'expatriation[51]. À partir de 1948-1949, avec la réforme monétaire qui réduit l'intérêt des

---

46 Sur cette multitude d'acteurs, voir Albrecht, U., « Rüstungsfragen im deutsch-französischen Verhältnis (1945-1960) », *op. cit.*, p. 139-162, et Bossuat, G., « Armements et relations franco-allemandes (1945-1963) », *op. cit.*, p. 156-165.

47 C'est notamment le cas du chimiste Henri Moureu. Sur son action, voir Villain, J., « L'apport des scientifiques allemands aux programmes de recherche relatifs aux fusées et avions à réaction à partir de 1945 », in *Centre d'études d'histoire de la défense* (ed.), *op. cit.*, p. 102-106.

48 Nouzille, V., Huwart, O., « Comment la France a recruté des savants de Hitler », *op. cit.*, p. 134.

49 *Ibid.*

50 Villain, J., « L'apport des scientifiques allemands aux programmes de recherche relatifs aux fusées et avions à réaction à partir de 1945 », *op. cit.*, p. 111.

51 *Ibid.*, p. 101, et Bossuat, G., « Armements et relations franco-allemandes (1945-1963) », *op. cit.*, p. 154.

salaires octroyés par les Français et la création de la RFA, un mouvement de reflux des savants allemands est perceptible[52].

4. Conclusion

En conclusion, plusieurs remarques s'imposent.

D'abord, il faut relever le succès, dans l'ensemble, de cette politique. Moins prestigieuse et efficace que celle des Américains, elle constitue pour la France un apport technologique considérable, essentiellement dans les domaines militaires. Il s'agit là d'une condition *sine qua non* des succès français futurs. Cet apport doit beaucoup à la diversité des moyens alors mis en place : envois de missions, contrôles *ad hoc*, utilisation et diffusion de la documentation technique et scientifique, insertion des scientifiques allemands dans la recherche française et européenne. Cet apport varie selon les activités. Il est particulièrement important dans le domaine militaire, en particulier aéronautique (moteurs ATAR).

La deuxième remarque tient à la diversité des acteurs français qui participent à cette politique : industriels, militaires, scientifiques, administrateurs et gestionnaires de la zone. Par delà cette diversité, parfois pénalisante, notamment à cause des déficits de coordination qui en découlent, il faut noter que les acteurs français sont aussi pour la plupart des ingénieurs, des techniciens, des savants : il y a donc là une politique qui se fait entre gens du même monde.

Un troisième élément de réflexion renvoie à la dialectique « rivalité – coopération », consubstantielle de l'histoire des relations franco-allemandes au XXe siècle. Dans l'immédiat après-guerre, l'exploitation et le contrôle sont au cœur de la politique allemande de la France. Pour autant, à tout le moins dans le domaine scientifique et militaire, cette exploitation et ce contrôle se doublent quasi instantanément de formes de coopération entre Allemands et Français. Si ce travail en commun est souvent déséquilibré, les Allemands étant subordonnés aux Français alors qu'ils sont détenteurs du savoir, il s'avère très fructueux à moyen terme. Dès 1950, le groupe « O » est dissous. À sa place est créé le groupe turbomachines de la SNECMA auquel participe une bonne part des Allemands employés auparavant au sein de ce groupe « O »[53]. Les succès scientifiques du laboratoire de Saint-Louis conduisent en 1958 à

---

52 Bohnekamp, D., « Les ingénieurs allemands dans l'industrie française d'armement entre 1945 et 1950 », *op. cit.*, p. 42.

53 Bossuat, G., « Armements et relations franco-allemandes (1945-1963) », *op. cit.*, p. 160-165.

sa transformation en un institut binational[54]. La coopération franco-allemande en matière d'armements aboutit ensuite aux accords militaires de 1957 et à la construction d'armes communes, comme les missiles antichars Milan[55]. Les entreprises sont également concernées par ces questions scientifiques et technologiques : dans les années 1950, les échanges de procédés et de brevets continuent d'être au cœur des relations entre les firmes des deux rives du Rhin[56].

54 Baumann, A., « Die Gründung des Institut Saint-Louis », in Pfeil, U. (Hrsg.), *Deutsch-französische Kultur- und Wissenschaftsbeziehungen im 20. Jahrhundert. Ein institutionengeschichtlicher Ansatz*, Munich, R. Oldenburg Verlag, 2007, p. 237-255.

55 Albrecht, U., « Rüstungsfragen im deutsch-französischen Verhältnis (1945-1960) », *op. cit.*, p. 162-168.

56 Eck, J.-F., *Les entreprises françaises face à l'Allemagne de 1945 à la fin des années 1960, op. cit.*, p. 110-131.

Présentation des contributeurs

Jean-François Eck est professeur d'histoire économique contemporaine à l'Université de Lille Nord de France. Il est responsable du projet ANR EMERENO. Ses recherches portent sur l'histoire des entreprises, les relations économiques franco-allemandes et l'évolution des économies régionales au XXe siècle. Il a publié *Les entreprises françaises face à l'Allemagne de 1945 à la fin des années 1960* (CHEFF, 2003) et a dirigé, avec Peter Friedemann et Karl Lauschke, *La reconversion des bassins charbonniers. Une comparaison interrégionale entre la Ruhr et le Nord/Pas-de-Calais* (Revue du Nord, 2006) et, avec Stefan Martens et Sylvain Schirmann, *L'économie, l'argent et les hommes. Les relations franco-allemandes de 1871 à nos jours* (CHEFF, 2009).

Michael Farrenkopf, est docteur d'histoire contemporaine et dirige le centre de documentation et d'archives du Deutsches Bergbaumuseum Bochum. Il enseigne l'histoire sociale et technique à l'université de la Ruhr à Bochum. Il préside l'association « Deutscher Kokereifachleute » (VDKF) et est speaker du cercle de travail des archives de l'Association Gottfried Wilhelm Leibniz. Ses travaux portent sur les aspects économiques et sociaux de l'histoire des mines européenne. Parmi ses publications récentes : *Courrières 1906. Eine Katastrophe in Europa. Explosionsrisiko und Solidarität im Bergbau*, Bochum, Deutsches Bergbau-Museum, 2006 ; *Mythos Kohle. Der Ruhrbergbau in historischen Fotografien aus dem Bergbau-Archiv Bochum*, Münster, Aschendorff, 2009 ; *« Zugepackt »- heißt hier das Bergmannswort*, Bochum, Deutsches Bergbau-Museum, 2010.

Corentin de Favereau, après des études d'histoire à l'Université catholique de Louvain (Louvain-la-Neuve), poursuit actuellement la rédaction d'une thèse de doctorat portant sur le brevet en Belgique entre 1830 et 1914 dans le secteur particulier de l'agriculture. Cette étude s'intègre dans le projet visant à étudier l'histoire du système belge des brevets lancé en 2003 par le professeur Michel Dorban (UCL).

Peter Friedemann, est docteur de sciences politiques et d'histoire contemporaine. Il a dirigé jusqu'à sa retraite (1971-2003) l'Institut du mouvement ouvrier européen de la Ruhr, Université de Bochum, aujourd'hui Institut des mouvements sociaux. Ses travaux portent sur l'histoire des idées sociales au XVIIIe siècle et sur les aspects du mouvement ouvrier en Allemagne et en France au XXe siècle. Parmi ses publications récentes : *Gabriel Bonnot de Mably. Textes politiques 1751-1783*, Paris, L'Harmattan, 2008 (avec Hans Erich Bödeker) ; *Die Grubenkatastrophe von Courrières 1906. Aspekte transnationaler Geschichte*, Bochum, Deutsches Bergbau-Museum, 2008 (avec Michael Farrenkopf).

Stéphane Frioux, agrégé-répétiteur à l'ENS de Lyon, chercheur associé au Laboratoire de Recherche Historique Rhône-Alpes (LARHRA, UMR CNRS 5190), a soutenu en 2009 une thèse d'histoire contemporaine à l'université Lyon 2, intitulée *Les réseaux de la modernité. Amélioration de l'environnement et diffusion de l'innovation dans la France urbaine (fin XIXe siècle-années 1950)*, récompensée du prix du jeune chercheur de la ville de Lyon en 2010. Il s'intéresse aux échanges de savoir entre municipalités et à l'histoire environnementale des villes occidentales au XXe siècle en travaillant sur les questions de lutte contre la pollution.

Gabriel Galvez-Behar est maître de conférences en histoire économique à l'Université de Lille Nord de France. Ses recherches portent sur l'histoire de l'innovation et de la propriété intellectuelle, et notamment sur l'histoire de la propriété scientifique. Son dernier ouvrage, *La République des inventeurs : propriété et organisation de l'innovation en France (1791-1922)*, est paru aux Presses universitaires de Rennes en 2008.

Klaus Harney est professeur à l'Université de la Ruhr à Bochum, titulaire de la chaire de Pédagogie de l'enseignement professionnel et économique ainsi que de pédagogie de la formation continue. Il a publié de nombreux travaux sur l'histoire du développement des métiers et de la formation professionnelle ainsi que sur celle de l'évolution des modalités d'organisation et de gestion des systèmes nationaux et régionaux de la formation professionnelle initiale et continue. Il a également concentré ses recherches sur les liens entre les structures régionales de l'emploi et le développement de structures de formation spécifiques aux besoins du marché.

Pierre Jaloustre est agrégé d'histoire en 1993. Enseigne l'histoire et la géographie au lycée français Jean Monnet de Bruxelles en section européenne (anglais) et en section britannique de l'option internationale du baccalauréat. Doctorant depuis 2008 à l'Université de Genève sous la direction de Youssef Cassis, son travail porte sur les affaires pétrolières de la Maison Rothschild de 1883 à 1914.

Pierre-Olivier Laloux est licencié (2007) et agrégé (2008) en langues et littératures germaniques de l'Université catholique de Louvain (UCL). De janvier 2009 à décembre 2011, il a effectué des recherches dans le cadre d'un projet de biographie consacré à la famille Stoclet. Depuis janvier 2011, il travaille sur un projet collectif international dirigé par le professeur Michel Dumoulin (UCL) et dont l'objectif est de réaliser une histoire interne de la Commission européenne entre 1973 et 1986

Stéphane Lembré est professeur agrégé d'histoire et ATER en histoire contemporaine à l'Université de Lille 3. Ses travaux portent sur l'histoire de la formation au travail agricole, industriel et commercial dans le Nord de la France. Parmi ses publications récentes : « Au secours du métier. Les écoles de dentellières en France et en Belgique des années 1850 aux années 1930 », *Histoire de l'Éducation*, 123, juillet-septembre 2009, p. 45-70.

Thomas Le Roux est chargé de recherche au CNRS, CRH/GRHEN (Groupe de recherches en histoire environnementale). Secrétaire du RUCHE (Réseau universitaire des chercheurs en histoire environnementale) et directeur scientifique de la *Bibliothèque du CRH*, ses thèmes de recherche actuels portent plus particulièrement sur l'histoire de l'environnement – environnement urbain et industriel – et sur l'histoire de la santé au travail. Parmi ses publications récentes figure en 2011 *Le laboratoire des pollutions industrielles, Paris, 1770-1830*, Paris, Albin Michel.

Martial Libera est maître de conférences en histoire contemporaine à l'Université de Strasbourg et chef du département d'Information communication de l'IUT Robert Schuman. De 2008 à 2010, il a dirigé un programme de recherche junior de la Maison interuniversitaire des sciences de l'homme – Alsace (MISHA) intitulé « Contre l'Europe. Anti-européisme, euroscepticisme et alter-européisme dans la construction européenne de 1945 à nos jours ». Sa thèse, dirigée par madame le professeur Marie-Thérèse Bitsch, sera prochainement publiée aux éditions PIE Peter Lang sous le titre *Un rêve de puissance. La France et le contrôle de l'économie allemande (1942-1949)*. Avec Birte Wassenberg, il a codirigé *L'Europe au cœur. Études pour Marie-Thérèse Bitsch*, Bruxelles, PIE Peter Lang, 2009. Ses recherches actuelles portent sur l'histoire de la coopération transfrontalière, les relations entre les sociétés civiles française et allemande depuis 1945, les oppositions à l'Europe.

Thierry Maillet a suivi des études de droit et de management en France et aux États-Unis avant de travailler pour des sociétés internationales à Paris puis à Madrid. Il a créé sa propre société de conseil marketing en 1997 qui lui a permis de conseiller de grands groupes internationaux. Il a publié *Génération Participation* en 2006 qui fut réédité en poche (collection 10/18, Pocket) puis *Le Marketing et son histoire* (collection Agora, Pocket) en 2010. Il a participé à l'ouvrage collectif sur *l'Amateur* (Éditions IFM, Regard, 2010). Son travail de recherche s'intéresse à l'histoire des bureaux de style aux XIXe et XXe siècles et plus largement aux questions de la médiation et de la mode (EHESS, Paris).

Jean-Luc Malvache a fait des études d'histoire à Würzburg, Tours et Bochum. Après des activités dans le domaine de la culture dans un cadre municipal, il a notamment travaillé dans le cadre de l'Institut FIAB (Forschungsinstitut Arbeit, Bildung, Partizipation) rattaché à l'Université de la Ruhr à Bochum sur des projets transnationaux portant sur les questions de reconversion professionnelle des salariés dans les régions industrielles européennes touchées par les restructurations économiques. Il a publié de nombreux articles sur ce sujet ainsi que sur les problèmes plus généraux du développement des structures locales de l'enseignement et de l'éducation dans ces régions.

Stéphane Palaude, titulaire d'un DEA en Histoire médiévale, il occupe le poste d'animateur en tourisme rural à l'Atelier-musée du verre de Trélon, antenne de l'Écomusée de l'Avesnois (Nord) entre 1993 et 2003. Il se consacre dès lors au patrimoine verrier local. En 2009, il soutient une thèse de doctorat en Histoire : *Verreries noires d'Avesnois-Thiérache, XIXe-XXe siècles* (Jean-François Eck dir., Université de Lille III). Président fondateur de l'Association de médiatisation des arts du verre par l'étude, la recherche et la réalisation d'événements (AMAVERRE), membre fondateur de l'association Verre & Histoire, membre de l'Association française pour l'archéologie du verre (AFAV), membre de l'association GenVerrE..., il multiplie les recherches et les communications pour faire connaître, entre autres, la richesse verrière de l'Aisne et du Nord.

Arnaud Peters est licencié en histoire de l'Université de Liège (2001), il est aussi titulaire d'un Master in European Studies (2002), d'un diplôme d'études approfondies en histoire, représentations et sociétés (2005) et est agrégé de l'enseignement secondaire supérieur (2004) (Université catholique de Louvain). Depuis 2007, il est attaché au Centre d'histoire des sciences et des techniques de l'Université de Liège où il réalise pour le compte de la Région wallonne des études rétrospectives des sites d'activité économique désaffectés ayant pour objectif de localiser les zones à risques de pollution potentielle des sols et ce dans le cadre des travaux de rénovation/assainissement des sites. Il poursuit également une thèse de doctorat sous la direction du professeur Michel Dorban (UCL).

Christoph Rass, né en 1969 à Sarrelouis, est actuellement professeur assistant, historien et conseil universitaire à l'institut d'histoire économique et sociale à l'École supérieure technique d'Aix-la-Chapelle. Ses domaines de recherche portent sur l'histoire sociale de la Seconde Guerre mondiale et les institutions militaires ainsi que sur la recherche migratoire historique.

Pierre Tilly est docteur en histoire et licencié en communication sociale de l'Université catholique de Louvain. Chargé de cours aux Facultés universitaires catholiques de Mons et chercheur à l'UCL, il a été ingénieur d'études à l'Université de Lille III dans le cadre du projet ANR Emeren-O. Spécialiste en histoire sociale, il poursuit également des travaux en histoire économique sur les entreprises au XXe siècle et sur la construction européenne. Parmi ses publications les plus récentes, il faut relever (avec Michel-Pierre Chélini), *Travail et entreprises en Europe du Nord-Ouest XVIIIe-XXe siècle. La dimension sociale au cœur de l'efficacité économique*, Presses universitaires du Septentrion, Lille, février 2011 ; « Jean Rey e Altiero Spinelli, percorsi incrociati di due federalisti europei », in *Altiero Spinelli e i movimenti per l'unità d'Europa (a cura di Daniela Preda)*, Cedam, Padova, 2010, p. 189-203.

Florian Wöltering, né en 1979 à Herford, est cartographe, géographe d'économie et actuellement assistant de recherches à l'institut d'histoire économique et sociale à l'École supérieure technique d'Aix-la-Chapelle. Ses domaines de recherche concernent l'innovation, la mobilité et le développement régional.

Index

C

D

E

R

S

EUROCLIO – Ouvrages parus

N° 60 – *Innovations et transferts de technologie en Europe du Nord-Ouest aux XIXe et XXe siècles.* Jean-François Eck et Pierre Tilly (dir.), 2011.

N° 59 – *Novel Outlooks on the Marshall Plan. American Aid and European Re-Industrialization.* Fransceca Fauri & Paolo Tedeschi (eds.), 2011.

N° 58 – *Europe in the International Arena during the 1970s. Entering a Different World / L'Europe sur la scène internationale dans les années 1970. À la découverte d'un nouveau monde.* Antonio Varsori & Guia Migani (eds./dir.), 2011.

N° 57 – *Cultures nationales et identité communautaire. Un défi pour l'Europe ? / National Cultures and Common Identity. A Challenge for Europe?* Marloes Beers & Jenny Raflik (dir./eds.), 2010.

N° 56 – *Les trajectoires de l'innovation technologique et la construction européenne. Des voies de structuration durable ? / Trends in Technological Innovation and the European Construction. The Emerging of Enduring Dynamics?* Christophe Bouneau, David Burigana & Antonio Varsori (dir./eds.), 2010.

N° 55 – *L'OTAN et l'Europe. Quels liens pour la sécurité et la défense européenne ?* Birte Wassenberg, Giovanni Faleg et Martin W. Mlodecki (dir.), 2010.

N° 54 – *The Road Europe Travelled Along.* Daniele Pasquinucci and Daniela Preda (eds.), 2010.

N° 53 – *Vivre et construire l'Europe à l'échelle territoriale de 1945 à nos jours.* Yves Denéchère et Marie-Bénédicte Vincent (dir.), 2010.

N° 52 – *De l'esprit de la Résistance jusqu'à l'idée de l'Europe. Projets européens et américains pour l'Europe de l'après-guerre (1940-1950).* Veronika Heyde, 2010.

N° 51 – *Le dernier carré. Les charbonniers belges, libres entrepreneurs face à la CECA (1950-1959).* Roch Hannecart, 2010.

N° 49 – *Le « Congrès de l'Europe » à La Haye (1948-2008).* Jean-Michel Guieu et Christophe Le Dréau (dir.), 2009.

N° 48 – *The Road to a United Europe. Interpretations of the Process of European Integration.* Morten Rasmussen & Ann-Christina L. Knudsen (eds.), 2009.

N° 47 – *L'Europe au cœur. Études pour Marie-Thérèse Bitsch.* Martial Libera et Birte Wassenberg (dir.), 2009.

N° 46 – *Les deux Europes. Actes du IIIe colloque international RICHIE/ The Two Europes. Proceedings of the 3rd international RICHIE conference.* Michele Affinito, Guia Migani & Christian Wenkel (dir./eds.), 2009.

N° 45 – *Pardon du passé, Europe unie et défense de l'Occident. Adenauer et Schuman docteurs* honoris causa *de l'Université catholique de Louvain en 1958.* Geneviève Duchenne et Gaëlle Courtois (dir.), 2009.

N° 44 – *From* Détente *in Europe to European* Détente. *How the West Shaped the Helsinki CSCE.* Angela Romano, 2009.

N° 43 – *L'Espagne et l'Europe. De la dictature de Franco à l'Union européenne.* Matthieu Trouvé, 2008.

N° 42 – *La Méditerranée et la culture du dialogue. Lieux de rencontre et de mémoire des européens/El Mediterráneo y la cultura del diálogo. Lugares de encuentro y de memoria de los Europeos/El Mediterrani i la cultura del diàleg. Punts de trobada i de memòria dels Europeus.* María-Luisa Villanueva Alfonso (dir./ed.), 2008.

N° 41 – *La France et l'Afrique sub-saharienne, 1957-1963. Histoire d'une décolonisation entre idéaux eurafricains et politique de puissance.* Guia Migani, 2008.

N° 40 – *Esquisses d'une Europe nouvelle. L'européisme dans la Belgique de l'entre-deux-guerres (1919-1939).* Geneviève Duchenne, 2008.

N° 39 – *La construction européenne. Enjeux politiques et choix institutionnels.* Marie-Thérèse Bitsch, 2007.

N° 38 – *Vers une eurorégion ? La coopération transfrontalière franco-germano-suisse dans l'espace du Rhin supérieur de 1975 à 2000.* Birte Wassenberg, 2007.

N° 37 – *Stratégies d'entreprise et action publique dans l'Europe intégrée (1950-1980). Affrontement et apprentissage des acteurs. Firm Strategies and Public Policy in Integrated Europe (1950-1980). Confrontation and Learning of Economic Actors.* Marine Moguen-Toursel (ed.), 2007.

N° 36 – *Quelle(s) Europe(s)? Nouvelles approches en histoire de l'intégration européenne / Which Europe (s)? New Approaches in European Integration History.* Katrin Rücker & Laurent Warlouzet (dir.), 2006 (3e tirage 2008).

N° 35 – *Milieux économiques et intégration européenne au XXe siècle. La crise des années 1970. De la conférence de La Haye à la veille de la relance des années 1980.* Éric Bussière, Michel Dumoulin & Sylvain Schirmann (dir.), 2006.

N° 34 – *Europe organisée, Europe du libre-échange ? Fin XIXe siècle - Année 1960.* Éric Bussière, Michel Dumoulin & Sylvain Schirmann (dir.), 2006 (2e tirage 2007).

N° 33 – *Les relèves en Europe d'un après-guerre à l'autre. Racines, réseaux, projets et postérités.* Olivier Dard et Étienne Deschamps (dir.), 2005 (2e tirage 2008).

Réseau européen Euroclio

avec le réseau SEGEI

Coordination : Chaire Jean Monnet d'histoire de l'Europe contemporaine (Cehec)
Collège Erasme, 1, place Blaise-Pascal, B-1348 Louvain-la-Neuve

Allemagne

Jürgen Elvert
Wilfried Loth

Belgique

Julie Cailleau
Jocelyne Collonval
Yves Conrad
Gaëlle Courtois
Pascal Deloge
Geneviève Duchenne
Vincent Dujardin
Michel Dumoulin
Roch Hannecart
Pierre-Yves Plasman
Béatrice Roeh
Corine Schröder
Caroline Suzor
Pierre Tilly
Arthe Van Laer
Jérôme Wilson
Natacha Wittorski

Espagne

Enrique Moradiellos
Mercedes Samaniego Boneu

France

Françoise Berger
Marie-Thérèse Bitsch
Gérard Bossuat
Éric Bussière
Jean-François Eck
Catherine Horel
Philippe Mioche
Marine Moguen-Toursel
Sylvain Schirmann
Matthieu Trouvé
Laurent Warlouzet
Emilie Willaert

Hongrie

Gergely Fejérdy

Italie

David Burigana
Elena Calandri
Eleonora Guasconi
Luciano Segreto
Antonio Varsori

Luxembourg

Charles Barthel
Etienne Deschamps
Jean-Marie Kreins
René Leboutte
Robert Philippart
Corine Schröder
Gilbert Trausch

Pays-Bas

Anjo Harryvan
Jan W. Brouwer
Jan van der Herst

Pologne

Józef Laptos
Zdzisiaw Mach

Suisse

Antoine Fleury
Lubor Jilek